黄顶菊表观遗传多样性与入侵生物生态学

王 慧 杨殿林 皇甫超河 张乃芹 等 著

中国农业科学技术出版社

图书在版编目（CIP）数据

黄顶菊表观遗传多样性与入侵生物生态学／王慧等著. —北京：中国农业科学技术出版社，2020.12

ISBN 978-7-5116-5079-5

Ⅰ.①黄…　Ⅱ.①王…　Ⅲ.①菊科-外来入侵植物-遗传多样性-研究②菊科-外来入侵植物-生物生态学-研究　Ⅳ.①Q949.783.5②S451.1

中国版本图书馆 CIP 数据核字（2020）第 218896 号

责任编辑　王惟萍
责任校对　马广洋

出 版 者　中国农业科学技术出版社
北京市中关村南大街 12 号　邮编：100081
电　　话　（010）82106625（编辑室）　（010）82109702（发行部）
（010）82109709（读者服务部）
传　　真　（010）82106625
网　　址　http：//www.castp.cn
经 销 者　各地新华书店
印 刷 者　北京建宏印刷有限公司
开　　本　710mm×1 000mm　1/16
印　　张　14.75
字　　数　286 千字
版　　次　2020 年 12 月第 1 版　2020 年 12 月第 1 次印刷
定　　价　68.00 元

《黄顶菊表观遗传多样性与入侵生物生态学》

著者名单

王　慧	杨殿林	皇甫超河	张乃芹
赵建宁	刘红梅	修伟明	李　刚
张贵龙	张艳军	张海芳	李　洁
赖　欣	王丽丽	高晶晶	李睿颖
张思宇	贾梦圆	田佳源	全志星
祁小旭	屠臣阳	陈新微	李科利
赵晓红	李慧燕	姜　娜	魏子上
王楠楠	王月娟	陈冬青	

前　　言

生物多样性是人类社会赖以生存和发展的基础，每年为人类创造巨大的收益，然而由于全球化进程的加快以及人类活动范围的扩大，外来物种被人们有意无意从一地带往另一地，它们在新环境肆意繁殖扩散，对当地生物多样性和生态环境造成严重影响，还可能破坏景观的自然性和完整性，使全球生态安全遭到巨大威胁。黄顶菊是近年来入侵我国华北地区的主要外来植物，其强的环境适应能力与其入侵性密切相关。表观遗传多样性也是生物多样性的重要组成部分，其丰富度能够反映出该物种对环境变化适应性的强弱程度。表型可塑性影响植物适应不同生境的能力，DNA 表观遗传变异是环境适应性获得和表型可塑性实现的重要分子机制之一。加强黄顶菊表观遗传多样性及入侵生物生态学的研究，将对生物多样性保护和入侵植物的科学防控具有重要意义。

近年来，农业农村部环境保护科研监测所生物多样性和生态农业创新团队在国家自然科学基金（30770367、31170435、31401811、41571292）、天津自然科学基金（15JCQNJC15300、12JCQNJC09800）、公益性行业（农业）科研专项（200803022、201103027、201503121）、国家科技支撑计划项目（2012BAD13B07、2014BAD14B05）、农业农村部专项和中央级公益性科研院所基本科研业务费专项项目资助下，围绕外来植物入侵机制与生态调控、草地生物多样性与生态系统功能开展应用基础研究和技术示范。《黄顶菊表观遗传多样性与入侵生物生态学》一书是这一研究的最新进展。

本书介绍了近十几年来开展的针对外来入侵植物黄顶菊的相关研究成果，主要内容包括入侵植物黄顶菊的化学计量学、生理生态学、化感作用及入侵生态学，揭示了入侵植物与土壤环境之间相互反馈调节机制，进而从表观遗传学角度探究入侵植物黄顶菊生态适应性获得的表观遗传机理，最后简要阐述黄顶菊生态调控策略和资源化利用方法。本书最大的特点是对入侵植物的化学计量学等生理生态特征及其与共生生物生存的能量利用策略进行研究，并将表观遗传学原理应用于黄顶菊生态适应性机理的研究，为其他入侵植物的研究开辟了新的思路和方法，能够为从事入侵生物学研究的相关人员提供非常好的借鉴。

全书共分为四章：第一章 入侵植物黄顶菊的化学计量学及生理生态学，从黄顶菊的碳氮磷化学计量特征、生理生态特性及其与共生生物生存的能量利用策略，与本地物种之间的竞争作用、植物凋落物对土壤输送的营养物质对入侵植物生长定植的影响及对土壤中和外源添加的养分的利用方式等方面阐述黄顶菊入侵的生理生态特征；第二章 入侵植物黄顶菊的化感作用及入侵生态学，从黄顶菊的化感作用特征、入侵植物与土壤环境之间的关系等方面阐述入侵植物—土壤间的相互反馈调节机制；第三章 入侵植物黄顶菊 DNA 表观遗传多样性及其生态适应性，从黄顶菊 DNA 表观遗传多样性变化特征、对生物和非生物压力胁迫生境的表观遗传响应规律角度论述黄顶菊生态适应性获得的表观遗传机制；第四章 入侵植物黄顶菊的生态调控与资源化利用，通过论述黄顶菊生长、再生能力对模拟天敌危害的响应以及牧草替代对其生理生态的影响，阐述开展黄顶菊有效防控的生态友好途径，最后简单阐述了开展黄顶菊资源化利用的可行性。

由衷感谢参与本书编写的各位老师和同学，本书虽几易其稿，但由于我们水平有限，加之时间仓促，缺点和疏漏在所难免，敬请批评指正。

著　者

2020 年 7 月于天津

缩略词表

缩略语	英文全称	中文全称
F	*Flaveria bidentis*	黄顶菊
A	Amaranthus retroflexus	反枝苋
B	Bidens maximowicziana	羽叶鬼针草
SLA	Specific leaf area	比叶面积
Ash	Ash content	灰分浓度
Hc	Ash-free calorific value	去灰分热值
CC	Leaf construction cost	叶片建成成本
RII	Relative interaction index	入侵植物相对入侵力系数
F/FF	*Flaveria bidentis/Flaveria bidentis*	黄顶菊单种
F/FA	*Flaveria bidentis/Flaveria bidentis/*	黄顶菊与反枝苋共生
F/FB	*Flaveria bidentis/*Bidens maximowicziana	黄顶菊与鬼针草共生
A/AA	Amaranthus retroflexus /Amaranthus retroflexus	反枝苋单种
A/FA	*Flaveria bidentis/*Amaranthus retroflexus	反枝苋与黄顶菊共生
B/BB	Bidens maximowicziana /Bidens maximowicziana	鬼针草单种
B/FB	*Flaveria bidentis/*Bidens maximowicziana	鬼针草与黄顶菊共生
Sv	*Setaira viridis*	狗尾草
*P*nmax	Maximum Net Photosynthesis Rate	最大净光合速率
PEUE	Photosynthetic energy use efficiency	光合能量利用效率
PNUE	Photosynthetic nitrogen use efficiency	光合氮利用效率
LSP	Light saturation point	光饱和点
LCP	Light compensationpoint	光补偿点
AQY	Apparent quantum yield	表观量子效率
AWCD	Average well color development	平均吸光值
MBC	Soil microbial biomass carbon	土壤微生物量碳
MBN	Soil microbial biomass nitrogen	土壤微生物量氮
H0	Margalef richness index	物种丰富度指数

（续表）

缩略语	英文全称	中文全称
E	Pielou evenness index	均匀度指数
D	Dominance index	优势度指数
AOA	Ammonia-oxidizing archaea	氨氧化古菌
AOB	Ammonia-oxidizing bacteria	氨氧化细菌
DGGE	Denaturing gradient gel electrophoresis	变性梯度凝胶电泳
H	Shannon-Wiener diversity index	香农-维纳多样性指数
Ds	Simpson diversity index	辛普森多样性指数
PLFA	Phospholipid fatty acids	磷脂脂肪酸
EI	Enrichment index	富集指数
CI	Channel index	通路指数
WI	Wasilewska index	瓦斯乐斯卡指数
MI	Maturity index	成熟度指数
MSAP	Methylation sensitive amplified polymorphism	甲基化敏感扩增多态性
IPP	Index of phenotypic plasticity	可塑性指数
RGR	Relative growth rate	相对生长速率

目　　录

第一章　入侵植物的化学计量学及生理生态学

生物入侵、全球气候变化和土壤生境丧失被认为是全球三大环境问题，生物入侵不仅对环境造成污染，同时威胁着经济发展以及人类健康，因此国内外对入侵生物的研究越来越广泛。入侵生物与本地种相比，往往具有较强的生存能力与竞争能力，能够在新生境中占据较高的生态位并拓展较宽的生态幅，了解外来生物本身并探究其入侵机制，可为入侵生物的有效防控提供理论基础。国内外学者通过对外来植物的成功入侵进行探究，提出了一些外来植物入侵的机制及假说，如天敌逃逸假说（Darwin，1859）、增强竞争力进化假说（Blossey and NÖtzold，1995）、氮分配进化假说（Feng，2007）以及干扰假说（Sax et al.，2002）等。影响外来入侵植物成功入侵的因素有很多，如与本地物种之间的竞争作用、植物凋落物对土壤输送的营养物质对入侵植物生长定植的影响及对土壤中及外源添加的养分的利用方式等。化学计量学作为研究生态学的一种重要且前沿的工具，已经应用到分子、种群和群落乃至整个生态系统中（Zhang et al.，2003）。生物的化学计量特征可以反映生物的生长速率变化、营养元素的缺乏性、生活史阶段、新陈代谢以及生态演替状况等。C、N 和 P 是生物有机体的重要组成成分，同时也是生命活动过程所必需的大量营养元素。C、N 作为植物资源分配的“货币”，不同器官或组织之间相互作用的结果是分配多少 C、N 到特定部位，以协调整体的生长发育过程，而 N、P 是植物正常生长的重要限制性因素。C 是构成植物体内干物质的最主要元素，N 是蛋白质、核酸、磷脂等有机氮化合物的组成成分，P 是核酸、蛋白质、磷脂、ATP 和含磷酶等的重要组成元素，在植物的生长和机体的代谢过程中均具有关键的作用。本章从黄顶菊的碳氮磷化学计量特征、生理生态特性及其与共生生物生存的能量利用策略，与本地物种之间的竞争作用、植物凋落物对土壤输送的营养物质对入侵植物生长定植的影响及对土壤中和外源添加的养分的利用方式等方面阐述黄顶菊入侵的生理生态特征。

第一节　黄顶菊碳氮磷化学计量特征及其能量利用策略

生态化学计量学（Ecological stoichiometry）是结合生态学、化学和物理学的基本原理，研究生态学系统中能量和化学元素（主要指 C、N 和 P）间平衡的一门学科。黄顶菊（*Flaveria bidentis*）为新入侵我国的一种恶性杂草，2001 年在天津市和河北省衡水市首次被发现，现已迅速扩散并成为我国华北地区最常见的为害严重的入侵植物。本节从黄顶菊的生理生态特性、能量利用策略、以及叶片元素化学计量特征方面对其进行研究，将为揭示黄顶菊入侵机制和综合防控提供科学依据。

一、不同生境黄顶菊 C、N、P 化学计量特征

土壤是供应植物矿质元素的重要源头，其养分含量的高低直接影响植物可获取养分的含量，植物叶片的元素浓度取决于土壤养分的可利用性。N 是构成植物蛋白质的主要元素，P 在光合、呼吸、核酸和膜脂合成等代谢过程中具有重要作用（Buchanan et al.，2000），其共同调节着植物的生长。通常植物吸收 N、P 来合成其自身生理结构和物质是按一定比例的 N、P 进行的（Wu et al.，2010），植物叶片营养元素的含量及其计量关系能够反应植物对土壤条件的适应（Yi et al.，2010），植物叶片 N、P 化学计量特征，特别是 N：P，对植物生长状况和生态系统健康具有重要的生态指示作用。C 是大气的主要组成元素，也是构成植物体内干物质的最主要元素。植物叶片 C：N 和 C：P 代表植物吸收营养元素时所能同化 C 的能力，在一定程度上可反映植物的营养利用效率（Davis et al.，2006）。

选择位于河北省献县陌南村黄顶菊覆盖度达到 60%~90%的 3 种入侵生境：Ⅰ（水边）、Ⅱ（农田）、Ⅲ（荒地）来研究不同生境黄顶菊 C、N、P 化学计量特征。3 种生境的主要伴生草本植物有芦苇（*Phragmites australis*）、水稗草

(*Echinochloa hispidula*)、狗尾草（*Setaria viridis*)、大豆（*Glycine max*）等。研究表明，3 种生境黄顶菊叶片和入侵地土壤 C、N、P 含量均为 C>N>P。3 种生境叶片 C 含量无显著性差异，N 含量均差异显著，生境Ⅰ叶片 N 和 P 含量均显著高于Ⅱ和Ⅲ（$P<0.05$）。3 种生境土壤 C、N、P 含量均差异性显著，C 和 N 均为Ⅲ>Ⅰ>Ⅱ，P 为Ⅲ<Ⅱ<Ⅰ（$P<0.05$）。3 种生境土壤 C：N、C：P 和 N：P 均为Ⅲ最高，其中 C：N 为Ⅲ>Ⅱ>Ⅰ，C：P 和 N：P 均为Ⅲ>Ⅰ>Ⅱ（$P<0.05$）。叶片 C：N、C：P 和 N：P 均为Ⅱ最高，其中 C：N、C：P 和 N：P 均为Ⅱ和Ⅲ显著高于Ⅰ，但Ⅱ和Ⅲ间无显著性差异（$P<0.05$）（图 1.1）。

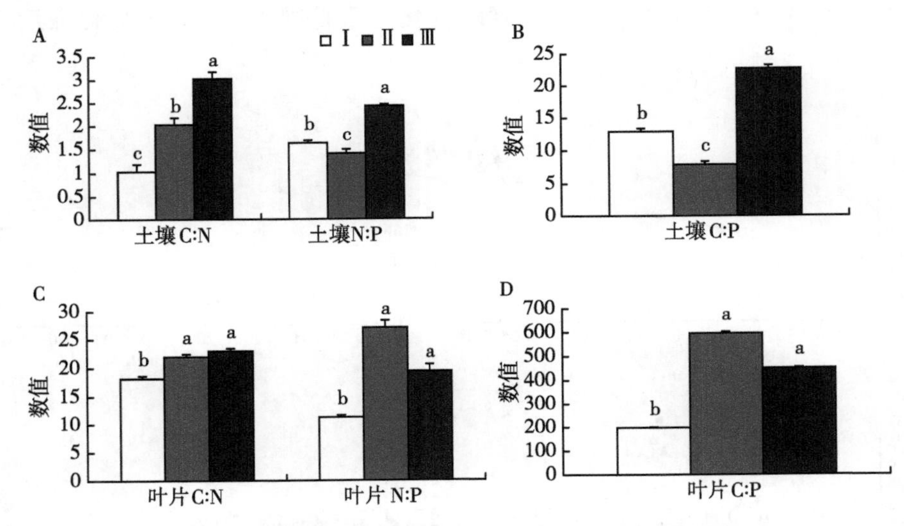

图 1.1　黄顶菊入侵地土壤与叶片 C、N、P 化学计量比

（不同小写字母表示各处理之间 5%差异显著水平，下同）

黄顶菊入侵地土壤 N 含量与叶片 N 含量呈显著负相关，土壤 P 含量与叶片 P 含量呈显著正相关，土壤 C：N 与叶片 C：N 呈显著正相关，土壤 C 含量与叶片 C 含量、土壤 C：P 与叶片 C：P、土壤 N：P 与叶片 N：P 均相关性不显著。说明黄顶菊叶片 N 可能不具有可塑性，或者黄顶菊叶片仅利用土壤中很少一部分 N 来满足自身的生长需要，而有研究认为紫茎泽兰［*Ageratina adenophora* (Spreng.)］和飞机草（*Chromolaena odorata*）对 N 表现出很高的可塑性（王满莲和冯玉龙，2005）。土壤 P 含量与叶片 P 含量呈极显著正相关，说明黄顶菊叶片 P 在一定范围内具有可塑性，对土壤中 P 的营养平衡具有较强的适应能力。

C、N、P 是土壤中重要的生源要素，相关性分析是揭示营养元素化学计量学关系变化的重要手段。从图 1. 2 可以看出，土壤 C 含量与土壤 N 含量呈极显著相关关系（P<0. 0001），而土壤 C 含量与土壤 P 含量、土壤 N 含量与土壤 P 含量均相关性不显著（P=0. 151，P=0. 112），土壤 C、N 元素的变化几乎是同步的，P 的变化滞后于 C 和 N。黄顶菊叶片 N 含量与叶片 P 含量呈显著性相关（P=0. 028），而叶片 C 含量与 N 含量、C 含量与 P 含量均相关性不显著（P=0. 672，P=0. 265），叶片 N、P 元素的变化几乎是同步的，C 的变化滞后于 N 和 P。

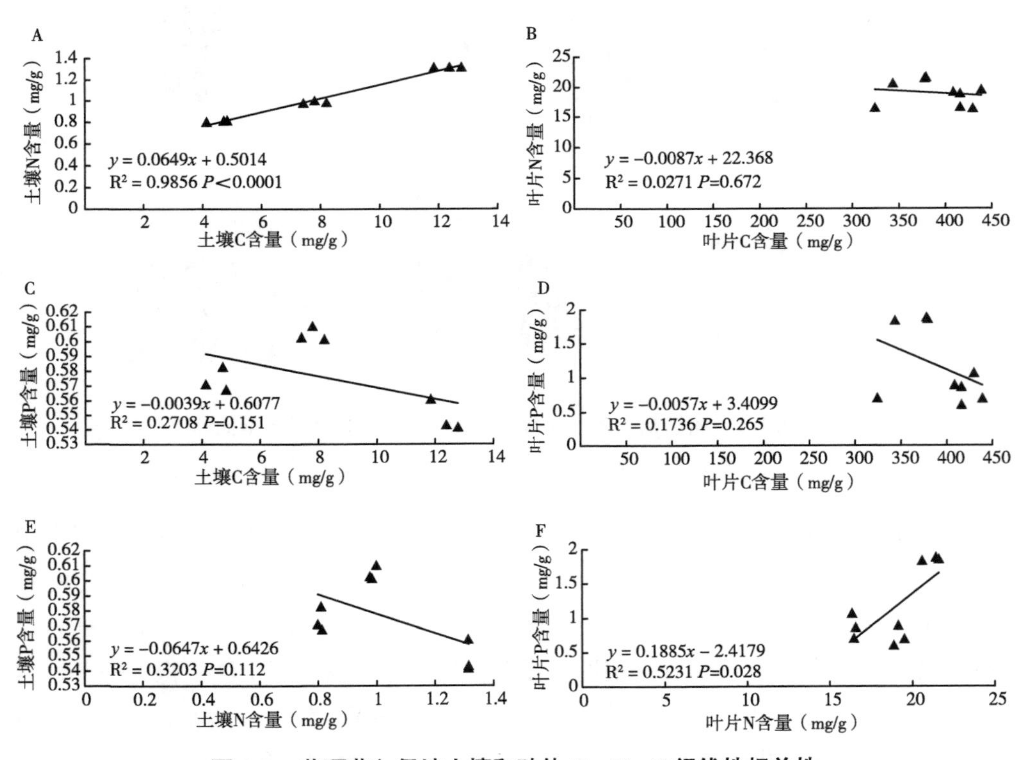

图 1. 2　黄顶菊入侵地土壤和叶片 C、N、P 间线性相关性

如果植物生长受某种元素限制，那么植物叶片内该元素浓度就会与土壤提供此养分的能力呈正相关（Garnier et al.，1998），本研究中，黄顶菊叶片P浓度与土壤全P呈显著正相关，表明黄顶菊生长受到磷限制。N和P是构成植物蛋白质和核酸的主要元素，调节着植物的生长，并在有些时候成为植物生长的限制性养分，通过判断植物叶片N：P，N：P比值越大意味N充裕而P相对不足，比值越小意味着P充裕而N相对不足，研究显示，叶片N：P<14，表明是N限制，N：P>16表明是P限制，N：P处于二者之间为N、P共同限制或者二者都不限制（Elser et al.，2003）。本研究中，水边黄顶菊叶片N：P为11.33而受N限制，农田叶片N：P为27.02和荒地叶片N：P为19.38而受P限制。因此说明水边黄顶菊生长受N限制，而P是农田和荒地黄顶菊生长的限制性元素。本研究只对养分限制情况做了定性判断，今后的研究应该设置不同营养元素（N、P等）的梯度施肥实验，通过生物量、生长速率等来定量分析黄顶菊植株养分限制情况。

生境Ⅰ叶片N、P含量均显著高于Ⅱ和Ⅲ（$P<0.05$），说明水边黄顶菊叶片蛋白质、核酸合成与代谢旺盛，生长较快（曾德慧和陈广生，2005）。黄顶菊叶片N：P为Ⅱ>Ⅲ>Ⅰ，有机体通过调整自身的N、P化学计量比来适应生长速率的改变，生长快速的有机体通常具有较低的N：P（Elser et al.，2003），这反映了分配到rRNA中P的增加，因为核糖体需要快速地合成蛋白质以支持快速生长（Makino et al.，2003），因此预测三种生境黄顶菊生长速率为Ⅱ<Ⅲ<Ⅰ，或许可得出相对于农田和荒地，水边生境黄顶菊扩散和造成为害速度更快，为防控的重点生境。

二、不同N、P添加水平对黄顶菊化学计量特征的影响

土壤N、P养分含量对植物叶片N、P元素组成及含量有着直接的影响。根据叶片N：P判断植物受养分元素限制性情况已有很多报道，但由于研究区域及植物种类的差异，叶片N：P的临界值也会发生相应的变化（Güsewell，2004），因此在使用叶片N：P判断植物生长限制性元素时要经过科学的试验论证，尤其对一些新物种，例如外来入侵植物。生长速率假说认为在个体水平上，植物的生

长速率随叶片 N：P 比的降低而增加，随着植株生物量的增大，各器官 N 含量、P 含量和最大生长速率均出现下降，但 P 含量的下降要快于 N 含量的下降，因此，叶片 N：P 或许可以用来预测植物的生长速率（Sterner and Elser，2002）。土壤养分的供应状况对植物器官的组成结构有着强烈的影响，而结构又是植物器官功能得以发挥的基础，因此通过研究土壤和叶片 N、P 化学计量特征与叶片叶绿素含量的关系，能够深入了解土壤 N、P 养分状况对叶片光合功能影响的内在机制（顾大形等，2011）。

在农业农村部环保所网室内，将采集于河北省献县陌南村的黄顶菊种子进行处理。研究表明，土壤 N：P 相同条件下，不同土壤 N、P 水平对黄顶菊叶片 N：P 的影响存在显著差异，在土壤 N、P 供应充足的条件下，植物叶片 N：P 可能会稳定在一定的范围内（McGroddy et al.，2004）。土壤 N、P 添加处理后，叶片 N：P 较对照（1N1P）显著下降，其中 N 处理对叶片 N：P 的影响要高于 P 处理，因此相较于土壤 P 元素，N 元素对叶片 N：P 的影响较大（图 1.3A）。2P、3P 和 4P 处理条件下，黄顶菊植株地上生物量均显著高于对照（1N1P），其中 2P 和 4P 处理下，不同 N 水平对生物量的影响不显著；3P 处理下，2N 和 3N 之间无显著差异，但两者均显著低于 4N。（图 1.3B）。

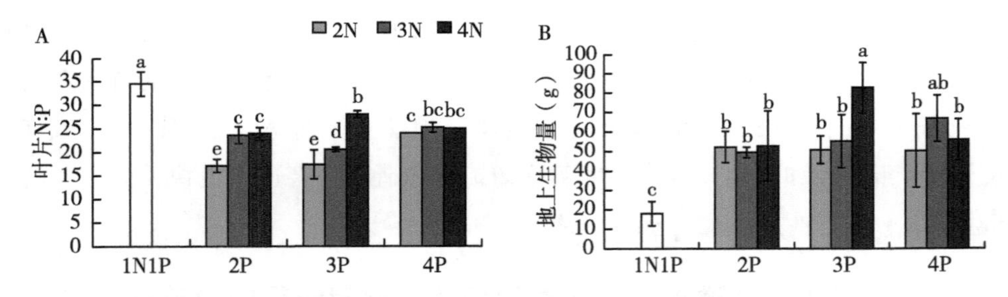

图 1.3　土壤不同 N、P 含量对黄顶菊叶片 N：P 和地上生物量的影响（平均值±标准差）

土壤 N、P 含量分别与黄顶菊叶片 N、P 含量具有显著相关性，均是随着土壤 N、P 含量的增加呈现相应的增加趋势，达到一定含量（即拐点）后，再呈现下降趋势（图 1.4）。依据叶片 N 含量与土壤 N 含量的二项式方程和叶片 P 含量与土壤 P 含量的二项式方程，土壤 N、P 养分临界点和叶片 N：P 与植株地上生物量的关系，得出叶片 N：P 处于 20.86~22.88 之间为 N、P 元素均不受限制。在野外取样试验研究中发现黄顶菊叶片 N : P 在 11.33（水边）表现出 N 素限制，在 27.02（农田）和 19.38（荒地）表现出 P 素限制，水边和农田生境符合该模型预测，而荒地生境却不符合，这有待于大田试验进一步修正。

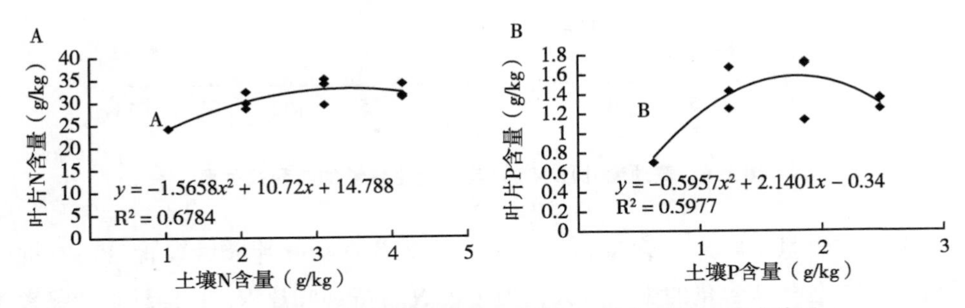

图 1.4　土壤 N、P 含量与黄顶菊叶片 N、P 含量的二项式关系

土壤 N、P 元素均与黄顶菊地上生物量具有显著相关性，地上生物量均随着土壤 N、P 含量的增加表现出先增加后下降趋势，其中土壤 N 元素的临界点为 3.76g/kg，土壤 P 元素的临界点为 1.97g/kg（图 1.5）。

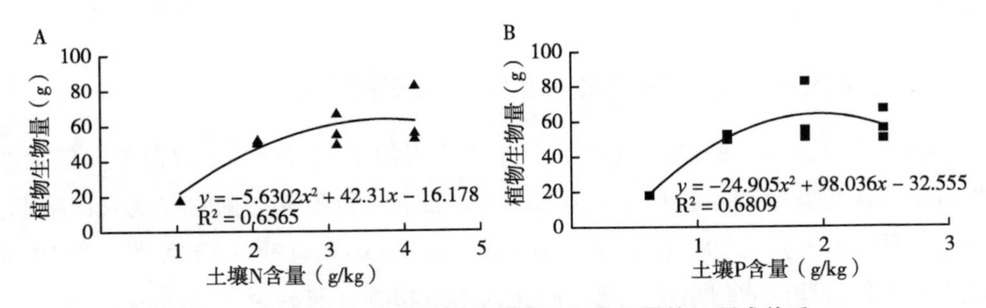

图 1.5　土壤 N、P 含量与黄顶菊地上生物量的二项式关系

黄顶菊植株地上生物量随叶片 N : P 呈先上升后下降趋势（图 1.6），土壤 N、P 添加后，黄顶菊叶片 N : P 和地上生物量也较对照均有显著降低，当叶片 N : P 大于 22.88 时，高的叶片 N : P 对应的是低的植株生长速率，该预测符合生长速率假说；而当叶片 N : P 小于 22.88 时，高的叶片 N : P 对应的是高的植株生长速率，该预测不符合生长速率假说。

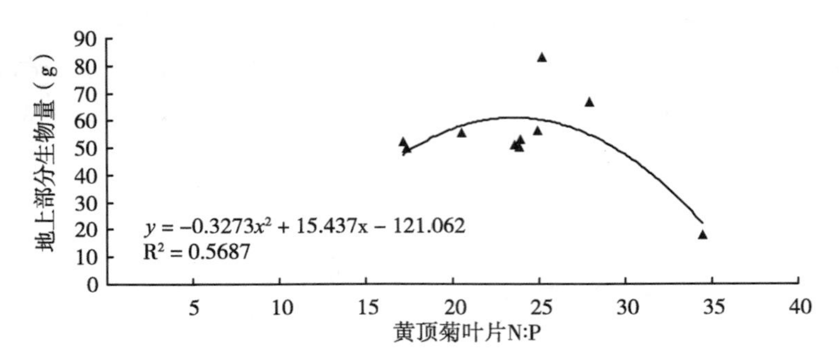

图 1.6　黄顶菊叶片 N：P 与地上生物量的二项式关系

土壤 N 含量、叶片 N 含量和叶片 P 含量对黄顶菊叶片叶绿素含量均有重要影响，其中土壤 N 含量的影响最大，但土壤 N 含量和叶片 N、P 含量对叶绿素含量的影响表现出不同的直接效应和间接效应，其中直接效应最大的为土壤 N 含量，间接效应最大的为叶片 N 含量。这与王满莲和冯玉龙（2005）研究发现随着 N 含量的增加，两种入侵植物（紫茎泽兰和飞机草）均呈现上升趋势结果一致，这可能是因为 N 是叶绿素的组成元素，与植物光合作用能力有着密切的关系。

三、黄顶菊及其共生植物能量利用策略的比较

狗尾草（*Setaira viridis*）为广泛分布于我国的本土植物，是黄顶菊入侵荒地生境中的优势共生种；苍耳（*Xanthium sibiricum*）为我国常见的本地农田杂草，也是一种本地药用植物；反枝苋（*Amaranthus retroflexus*）原产于美洲，为 19 世纪中叶入侵我国的农田杂草，现已归化为本地植物；灰绿藜（*Chenopodium glaucum*）为我国常见的本地农田杂草，也是一种饲料植物；绿豆（*Vigna radiata*）原产于印度、缅甸地区，现为我国最常见的栽培作物，绿豆田则是黄顶菊入侵严重的农田类型之一（于文清等，2010；李文增，2009）。尽管以上共生种来源不一，但都是在黄顶菊典型入侵生境中与其广泛共生的代表性植物，且生育期重叠，经过若干代群落演替，形成入侵种单优群落。因此开展这些物种能量利用策略对比分析有助于解释黄顶菊入侵的内在机制。

在河北省献县陌南村于2012年9月选择黄顶菊与共生植物苍耳、反枝苋、狗尾草、灰绿藜和绿豆混生长区进行采样。研究表明，叶片CC与资源利用效率和植物生长速率相关（Williams et al.，1987），通常较低的叶片CC是与较高的相对生长速率相联系的，因而可能增加外来植物的入侵潜力（Griffin，1994）。叶片CCmass和CCarea是表示叶片CC的两个重要指标，通常前者是由叶片化学特性决定的，而后者是由叶片化学和结构特性共同决定的，因此利用叶片CCmass可能比叶片CCarea更有效（Feng et al.，2011）。黄顶菊叶片CCmass极显著低于5种共生植物均值（图1.7A），表明相对于共生植物，较低叶片CC的黄顶菊具有高效的碳资源利用效率，投资较少的能量完成叶片的建成，因而能够将更多的能量投资到竞争策略，如种子产量、生物量和快速生长等（Nagel et al.，2004）。取样地中黄顶菊为优势植物，这点能从叶片CCmass比较得出。

外来入侵植物较本地植物通常具有较高的叶片SLA和Ash，较低的叶片CC、C浓度、N浓度和Hc（Nagel et al.，2004）。也有研究表明，较本地植物，外来植物叶片N浓度和SLA在其成功入侵中更重要（Feng et al.，2011）。SLA是植物叶片重要的功能性状之一。本研究中，植物叶片CCarea与叶片SLA呈负相关（图1.8A），黄顶菊叶片SLA显著高于苍耳、绿豆和灰绿藜，与反枝苋相当，但显著低于狗尾草（表1.1）。植物具有高叶片SLA的特性表现为较薄的叶片，投资较少的碳合成纤维素、半纤维素、果胶等结构性碳水化合物。这表明相对于共生植物，较高叶片SLA的黄顶菊能够产生更大的有利于碳同化物积累的光合同化表面，表现出较高的光捕获能力，从而具有更高的光合速率。相反地，较低叶片SLA的共生植物仅能获取较少的光能，光合速率相对较低，这与前期研究结果相符。本研究中，狗尾草较高的叶片SLA没有导致叶片CC的下降，有研究认为这是由于较高的叶片N浓度和一些基于N的化学物质（蛋白质、氨基酸等）造成的（Feng et al.，2011），但本研究中狗尾草叶片N浓度与黄顶菊差异不显著（表1.1）。取样地中黄顶菊和狗尾草为优势植物，后者同时也是许多黄顶菊入侵生境中的常见共生种，对黄顶菊入侵具有一定的抵抗能力，这点也能从叶片CCarea比较得出，方差分析显示两者无显著差异。

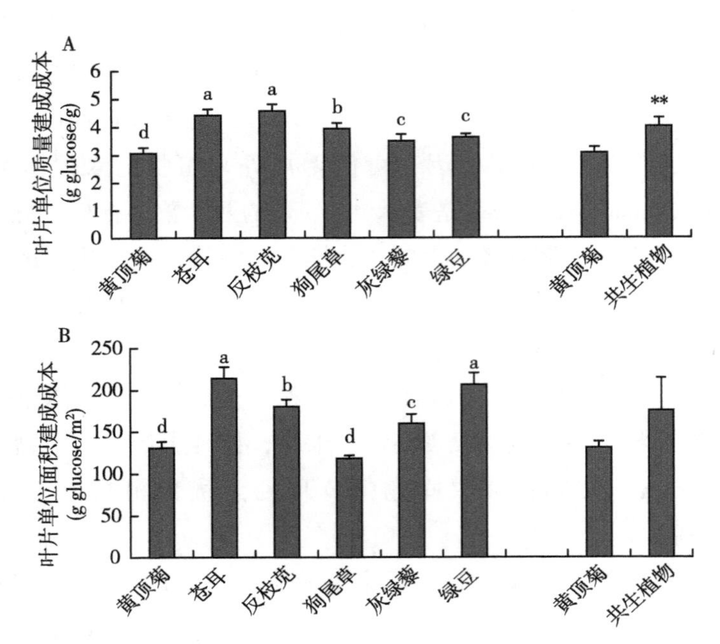

图 1.7　黄顶菊与五种共生植物叶片单位质量建成成本（A）和单位面积建成成本（B）的比较

（** 表示在 0.01 水平上经独立样本 t 检验差异显著，下同）

另外，植物叶片 CC 与叶片 C 浓度呈正相关（图 1.8B），黄顶菊叶片 C 浓度显著低于其共生植物（表 1.1）。碳是一些次生代谢产物的合成物质，合成这些物质也需要耗费较高的能量，较低的叶片 C 浓度或许是造成黄顶菊叶片 CC 较低的结构因素，同时也反映了黄顶菊在碳资源利用效率上的优势（宋莉英等，2009）。因此，具有较高叶片 SLA 和较低叶片 C 浓度的物种通常使用较少的能量完成叶片的建成（Li et al.，2011）。

植物 Ash 是指植物体矿物元素氧化物的总和，它们的合成不需要直接的能量，叶片 Ash 的高低与植物吸收元素量有关。本研究中，叶片 CCmass 与叶片 Ash 呈显著负相关性（图 1.8C），黄顶菊叶片 Ash 最高且显著高于其共生植物均值（表 1.1），表明同一生境中植物对矿质元素的选择吸收和积累存在显著的种间差异（郝朝运和刘鹏，2006），叶片 Ash 的增加会降低其建成成本（宋莉英等，2009）。另外，热值是评价植物化学能累积效率高低的重要指标，通常用去灰分热值（Hc）表示，因为Hc能更准确地反映单位干物质所含能量（曾小平等，2009）。植物高热值的主要成分是油脂、木质素、蛋白质，以及次代谢产物等（Paine，1971）。本研究中，叶片CCmass与叶片Hc呈显著正相关性（图1.8E），黄顶菊叶片Hc显著低于除灰绿藜以外的四种共生植物（表1.1），表明较黄顶菊，共生植物吸收同化过程中消耗的能量较多，根据能量平衡法则，其代价是相应地降低了生长速率。至于灰绿藜叶片Hc显著低于黄顶菊，已有研究表明，灰绿藜可实现对黄顶菊的有效替代防治（皇甫超河等，2010a）。因此，具有较高叶片Ash和较低叶片Hc的物种通常使用较少的能量完成叶片的建成。

表1.1 黄顶菊与五种共生植物叶片比叶面积、C浓度、N浓度、灰分浓度和去灰分热值的比较

植物	比叶面积 (m^2/kg)	C浓度 (%)	N浓度 (%)	灰分浓度 (%)	去灰分热值 (kJ/g)
黄顶菊	23.52±0.58bc	37.53±0.19e	3.02±0.16c	13.58±0.24a	23.46±0.76b
苍耳	20.72±0.67d	42.31±0.16a	4.21±0.16b	8.23±0.57c	32.37±0.84a
反枝苋	25.43±0.83b	40.06±0.18c	4.23±0.08b	10.88±0.33b	35.40±0.86a
狗尾草	33.34±0.32a	41.20±0.15b	3.07±0.06c	10.52±0.47b	34.41±0.80a
灰绿藜	21.92±0.43cd	40.20±0.37c	4.65±0.10a	12.69±0.67a	17.68±0.86c
绿豆	17.65±0.63e	39.45±0.18d	2.37±0.08d	11.07±0.55b	35.22±0.56a
黄顶菊	23.52±0.58	37.53±0.19	3.02±0.16	13.58±0.24*	23.46±0.76
共生植物	23.81±1.10	40.64±0.47**	3.71±0.44	10.68±0.57	31.02±1.23

注：数据表示平均值±SD，竖列中不同字母表示在0.05水平上经LSD检验差异显著。*表示在0.05水平上经独立样本t检验差异显著；**表示在0.01水平上差异显著，下表同。

氮是植物体内重要的营养元素，参与了植物体内多种物质的合成代谢，也是影响叶片CC的重要因子（王睿芳和冯玉龙，2009）。蛋白质、氨基酸等含氮化合物的合成需要较高的能量，叶片N浓度的增加会提高叶片的呼吸作用（Zha et al.，2002），因此叶片N浓度的增加可能提高叶片CC。而有的学者研究认为，叶片N浓度与Ash具有正相关性（Villar and Merino，2001），因为植物的灰分物

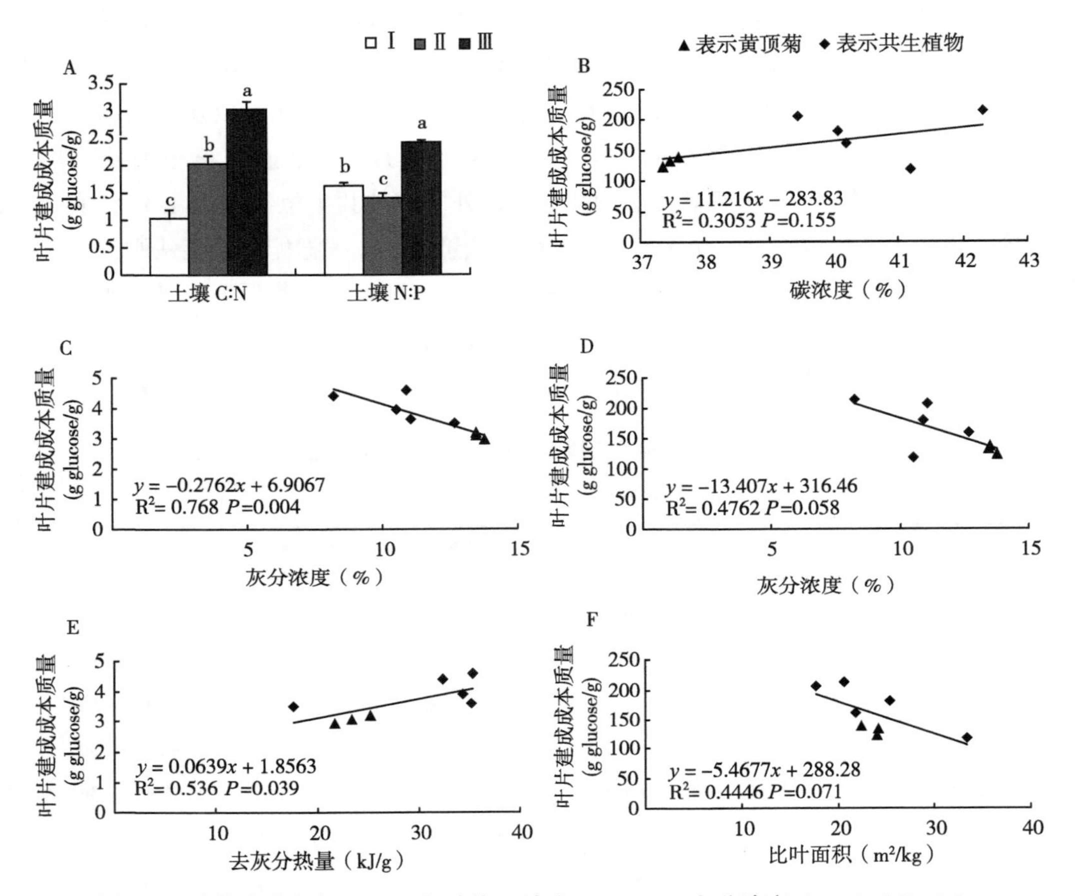

图 1.8 叶片建成成本（CC）与叶片 C 浓度（A，B）、灰分浓度（Ash）（C，D）、去灰分热值（Hc）（E）和比叶面积（SLA）（F）的相关性。

质主要是一些矿质元素构成，它们的合成不需要直接的能量，Ash 的增加会降低建成成本，即 N 浓度增加可降低叶片 CC。本研究中叶片氮浓度与叶片 CC 相关性不显著，两者之间的关系还需要进一步研究。黄顶菊与其共生植物相比，具有较低的叶片 CC，这或许是黄顶菊能够成功入侵的原因之一。而黄顶菊较低的叶片 CC 是与其较低的叶片 C 浓度、Hc 和较高的 Ash 相关的。

第二节　种间竞争对入侵植物黄顶菊氮素利用策略的影响

入侵植物往往能够靠其强大的繁殖能力和竞争能力，对入侵地的生物多样性造成严重的威胁。当入侵植物入侵到一个新的领域，往往能够改变其原有的资源利用策略，进而比本地种有更好的资源竞争优势。氮素养分在促进植物入侵中起着重要的作用，但目前对入侵植物氮素利用策略、在本地植物竞争模式下的作用以及植物—土壤反馈机制仍鲜有研究。本节将对黄顶菊与本地种的种间竞争与氮素添加的相互影响进行详细分析。

一、不同形态氮素添加对入侵植物黄顶菊与本地共生植物竞争的影响

外来植物对本地植物营养资源的竞争情况最主要、最直观地表现在植物的生物量上（Yan et al.，2016）。大多数入侵植物入侵到一个新生境时，其生物量都会增加。当土壤资源丰富时，入侵植物往往比本地植物表现出更高的竞争优势（Radford and Cousens，2000），氮作为植物吸收土壤资源营养源，是影响入侵植物和本地植物生长的重要资源之一（Fetene，2003）。沼泽酸模（*Rumex palustris*）根部对土壤营养的分配的竞争作用要大于匍茎剪股颖（*Agrostis stolonifera*），前者的竞争作用是加性的，而后者随竞争环境因子的变化而改变（Cukor et al.，2012）。

在天津市静海区团泊湖北堤采集所需盆栽土和植物幼苗，该区域黄顶菊发生盖度为60%~100%，为黄顶菊入侵重发区。入侵区的黄顶菊株高可达3m以上，由于覆盖面积较大，据观察是该入侵区最高的植物。入侵地的主要伴生植物有反枝苋（*Amaranthus retroflexus*）、羽叶鬼针草（*Bidens maximowicziana*）、狗尾草（*Setaira viridis*）、芦苇（*Phragmites australis*）、牵牛（*Ipomoea purpurea* Lam.）、地肤［*Kochia scoparia*（L.）Schrad］、灰藜（*Chenopodium glaucum* L.）、猪毛蒿（*Salsola collina*）、盐地碱蓬（*Suaeda salsa* L.）和黄花蒿（*Artemisia annua*）。该地区约60km^2，平均海拔2.4m，是一个淡水湿地，为天津市鸟类自然保护区。

将采集的样本在天津市农业农村部环境保护科研监测所网室内进行施肥处理，该研究选取黄顶菊（F）及其两种本地共生植物反枝苋（A）、羽叶鬼针草（B）为研究对象，通过同质园盆栽试验，采用不同形态氮素添加来模拟氮沉降对黄顶菊入侵生境氮素利用的影响。在混种情况即竞争条件下，N形态、N水平、种植比例（竞争密度）都对植株的生物量积累有着显著影响。在黄顶菊与本地植物种植密度为1：3时，N形态、N水平都对其生物量有着显著影响（图1.9A、C），且在NH_4^+-N下生物量最大（图1.9A、C），但随种植比例的变化而变化，相同氮形态不同氮水平的生物量规律变化一致。两种本地植物的生物量与黄顶菊竞争条件下对氮肥的响应并无明显规律。并且鬼针草在单种条件下生物量累积与黄顶菊对氮肥响应类似的规律在竞争条件下消失。

黄顶菊的竞争对象和竞争对象密度均对黄顶菊总生物量、花蕾数有影响（$P<0.05$）。在相同N水平和N形态下，黄顶菊与鬼针草竞争时所积累的生物量要比与反枝苋竞争时生物量大（图1.9A、C）。并且这种变化依赖于黄顶菊的竞争对象密度，即黄顶菊与本地植物种植比例1：3时（1F+3A、1F+3B）生物量最大，其次是2：2（2F+2A、2F+2B、2F+1A+1B）和3：1（3F+1A、3F+1B）（表1.2，$P<0.001$）。即在同种氮肥形态下，随着黄顶菊种植比例的增加，其单株生物量指标均呈下降趋势，并且对铵态氮的响应最大。四因素方差分析结果表明（表1.2），氮添加条件下，对黄顶菊生物量累积影响最大的是竞争对象的密度即本地植物的密度（总生物量：$F=85.05$，$P<0.001$；花蕾数：$F=69.12$，$P<0.001$），其次是竞争对象即本地植物的种类（总生物量：$F=10.79$，$P=0.001$；花蕾数：$F=4.89$，$P=0.03$）。

氮添加下黄顶菊与本地植物反枝苋、鬼针草共生时，其$R\mathit{II}$值均大于0（图1.10，$P<0.05$），表明黄顶菊比本地植物的氮素利用率要高。从图1.10也可以看出，黄顶菊竞争密度的作用要大于竞争对象的作用（表1.2，$P<0.001$），即黄顶菊在种植比例1：3（F/1F+3A、F/1F+3B）时的$R\mathit{II}$值最大（$P<0.05$），且随着种植比例的增加$R\mathit{II}$随之减小。这也可以解释入侵植物黄顶菊在与本地植物共生时比单种情况下生长状况好（图1.9、图1.10）。相反，在氮添加下，本地植物反枝苋和鬼针草的$R\mathit{II}$值大多小于0，且距0偏离较大（图1.10，$P<0.05$）。

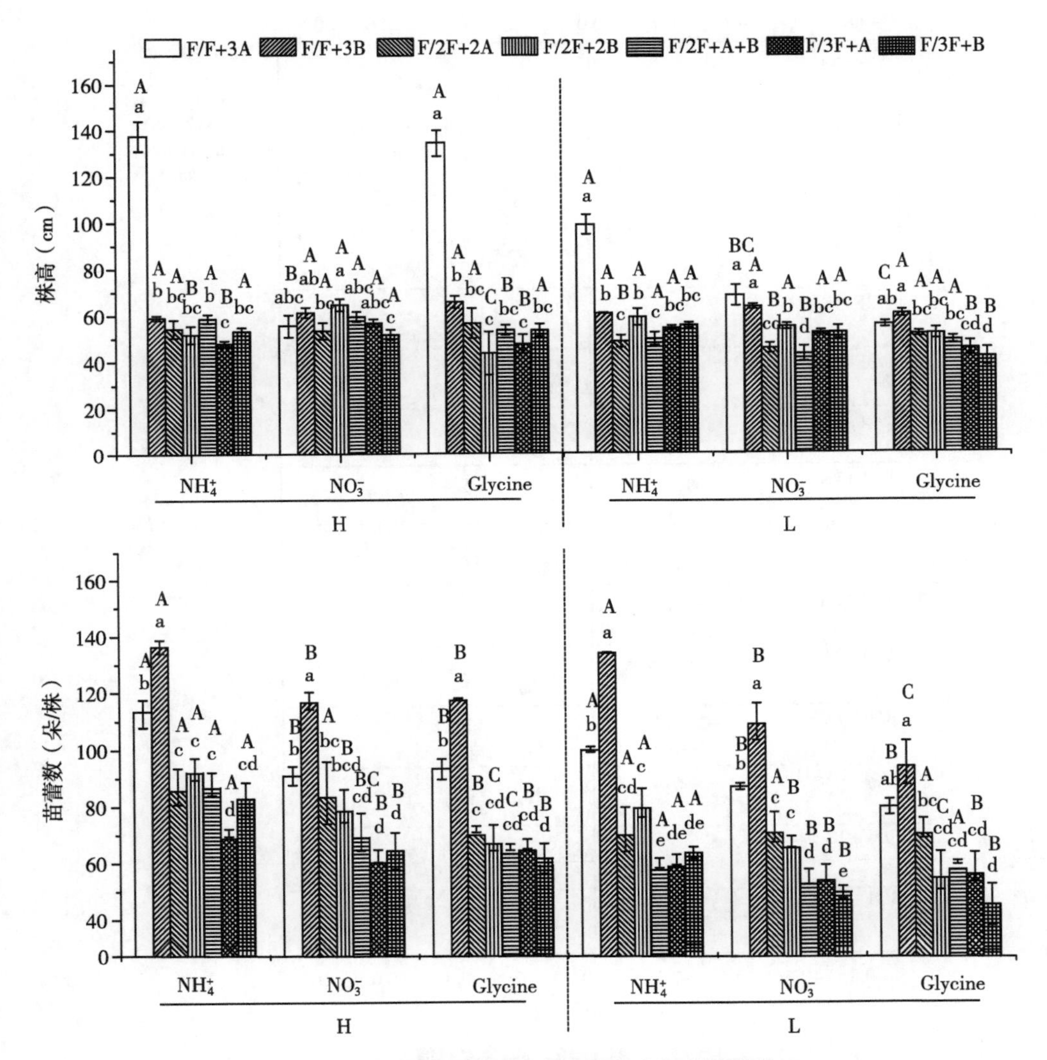

图 1.9　竞争条件下黄顶菊生物量对氮肥的响应情况

［注：黄顶菊在不同 N 形态、N 水平、种植比例下的总生物量（A）、株高（B）、花蕾数（C），H：高氮肥浓度处理，L：低氮肥浓度处理（平均值±标准误，n=5）。F/1F+3A、F/1F+3B：黄顶菊与本地植物种植比例 1：3，F/2F+2A、F/2F+2B、F/2F+1A+1B：黄顶菊与本地植物种植比例 2：2，F/3F+1A、F/3F+1B：黄顶菊与本地植物种植比例 3：1。］

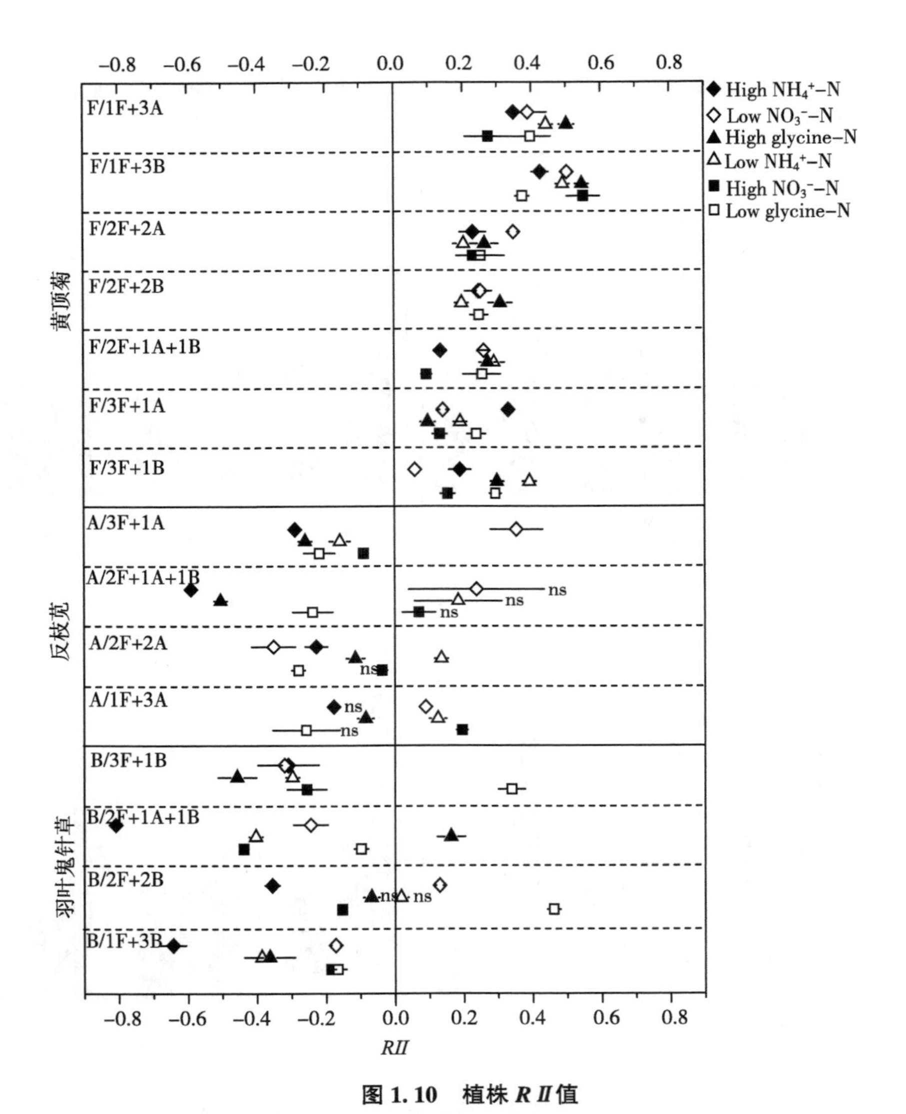

图 1.10 植株 *RⅡ*值

［注：不同种植比例、N 形态、N 浓度对 3 种植物交互作用对 RⅡ 的影响（平均值±标准误）。］

本研究中，单种或混种条件对黄顶菊氮源的喜好并无影响，因此可推测入侵地优势种黄顶菊对氮形态的响应状况并不会因为竞争者或竞争者密度的改变而变化。在氮肥添加不过量时，单种及混种下黄顶菊对氮水平的响应是有所变化的，这与对其他入侵植物的研究结果相同（Holdredge et al.，2010）。试验中本地植物对于氮源偏好情况及氮水平并无明显规律。

无论是在单种条件下或者竞争条件下，黄顶菊的生物量（尤其是总生物量和花蕾数）都在施加 NH_4^+-N 时生物量最大，这表明黄顶菊对 NH_4^+-N 的响应最大，这与之前的研究结果相同（Huangfu et al.，2016），这一趋势在有本地植物共生竞争条件下更加明显。对于其余两种氮添加，NO_3^--N 对于黄顶菊生物量的累积贡献要大于 glycine-N，这表明入侵植物黄顶菊对氮源的响应状况首先表现为无机氮，其次是有机氮。类似地，研究发现外来植物马德雀麦生物量对铵态氮肥响应最大（Bozzolo and Lipson，2013）。在外来入侵种柔枝莠竹对铵态氮、硝态氮、甘氨酸的偏好利用状况的研究中发现，柔枝莠竹能够直接吸收土壤中的甘氨酸，但更趋向于利用土壤中的铵态氮（Fraterrigo et al.，2011）。植物对于有机氮的吸收利用状况是复杂的，植物对于有机氮的吸收是微量的，大多由矿化作用转化为无机氮再被植物吸收利用（莫良玉等，2002）。在以上试验中，并不能够解释说明黄顶菊是否能够直接吸收利用土壤中的有机氮，入侵植物黄顶菊吸收利用的有机氮是否先经过矿化再被植物利用尚不明确。

氮水平的不同不会影响黄顶菊的 RII 值，说明氮水平对入侵植物的竞争主导作用不明显。然而本地种的 RII 值不仅随着氮形态的改变而变化，并随着氮水平的变化而变化，并且在低的氮浓度下，两种本地种的 RII 值偏向于正值，说明在低营养浓度下，入侵种黄顶菊的竞争作用要弱。换句话讲，大气氮沉降作用弱时，对入侵植物黄顶菊的成功入侵不利，但当大气氮沉降作用强时，黄顶菊对资源的竞争能力增强，导致其成功入侵。有研究表明，大气氮沉降能够促进入侵植物 *M. minituflora* 的入侵（Eller and Oliveira，2016）。因此，大气氮沉降不仅不利于人类健康、温室气体的平衡，还对入侵植物的成功入侵起到了促进作用，对生态环境造成威胁。

黄顶菊对生物量的响应主要和竞争对象和竞争对象的密度有关，即与本地植物种类和本地植物密度有关，该研究中主要表现为黄顶菊的这种优势在与反枝苋和鬼针草种间竞争及高竞争对象密度的情况下表现最为明显。相反，在该试验中，本地植物对氮添加的响应规律并不明显，这与 Fraterrigo 的研究结果类似，本地植物对于无机氮的响应规律不明显（Fraterrigo et al.，2011）。从以上结果可以看出，氮添加促进了入侵植物黄顶菊与本地植物的竞争。

黄顶菊在混种时，即在与反枝苋和鬼针草共生时，氮添加对黄顶菊生物量的影响最大。表明入侵植物黄顶菊生物量积累不仅受非环境因子的影响，还受本地共生植物的影响，说明竞争对象对黄顶菊的成功入侵有着很大的影响。入侵植物的成功入侵受到入侵地群落组成的影响（Barney et al.，2016），竞争对象的相对强弱对入侵植物物种群落的成功建立起到了关键的作用，Cukor 等研究结果表明，在竞争环境下植物根部对于土壤营养分配的响应与竞争者的竞争强弱有关（Cukor et al.，2012）。有研究表明，靠控制入侵地的资源供给对入侵植物的有效控制作用不明显，最有效的是选择对入侵者强有力的竞争者进行替代控制才能达到最理想的控制效果（Gooden and French，2015）。

氮添加下黄顶菊的竞争者对其生物量的积累起到了关键的作用，与鬼针草共生要比在与反枝苋共生下生物量大（图 1.9 总生物量、花蕾数），且在与鬼针草共生时的 $R\,II$ 值要大于与反枝苋共生时的 $R\,II$ 值（图 1.10）。植物建立群落时会产生“选择效应”，植物在与跟本身同属的植物共生时较与不同属的植物共生时生长好（Loreau and Hector，2001），这也许可以解释为什么黄顶菊与鬼针草共生时生长状况较好：鬼针草与黄顶菊同属菊科植物且都有菌根共生，而反枝苋属苋科植物且为非菌根共生植物。从这个角度我们可以假设，从长远角度来看，反枝苋在与黄顶菊共生时能够一定程度上抑制黄顶菊的生长。

入侵植物的成功入侵首先表现为它的竞争主导作用。入侵植物和本地植物的交互作用随着环境条件的变化而改变（Yuan et al.，2013）。在该研究中，从黄顶菊对氮源的吸收、生物量积累状况和 $R\,II$ 值可以看出，在相同氮形态和氮水平下随着本地植物鬼针草或反枝苋密度的减小，黄顶菊的生物量也随之减少。在入侵生境中，当入侵植物的竞争者密度较大时，入侵植物往往会有较强的竞争能力，从而加强了入侵种和本地种的资源竞争，促进该入侵植物成为新生境的主导植物。

在黄顶菊与本地植物种植比例为 1∶3 时即入侵初期，黄顶菊的生物量积累最大，在黄顶菊与本地植物种植比例为 2∶2 即入侵中期时，入侵能力相较 1∶3

时弱，当种植比例达到 3∶1 时，黄顶菊的生物量最小。即随着黄顶菊竞争者密度的减少，其种内竞争愈演愈烈，入侵植物种内竞争要大于种间竞争的缘故。随着入侵植物黄顶菊入侵程度的加深，越不利于其生长。因此，本地植物密度的减小并不会总是促进入侵植物的生长。随着入侵程度的增加，由于生态位的重叠，植物种内竞争往往是非常强烈的（Hooper et al.，2005）。从另一方面来讲，入侵植物在入侵后期会造成入侵生境的生物多样性单薄，该生态环境就会越脆弱，从长远来讲，自然环境会重新达到生态平衡，该入侵植物慢慢变成本地种（Burton et al.，2010）。

二、种间竞争及杀真菌剂对入侵植物黄顶菊与本地植物氮素利用特征的影响

天敌逃逸假说（enemy release hypothesis）认为，当入侵植物到达一个新的生境，会逃离原产地的天敌、病原菌等，并寻找新的共生菌，导致外来植物在入侵初期不受控制地疯长。但随着入侵年限的增长，入侵植物的病原菌会随着植物密度、扩张范围、本地植物病原菌扩散及病原菌的宿主更替使得入侵植物的病原菌增多，随着入侵植物病原菌的增多，使得本地植物自我修复，重新达到生态平衡（Flory and Clay，2013）。植物土壤的反馈（plant-soil feedback）作用在改变陆地生态系统组成和植物群落中起着重要的作用，植物的共生菌一般会对植物起正反馈作用，促进植物的生长，而植物的病原菌一般会对植物起着负反馈作用，不利于宿主植物的生长（Van der Putten et al.，2015）。

在团泊湖北堤 15cm 土层取盆土，在农业农村部环保所网室内处理，依然选用黄顶菊和两种本地共生植物反枝苋和鬼针草为研究对象，采用不同形态的同位素氮分别配置 3 种 ^{15}N 标记的溶液。研究表明，黄顶菊总生物量的积累与杀菌处理和竞争者均有影响，且交互作用显著（$P=0.006$）；鬼针草总生物量的积累虽然与杀菌处理和竞争者有关，但交互作用不明显（$P=0.894$）；反枝苋总生物量的积累只与竞争对象有关（$P<0.001$），即与黄顶菊共生竞争作用大于杀菌作用。杀菌处理下，黄顶菊和鬼针草总生物量的积累差异显著，并且黄顶菊总生物量的积累与竞争对象有关，杀菌处理下黄顶菊和鬼针草的生物量要大于非杀菌处理。

但是反枝苋单种的杀菌处理生物量要大于非杀菌处理。

黄顶菊的根冠比主要受杀菌处理和竞争对象的影响（$P<0.001$），但交互作用不明显（$P=0.846$）；鬼针草根冠比主要受杀菌处理和竞争对象交互作用的影响（$P=0.003$）；反枝苋根冠比受杀菌处理影响（$P<0.001$），且受杀菌处理和竞争对象交互作用的影响（$P<0.001$）。杀菌处理时入侵植物黄顶菊与本地植物反枝苋、鬼针草共生时比在单种条件下要好，而在与黄顶菊共生时，是否杀菌均不利于本地植物的生长。

入侵植物在与本地植物共生的情况下，对 N 的利用策略是不同的，杀菌处理对黄顶菊氮的吸收利用策略也有影响。本地植物反枝苋对 3 种形态氮肥的吸收也有差异，总体表现出硝态氮>铵态氮>甘氨酸，但杀菌处理对反枝苋的氮素吸收策略没有明显差异。相同杀菌处理下，不同种植比例反枝苋对于硝态氮和甘氨酸的吸收没有差异，但当吸收利用铵态氮时差异明显（$P<0.05$）。本地植物羽叶鬼针草对硝态氮^{15}N回收率的响应最为明显，对铵态氮和甘氨酸差异不明显。鬼针草只有在不杀菌条件下，不同种植比例对甘氨酸^{15}N的回收率差异显著（$P<0.05$）。

植株对无机氮和有机氮的利用是有差异的。从图 1.11 可以看出，在该试验中，植株对硝态氮的^{15}N回收率响应最为显著（$P<0.05$），但却随杀菌处理和竞争对象的变化而变化。对铵态氮和甘氨酸^{15}N回收率响应差异不明显，也随植株种类和竞争对象有所变化。在试验进行的期间内，3 种植株均对硝态氮的利用率较高，对铵态氮和甘氨酸的利用率差异不明显，均随植株种类和竞争对象有所变化。从图 1.11 也可以看出，虽然植株的^{15}N回收率对杀菌处理有所响应，但差异不明显。特别的，黄顶菊与鬼针草共生时，杀菌下硝态氮>铵态氮>甘氨酸，不杀菌下 3 种形态没有明显差异；反枝苋与黄顶菊共生时，杀菌下硝态氮最为显著，其余两种形态氮没有显著差异，但不杀菌下 3 种形态均没有明显差异（图 1.11）。

本研究中，黄顶菊杀菌条件下的总生物量均大于非杀菌处理，而杀菌条件下的根冠比均小于非杀菌处理。黄顶菊是 AM 菌根共生植物（Wang and Qiu, 2006），杀菌处理下降低了黄顶菊根部的生物量，并显著促进了植株地上生物量的积累，因此会出现根冠比小于非杀菌处理且总生物量大于非杀菌处理的情况。有研究表明，入侵植物可以改变根部结构来比本地植物获取更多的营养物质。入

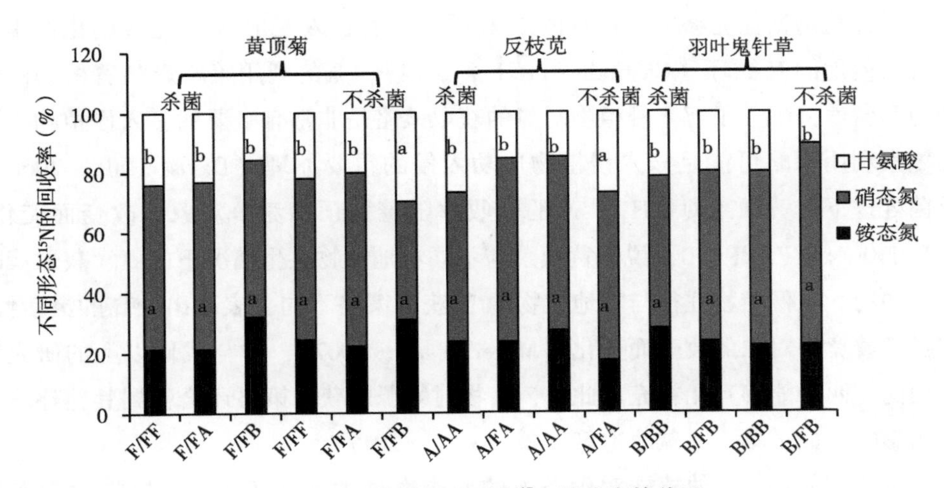

图 1.11 植株对不同形态^{15}N 回收率的差异

（注：F/FF 黄顶菊单种；F/FA 黄顶菊与反枝苋共生；F/FB 黄顶菊与鬼针草共生；A/AA 反枝苋单种；A/FA 反枝苋与黄顶菊共生；B/BB 鬼针草单种；B/FB 鬼针草与黄顶菊共生。）

侵植物能够增强与共生菌的共生作用（Bunn et al.，2015），但 AMF 在一定条件下对植物起负反馈作用（Urcelay et al.，2011）。杀真菌剂处理杀死了黄顶菊根部的 AM 真菌，一定条件下 AM 真菌能够由共生菌转变为寄生菌，促使入侵植物黄顶菊原来对地下 AM 真菌的竞争抵抗作用转化为对地上光源等资源的竞争，使得杀真菌处理的黄顶菊根冠比较小。

我们前期的研究表明，黄顶菊是一种 AM 真菌高度依赖的植物，杀真菌剂对黄顶菊的相对产量起到了一定的抑制作用（李慧燕等，2015）。也有研究表明，黄顶菊根部 AMF 真菌孢子数量越多，黄顶菊与本地植物的竞争作用越强烈，越有利于其入侵（Zhang et al.，2017）。AM 真菌会由植物的共生菌转变为病原菌（Jin et al.，2017）。该试验中杀菌处理反而促进了黄顶菊生物量的积累，这说明在黄顶菊的入侵初期，黄顶菊虽是一种 AM 真菌高度依赖的植物，但可能随着入侵年限的增长，与黄顶菊共生的 AM 真菌可能由共生菌转化为病原菌，因此对黄顶菊的生长起到了抑制作用。另外，黄顶菊生物量的积累不仅与共生菌和病原菌的转化有关，还与竞争对象有关。黄顶菊的竞争对象对黄顶菊的成功入侵有着重要的影响。而两种本地植物对杀菌处理响应不明显。

入侵植物往往能够提升自身的 N 利用率，通过入侵地 N 矿化或硝化作用等改变入侵地的 N 循环（Castrodíez et al.，2014）。氮的利用策略影响着植物的生产力和营养分配，了解入侵植物对氮的获取策略是非常有必要的，入侵植物不同的氮素利用策略可能是该入侵植物成功入侵的重要原理（Davis et al.，2000）。杀菌处理下，黄顶菊对 $NH_4^+-^{15}N$ 的回收率随着黄顶菊竞争对象的改变而变化，并且 F/FF<F/FA<F/FB，说明黄顶菊与不同本地植物共生情况下的氮素获取策略是不同的。入侵植物往往与本地植物的 N 获取策略不同，表现出较高的灵活性，并且随着竞争对象的改变而变化（Miller et al.，2007），这与我们以上的研究结果相同，两者能够互相补充。此外，植物对氮源的获取策略还会受到其他环境因素的影响，如干旱、盐碱胁迫等（Bai et al.，2017）。

试验期间内，3 种植株对硝态氮的回收率最大（图 1. 11）。植物对硝态氮的吸收是自然界普遍的规律，即使在北极冻原上植物也能够直接吸收硝态氮，并且我们一般认为，植物吸收铵态氮要比吸收硝态氮节省更多的能量（Wang and Macko，2011）。黄顶菊倾向于吸收铵态氮（Huang fu et al.，2016），但在该研究中，黄顶菊对硝态氮的回收率较大（图 1. 11）。可能原因为入侵植物黄顶菊对铵态氮和硝态氮偏好的转换可能由于植物对土壤 N 的吸收具有可塑性，当土壤中各种 N 的有效性发生变化时，植物会调整自身对 N 的吸收偏好来维持甚至增加整体 N 的吸收。并且植物吸收铵态氮的过程比吸收硝态氮的过程节省更多的能量，因此当施加铵态氮含量高时，黄顶菊的生物量对铵态氮响应最为强烈。但是入侵植物黄顶菊对硝态氮的吸收利用策略却因不同的种植比例和杀菌处理而变化，并对不同形态的氮源利用表现出较高的灵活性，一定程度上说明入侵植物比本地植物有较高且较灵活的资源利用策略，促进了其入侵。

第三节　黄顶菊凋落物分解特性

生物入侵和氮沉降加剧作为两种全球变化因子，可能共同影响入侵植物凋落物分解过程。了解植物入侵和氮沉降单独或二者对凋落物分解的复合影响，有助于揭示全球变化背景下的植物入侵机理，并为降低入侵植物危害提供理论依据。

本节深入探究了入侵植物黄顶菊与本土植物混合凋落物的分解过程和黄顶菊凋落物对植物种间竞争的影响，阐明黄顶菊入侵的生态学机制，日后能够为入侵地生境的生态修复策略提供理论指导。

一、施氮和埋土对黄顶菊凋落物的分解及养分释放特征的影响

测定黄顶菊和本地植物狗尾草叶凋落物的初始化学组分，采用凋落袋法，对材料进行埋土和施氮处理后于不同时期回收凋落袋，分别测定凋落物残留量、氮含量、碳含量和 C/N 比的变化，并对凋落物不同时期的残留率及元素含量进行分析比较。

1. 施氮和埋土处理对凋落物分解速率的影响

在整个分解过程中，对照和施氮处理的凋落物初期的质量损失相对比较少，前 120d 凋落物损失的质量少于初始质量的 10%，前 180d 凋落物质量剩余量没有显著性减少（图 1.12）。质量损失规律不同于先前的凋落物分解试验，Mo 等（2006）的试验中初期凋落物损失超过了初始量的 20%，有的甚至超过了 40%。这种情况应该与季节相关，在凋落物被放置在小区内时，由于天气寒冷干燥，土壤含水量少，温度低，微生物活性低等原因造成了初始的凋落物质量减少速率比较缓慢。后期施氮对凋落物表现出了显著性影响，通过对 k 值的比较得到施氮对黄顶菊凋落物整体表现出了抑制作用，可能的原因是分解后期施氮抑制了木质素的分解，反过来减慢了质量损失速率。许多以前的研究报告显示施氮抑制了木质素的分解，从而抑制了凋落物的质量损失。施氮对木质素分解的抑制作用可以解释为施氮减少了木质素酶的合成和分解效率，而对本地植物狗尾草没有显著性影响。

埋土处理的凋落物初期的分解速率即有显著的增加，并且每个时期埋土处理的凋落物残留率都显著的小于对照（图 1.13）。以前关于埋土对凋落物分解速率影响的研究较少，我们通过对 K 值和凋落物残留率折线图的分析可以看出埋土显著促进了凋落物的分解，土表和埋土凋落物分解的土壤微生物群落及土壤养分等土壤条件的差异影响了凋落分解速率，埋土条件下凋落物分解温湿度更为合适，同时由于被完全覆盖可实现与土壤密切接触，易于分解。土表放置凋落袋则易于

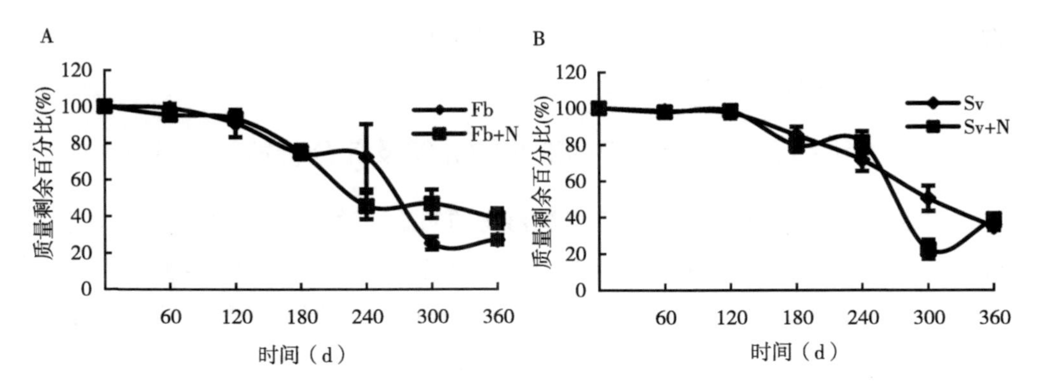

图 1.12　施氮处理对黄顶菊和狗尾草叶片凋落物不同分解时期残留率的影响

（注：Fb 为黄顶菊，Fb+N 为黄顶菊施氮，Sv 为本地植物狗尾草，Sv+N 为本地植物狗尾草施氮）

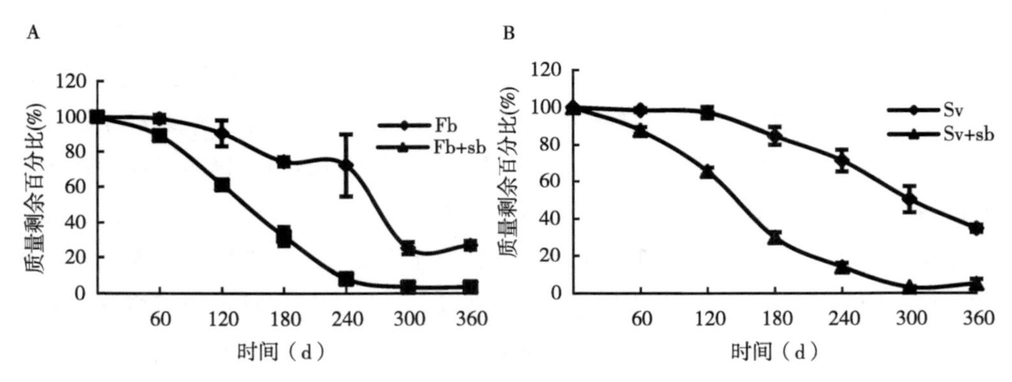

图 1.13　埋土处理对黄顶菊和狗尾草叶片凋落物不同分解时期残留率的影响

（注：Fb 为黄顶菊，Fb+sb 为黄顶菊埋土，Sv 为本地植物狗尾草，Sv+sb 为本地植物狗尾草埋土）

失水，与土壤接触面积少于埋土，影响分解速率。因此埋土条件更有利于凋落物的分解。

由衰减指数模型（$Xt/Xc = ae^{-kt}$）拟合的结果表明，埋土和施氮共同处理的凋落物分解速率在分解初期也有明显的增加，但是通过对 K 值的比较发现共同处理没有单独埋土处理凋落物的分解速率快（表 1.2，表 1.3），说明在分解过程中施氮对分解产生了抑制作用，可能的原因是土壤中分解凋落物的微生物的生长需要合理的养分比例，如 C/N 等，随着施氮量的增加使得土壤的含 C 量缺乏从而限制了微生物的活性，减少了真菌的数量并且最终导致细菌的数量减少。

表 1.2 施氮处理凋落物分解常数（k）和相关系数（R^2）的模型拟合结果

物种	K	R^2	T_{50}（年）	T_{95}（年）
黄顶菊 Fb	2.26a	0.75	0.48	1.50
狗尾草 Sv	1.05c	0.85	0.84	3.04
黄顶菊施氮 Fb+N	1.68b	0.89	0.57	1.95
狗尾草施氮 Sv+N	1.30bc	0.63	0.71	2.47

注；同一列中不同小写字母表示不同处理之间差异达到显著水平（$P<0.05$），T_{50} 和 T_{95} 分别表示凋落物分解 50%和 95%的时间。

表 1.3 埋土处理凋落物分解常数（k）和相关系数（R^2）模型拟合结果

物种	K	R^2	T_{50}（年）	T_{95}（年）
黄顶菊 Fb	2.26b	0.75	0.48	1.50
狗尾草 Sv	1.05b	0.85	0.84	3.04
黄顶菊埋土 Fb+sb	4.04a	0.93	0.28	0.85
狗尾草埋土 Sv+sb	3.75a	0.91	0.29	0.90

注：同一列中不同小写字母表示物种之间差异达到显著水平（$P<0.05$）。

2. 施氮和埋土处理对凋落物含 N 量、含 C 量和 C/N 的影响

凋落物分解是由凋落物的质量和环境相互作用决定的（Aerts，1997），分解是把凋落物中的养分释放到土壤中然后被植物和微生物利用，未分解的凋落物变成土壤有机质的一部分。大量研究证明了凋落物质量对分解有重要作用，分解速率和养分含量呈正相关，与木质素含量和木质素/N 呈显著负相关（Aber et al.，2011），含 N 量的增加间接促进了凋落物的分解。初始黄顶菊 C/N（21.08）显著的低于本地植物狗尾草 C/N（72.58），施氮处理后黄顶菊的含 N 量在 300d 以前都高于对照，并且在 240d 时有显著的增加（图 1.14），含 N 量的增加可能的

原因是施氮增加了土壤的氮素，凋落物分解期间转移外源N进入凋落物，也可使得分解前期N在凋落物中积累，施氮对凋落物表现出了先促进后抑制，可能的原因是少量的N素添加有利于微生物的生长（Smyth et al.，2016），在前期表现出一定的促进作用，随着施氮的增多，C/N降低抑制凋落物的分解，后期凋落物的分解主要是木质素和类似木质素的难分解的物质的分解，N可能对木质素的分解存在抑制作用，木质素的分解与木质素/N呈负相关，同时土壤微生物利用不稳定的C分解难分解的凋落物获取N，如果外源N素的增加能够满足分解凋落物的微生物对N的需求，就会减少对凋落物N源的需求，从而抑制凋落物的分解。而本地植物狗尾草的初始C/N高，所以在整个过程中施氮对本地植物狗尾草凋落物的分解表现出了一定的促进作用，但是不显著。

埋土在促进凋落物分解过程中，含N量都高于对照（图1.15），可能的原因是矿质土壤中养分，特别是N向凋落物的迁移，埋土凋落物与土壤全面接触而土表凋落物只有一面与土壤接触，埋土凋落物的分解环境不同于土表凋落物，分解速率不同，养分含量变化也不同，同时凋落物养分释放中N和C元素的释放相对其他元素少且慢，从而造成C和N元素含量的相对增加，但是由于C和N元素变化的不同步性造成C/N的变化。

埋土后进行施氮的处理，施氮后土壤中含N量增加，施氮对植物凋落物分解的影响具有不一致性，可能与土壤微生物群落相关（图1.16）。一方面，土壤微生物群落通过对凋落物的分解和消耗能加速质量损失。例如，一些研究结果表明当森林和草原的土壤微生物群落减少时凋落物的分解显著的减少（Yang et al.，2009）。另一方面，土壤微生物群落对环境变化敏感，比如氮沉降。研究表明氮沉降减少了土壤动物群落的丰富度和组成成分。Ochoa-Huesov等（2014）也报道了模拟氮沉降对土壤生物的总数有显著的影响。因此，我们预期土壤微生物群落的改变和施氮的相互作用影响了植物凋落物的分解速率。施氮后达到分解凋落物的微生物的氮饱和，从而减少了微生物从凋落物中的氮吸收，改变了凋落物本身的质量特性，环境的变化通过对凋落物质量的影响间接影响了分解（Aerts，1997）。某些微生物用易分解的碳去分解难分解的有机质获取氮。如果外施的氮能满足微生物对氮的需求，则可以减少在分解难分解的有机质上的能源投入。在

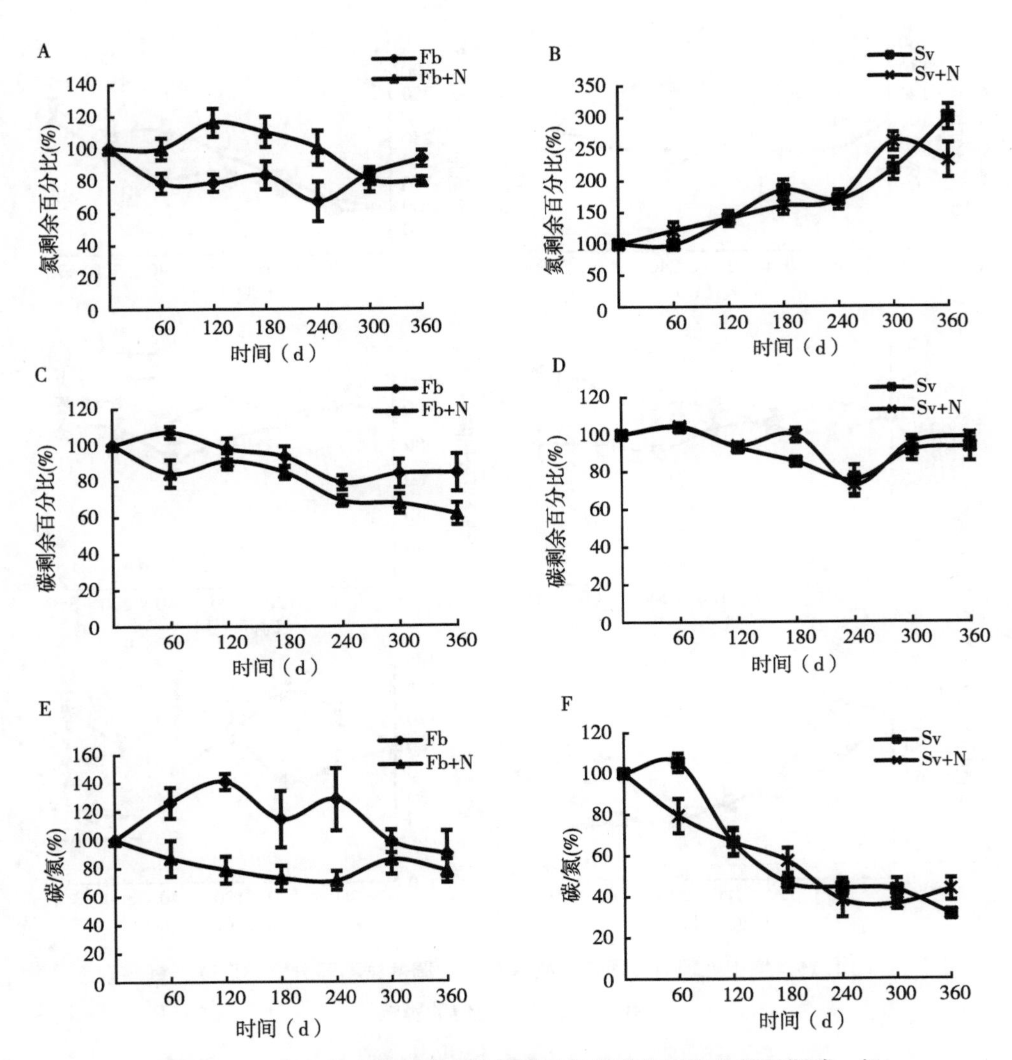

图 1.14　施氮处理对黄顶菊和狗尾草叶片凋落物不同分解时期碳、氮残留率及碳氮比值的影响

这种情况下，施氮将减少植物凋落物的分解。先前还有研究表明凋落物质量的剩余量和木质素的剩余量密切相关（Tu et al.，2014），这表明木质素在影响凋落

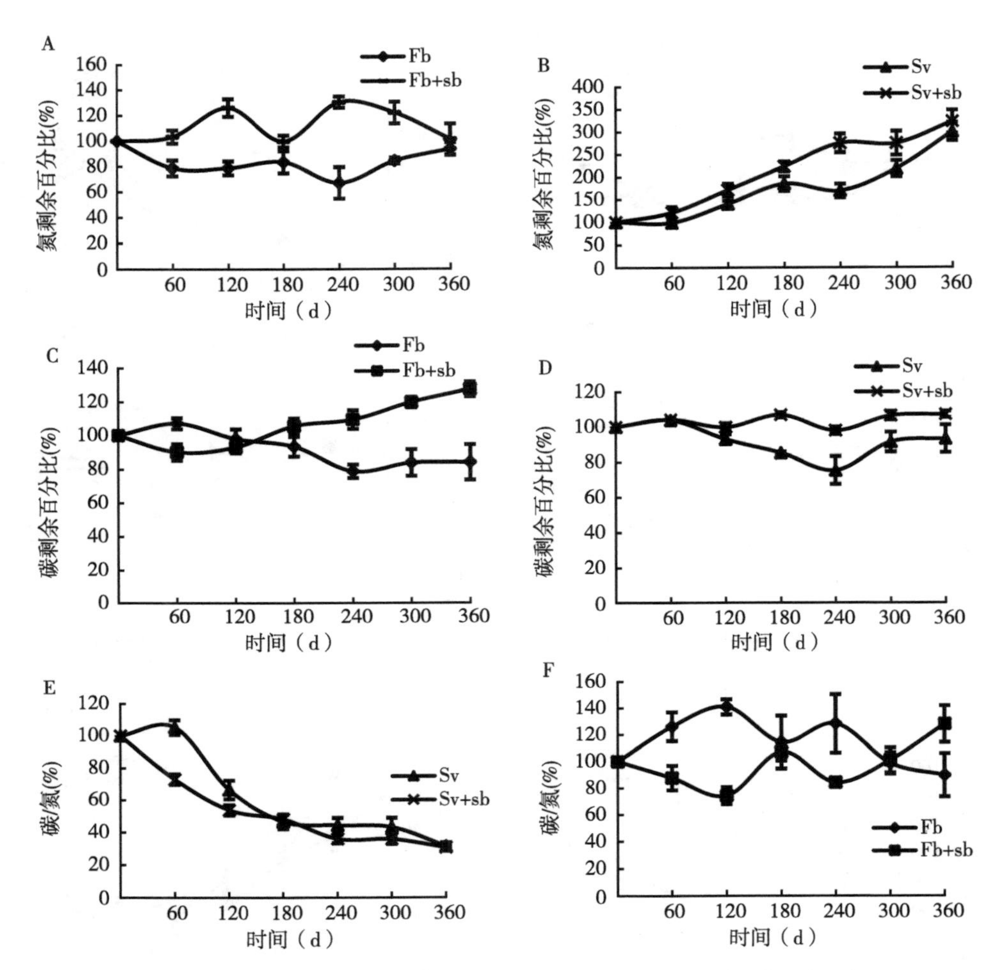

图 1.15　埋土处理对黄顶菊和狗尾草叶片凋落物不同分解时期碳、氮残留率及碳氮比值的影响

物质量损失中可能有至关重要的作用。在后期施氮抑制了木质素的分解，所以埋土和施氮共同作用后的结果又不同于单独埋土处理。

二、黄顶菊不同器官凋落物的分解及养分释放特征

通过施氮和不施氮下黄顶菊根、茎、叶凋落物的干物质变化，与共生本地植

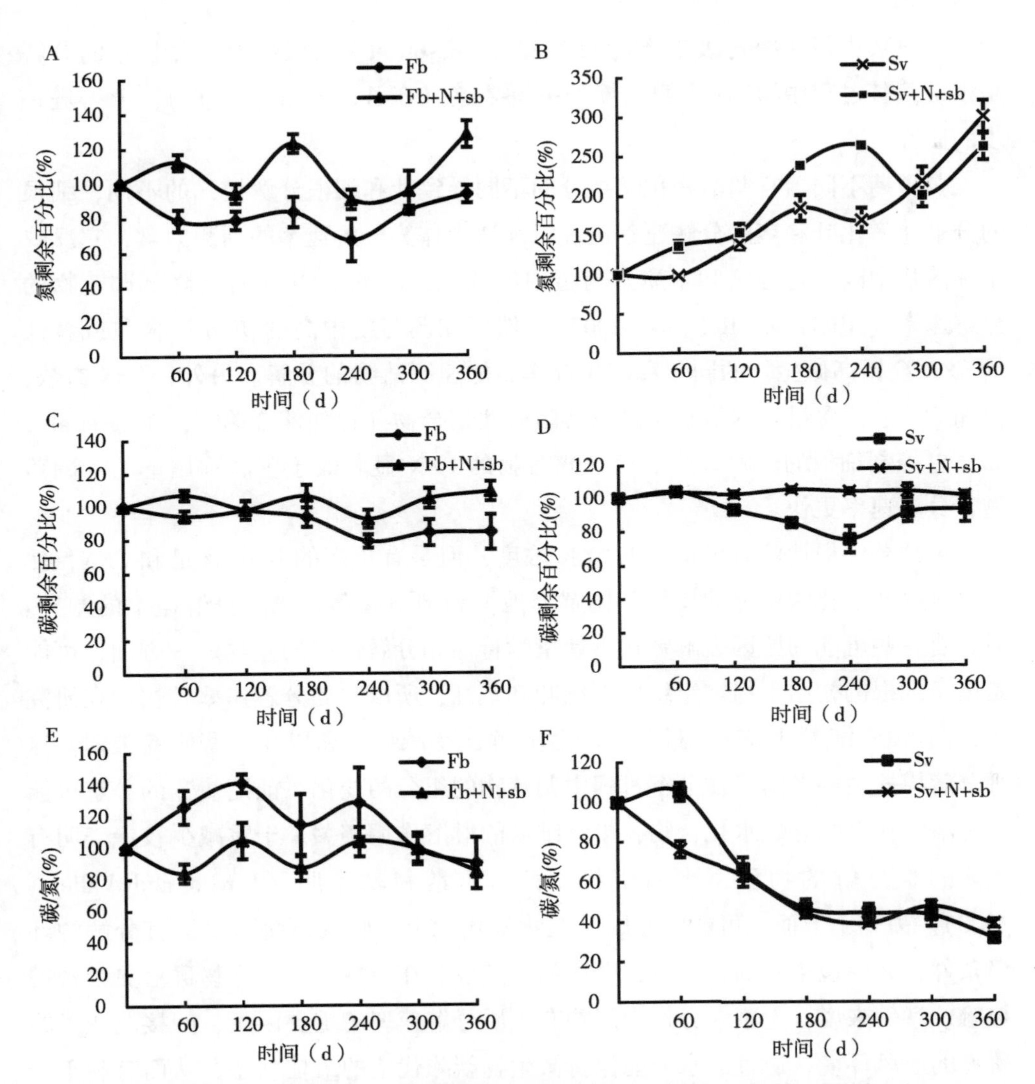

图 1.16 施氮和埋土处理对黄顶菊和狗尾草叶片凋落物不同分解时期碳、氮残留率及碳氮比值的综合影响

物狗尾草对比分析凋落物分解动态差异。

1. 地上和地下凋落物的分解差异

关于地上和地下凋落物同时分解的研究很少，尤其是入侵植物。细根（直径≤2mm）占每年净初级生产量的33%（Jackson et al.，1997），并且它的分解是植被演替过程中植物-土壤反馈的关键要素（Goebel et al.，2011），值得进一步的研究。

黄顶菊不同器官凋落物化学组分的不同导致叶和细根分解模式的不同，细根的分解速率比叶和茎的分解速率快。C/N通常作为分解速率的预测因素，它反映了凋落物中碳水化合物和木质素与蛋白质的比，高的C/N通常会降低凋落物的分解速率（Alicia and Roberto，2003），然而在凋落物中高的初始N含量或者低的C/N会提高微生物的同化和矿化效率，加速凋落物的分解。另外，化学参数，比如C/N、N含量和木质素含量或者防御性化合物（比如缩合单宁，Dong et al.，2016）控制细根的分解。黄顶菊叶凋落物的C/N显著低于茎和狗尾草的叶凋落物，分解速率更快。

黄顶菊细根比叶有更低的初始N浓度，但是有更高的NDF含量和C/N，然而，这些初始化学组分的差异不能解释地上和地下凋落物之间分解速率的差异。另外有一些可能的原因去解释化学计量学特性和分解速率的差异。一方面，可能是由于细根的初始不稳定组织比例比叶和茎高，所以它的分解速率较快。在研究中，前180d细根分解速率最高，随后分解速率减慢，和以往一些研究类似。这种分解模式主要是由于在分解过程中凋落物的组分的变化。前期快速的分解可能与可溶性化合物和碳水化合物，半纤维素的淋溶作用相关。干重减少较慢表明有更多的难分解的物质，比如蜡状物，木质素和软木脂（Rovira and Vallejo，2000）。另一个方面，可能的原因是植物根比地上植物凋落物有更适宜分解的环境条件，其中包括高的含水量，合适的温度以及在土壤中与微生物群落更亲密的接触。举例来说，土壤水分作为影响有机质分解速率的重要因素，间接改变了凋落物的通风环境，适宜的水分能保持微生物新陈代谢的最佳状态，从而有利于分解（Laiho et al.，2004）。因此，这些非生物因素的相关作用和相互作用在很大程度上促进了细根的分解。

最后，根据分解环境的养分供应状态，在分解基质和土壤之间可能存在养分（尤其是N）的转移。土壤养分供应相对缺乏，分解基质和土壤之间的肥力梯度仍可能影响凋落物的分解，因为它极大地改变了凋落物的N浓度。然而木质素的含量在凋落物类型之间没有显著性影响，茎中较低的养分浓度（N 和 P）和高的初始 NDF 或纤维含量，可能影响了它的分解。此外，茎的纤维含量高于叶，从而降低了茎分解过程中的微生物活性。分解速率和植物的功能特性密切相关。例如，由于黄顶菊和狗尾草凋落物化学组分的差异，导致双子叶草本植物黄顶菊快速的分解，比禾本科植物狗尾草的干重减少得更快，浸出速率更高（Li et al.，2017）。

2. 施氮对不同类型凋落物分解的影响

在施氮处理的凋落物类型中，只有黄顶菊的叶的 k 值显著的低于对照，表明外界氮的可用性对凋落物的质量损失影响较小。在无机氮含量相对低的土壤中，施氮没有像预期的一样对凋落物的分解有明显的促进作用（Li et al.，2017）。施氮对凋落物分解没有促进作用，可能是由于凋落物分解的土壤中无机氮的含量相对较低。先前的研究表明施氮会促进氮限制生态系统中凋落物的分解（Vivanco and Austin，2011），氮对不稳定的碳组分有正面效应，分解的前期主要受凋落物组分的影响。施氮对凋落物的分解速率没有显著性影响。反之亦然，施氮阻断 C 和养分的化学计量学，从而促进 C/N 高的凋落物（茎）的分解。例如，黄顶菊叶凋落物的 C/N 从对照的 18-29 到施氮处理的 16-21（图 1.17）。在一些生态系统中施氮对凋落物的分解没有影响或者减慢了凋落物的分解，一些潜在的机制解释了施氮对凋落物分解的抑制作用，高的施氮水平导致 C 成为微生物降解的限制因素，减少了微生物多样性，降低了微生物活性，并且改变了微生物群落结构。施氮也能抑制与木质素分解相关酶的合成（比如木质素降解酶），从而抑制凋落物的分解。举例来说，由于施氮抑制了木质素降解酶酚氧化酶的合成，减少了施肥小区白腐病的产生，降低了竞争力（Zak et al.，2008），从而造成施氮抑制细根的分解。施氮也能通过改变凋落物的质量间接改变基质的分解性能。试验和许多施肥试验类似（Wang et al.，2012），施氮处理的凋落物（尤其是黄顶菊的叶）有较高的 N 浓度，细根有较高的木质素含量（虽然没有统计学上的差异），施氮后组织中的含 N 量增加，促使凋落物的组分产生更多难分解的物质，从而减慢凋落物的分解。对土壤碳库（试验中的细根凋落物）没有显著性影响，我们的结果与 Zeng 等（2010）的研究结果类似，在他 5 年的施氮［20g N/(m^2 · yr)］试验中，施氮后地上生物量和凋落物显著增加，但是对土壤碳库没影响。

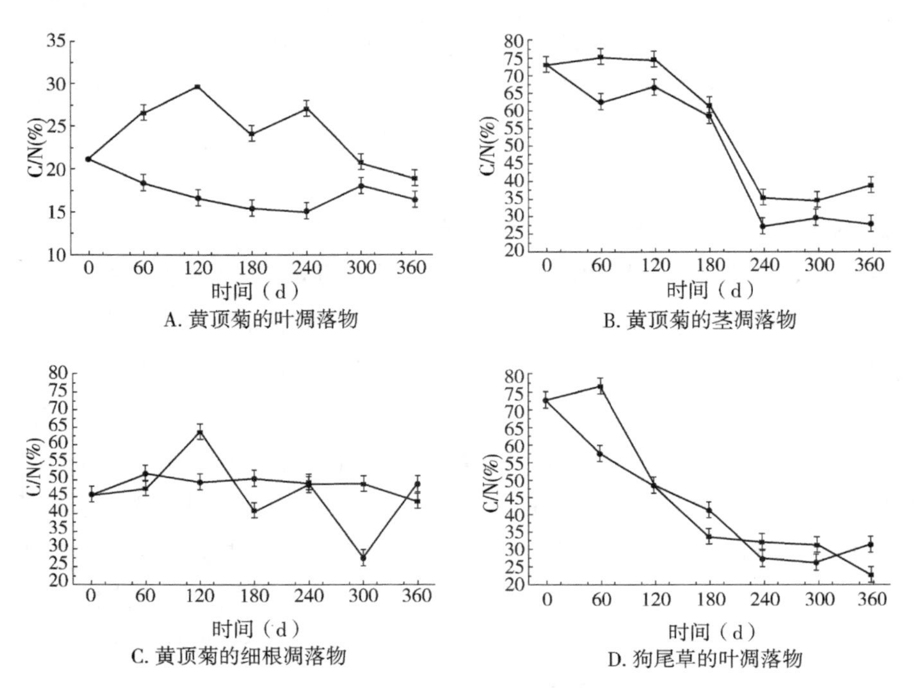

图 1.17 黄顶菊和狗尾草凋落物的 C/N

试验中有一个例外，缺乏养分限制的细胞有较高的 C/N，施氮抑制了它的分解（$P>0.05$）。可能的原因有两种。第一，可能是因为施氮对凋落物分解有类型特异性和栖息地依赖性，本试验的施氮水平可能太低，对分解速率没有显著性影响。因此，基质质量的内在变化可能减少了外部施氮对叶、细根和茎凋落物分解的影响。即使如此，不能排除施氮对分解影响的可能性，在分解的某些阶段施氮对分解有一定影响。第二，可能是由于在这些阶段氮对凋落物不稳定组分的分解和对适宜环境的促进作用，以及对难分解组分降解的潜在的负面作用都没有影响，或者促进作用和负面作用平衡。结果得到施氮对凋落物分解没有显著性影响。概括来说，不管分解中存在什么机制，施氮对凋落物物种或凋落物类型的分解存在差异，在我们的试验中，施氮对凋落物的分解无影响或有抑制作用，表明施氮对凋落物分解的抑制或促进作用存在临界值，施氮的临界值需要进一步的研究确定。

在一年的施氮处理分解过程中，入侵植物和本地植物叶凋落物的分解常数收敛趋于相似的值，没有显著性差异（$P>0.05$）。有研究表明施氮加速了高质量凋落物（木质素含量少于10%）的分解。然而，试验中无论是不是高质量凋落物，施氮对其分解表现出无影响或者是有抑制作用。此外，施氮增加了凋落物的N浓度，导致施氮的叶凋落物最初的C/N低于对照。凋落物C/N的改变对不同基质的影响结果明显不同，降低了黄顶菊叶凋落物的分解速率，但是促进了狗尾草叶凋落物的降解。在整个分解过程中，不同处理凋落物的C/N通常聚集，表明这些养分元素在分解期间发生了转移，从而保持比率不变（Moore et al.，2006）。在试验地，长期施氮延迟凋落物的分解（尤其是黄顶菊叶凋落物），显著增加碳固定。并且长期施氮可能会缩小分解过程中地上和地下凋落物之间分解性能的差异。

3. 分解过程中的氮矿化和氮损失

叶和细根分解速率的不同导致地上和地下凋落物养分动态的差异。虽然施氮对凋落物的分解没有显著影响，但是对不同物种或类型凋落物的氮动态有显著性影响。在本试验中，除了黄顶菊的叶凋落物外，其凋落物氮呈现富集模式伴随短暂的下降趋势（图1.18）。由于对外源氮的生物固定，黄顶菊叶、茎和细根凋落物的N浓度处于增加的趋势。具体来说，黄顶菊的茎表现出不同程度的氮富集，然而叶和细根在分解前期处于氮释放状态，后期表现为氮固定，表明从能量到养分限制的转移。当凋落物的C/N小于临界值时会发生氮矿化，发生氮矿化的C/N临界值通常从31到48范围变动。在凋落物分解过程中，当凋落物C/N高于这个值时主要发生微生物氮固定过程。从而解释由于初始N浓度（0.57%）低，C/N（74.76）高，茎表现出氮固定，而初始N浓度（1.79%）高，C/N（20.94）低，黄顶菊的叶则表现出净氮矿化。

与此相反，尽管细根凋落物有低的初始N浓度（≤0.88%）和高的C/N（45.32），但是在分解的前期无机氮仍然处于释放状态（180d以前，图1.19）。这些对比结果表明施氮对凋落物氮动态的影响取决于整体氮对分解速率的限制程度。首先，细根凋落物的初始净氮浓度不是净氮固定的可靠指标，因为这个含量

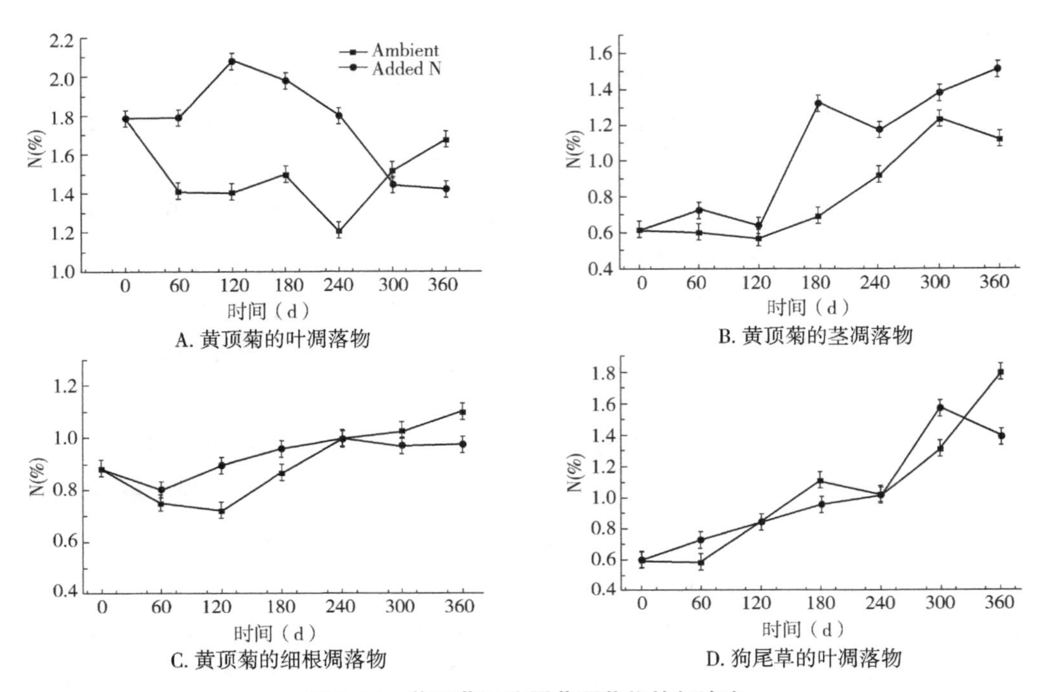

图 1.18　黄顶菊和狗尾草凋落物的氮浓度

在限制茎凋落物分解上比细根更重要，由于细根分解能减少它们的碳利用效率，甚至在氮不足的情况下，分解的前期出现净氮释放。其次，根据上文叙述的地下环境比土表环境更适合微生物生存，细根表现出相对高的氮释放。细根 N 含量的减少与质量损失一致，细根分解初期的氮释放与不稳定组分的淋溶作用相关（Prescott，1995）。在研究中主要表现出氮富集，表明在研究区域凋落物分解者受到氮限制的强烈影响，并且将来氮沉降的增加可能会改变入侵植物的氮动态。

黄顶菊凋落物（尤其是叶凋落物）有较高的含 N 量，大量凋落物文献表明，黄顶菊入侵地的 N 输入比本地高，从而增加了 N 的数量和周转率，加速入侵地的植物—土壤反馈，和许多不同生态系统研究的入侵植物一样。研究表明，入侵植物黄顶菊提高了入侵地的 N 含量，尤其是 NH_4^+（Huangfu et al.，2016）。在田间试验中与共生的本地物种相比，黄顶菊的入侵导致潜在的硝化作用速率下降，与未入侵地相比，入侵地土壤的 NO_3^- 库显著性减少。与此相反，入侵地的 NH_4^+

库通常保持稳定或者增加。当一个群落被入侵植物入侵时，入侵植物和本地植物凋落物分解速率之间的差异，可能会改变凋落物的积累量和养分的释放量，能影响群落结构、物种演替和生态系统特性。氮增加作为入侵的一个主要因素间接影响了入侵速率和群落组成（Currie et al.，2014）。在试验区，黄顶菊的入侵彻底改变了入侵地的植物群落组成。由于入侵地高的生产力和低的分解速率，可能会导致入侵地的碳积累富营养化。入侵植物通过减慢叶凋落物分解，造成更多生物量积累，抑制本地植物的生长，从而实现成功入侵。在我们的模拟试验中，施氮导致凋落物的积累，黄顶菊的碳固定速率加速，但是对地下碳库没有影响。施氮增加了入侵物种地上和地下的生物量，因此在未来氮沉降增加的情况下，地下碳库将影响入侵植物对氮循环形成的正反馈。

总体来说，施氮影响了入侵物种的凋落物分解，而没有影响氮释放，植物物种引起的凋落物特性的差异显著大于凋落物的类型所引起的。入侵物种凋落物具有更高的可分解性，在相同的土壤环境中，施氮对入侵物种和本地物种分解之间影响的差异表明，在调节陆地碳循环反馈给大气的变化中，植被类型起到重要的作用。结果表明入侵物种的入侵可能会影响本地生态系统的恢复和管理。

三、黄顶菊凋落物的分解特性

于前一年的生长季末，采集与黄顶菊共生本地植物狗尾草及黄顶菊的地上凋落物，风干至恒重备用。另取部分凋落物 60℃ 下烘干，测定其碳、氮、磷、木质素、纤维素、半纤维素、灰分及微量元素 Ca、Mg、Na、Mn 和 K 等初始化学成分。凋落物分解速率测定采用网袋法，网袋规格 15×10cm，网孔大小为 1mm，以便微生物和小生物可以自由出入网袋。分别称取各种植物的凋落物 2g 装入网袋，测定各植物凋落物的分解速率，作为对照。另外，将本地植物的凋落物分别与黄顶菊的凋落物进行混合，黄顶菊：本地植物的比例分别按 1：4（0.4g+1.6g）、1：1（1g+1g）和 4：1（1.6g+0.4g）混合后装入网袋，每个网袋中的凋落物总质量为 2g，每处理重复 20 次（其中每次取样均为 4 次重复，共分 5 个时间段取样）。网袋埋入土表下 5cm，处理前均匀整地。每个月定期清理样地，包括去除杂草以及新输入的凋落物。

环境条件显著影响凋落物的分解速率。所有的凋落物在分解的 120～240d（也就是 4—8 月）的分解速率最高，说明这个时期比其他时期（1—4 月；8—11 月）存在更有利分解的环境条件。其原因是由于 4—8 月温度、降水、光照等充分，且随着前期凋落物的部分分解，养分得以释放，尤其 N、P 元素。凋落物化学质量对其分解的影响，主要取决于凋落物能否有效地提供分解微生物群落所需的能量和养分物质，特别是 N 和 P 浓度。在凋落物分解的初始阶段（即前 4 个月），凋落物的不同处理对分解速率的影响相对较低（图 1. 19）。可能存在的原因：①叶片凋落物需要一段时间风化、磨损或动物活动等的作用使其角质层破坏并形成更小的碎片或者是需要时间建立微生物的种群；②低温可能是凋落物分解的限制因素。在凋落物分解的进程中，也可能受通过其他因素的影响，如凋落物的本身成分就是影响其分解速率的重要因素（Prescott et al.，2010）。入侵植物的叶片凋落物与本地植物凋落物相比 C：N 较低而分解速率更快（Hickman et al.，2013）。

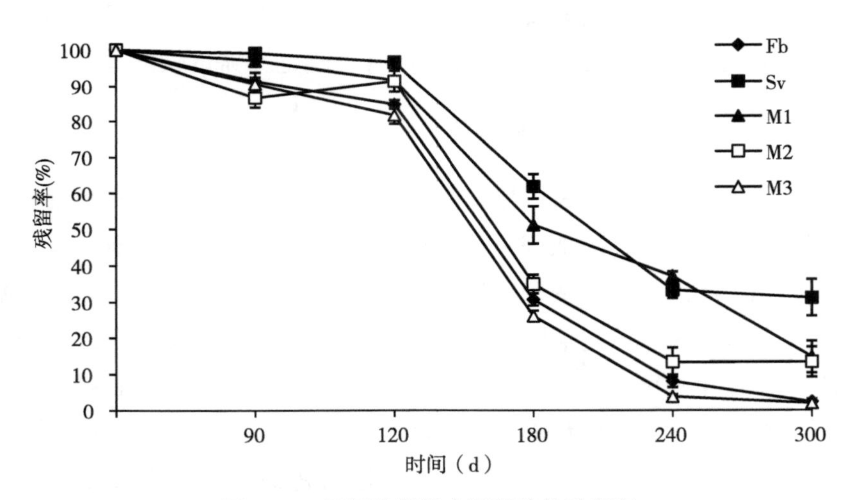

图 1. 19　不同比例混合凋落物的残留率

［注：剩余凋落物质量（平均值±标准误差），作为初始质量的百分比，黄顶菊（Fb）和本地植物（Sv）当每个物种单独或混合分解的凋落物分解实验。M1（1：4，混合物用 20%的黄顶菊），M2（1：1，混合物用 50%的黄顶菊）和 M3（4：1，混合物用 80%的黄顶菊）］

在自然陆地生态系统中的凋落物通常是混合存在的，而不是单独存在，有研究者对凋落物混合分解研究进行了评述，指出在凋落物混合分解过程中存在无效应、促进效应和抑制效应 3 种情况。尽管这背后得机制仍不清楚，但最近的一些实验表明，土壤动物和凋落物物种之间的特异性相互作用可以解释为混合凋落物对凋落物分解产生不同的混合效应的原因。在分解的后期阶段（240d 后），M1（1：4）混合物对凋落物分解存在较弱的负反馈效应，而 M3（4：1）混合物对凋落物质量损失存在显著协同混合效应，同时发现 M2（1：1）混合物的混合效应不显著（图 1. 20）。因此，混合凋落物的非加性效应是可变的，随着时间的推移入侵种占主导后入侵凋落物占大比重时混合效应更趋向于表现为协同效应。

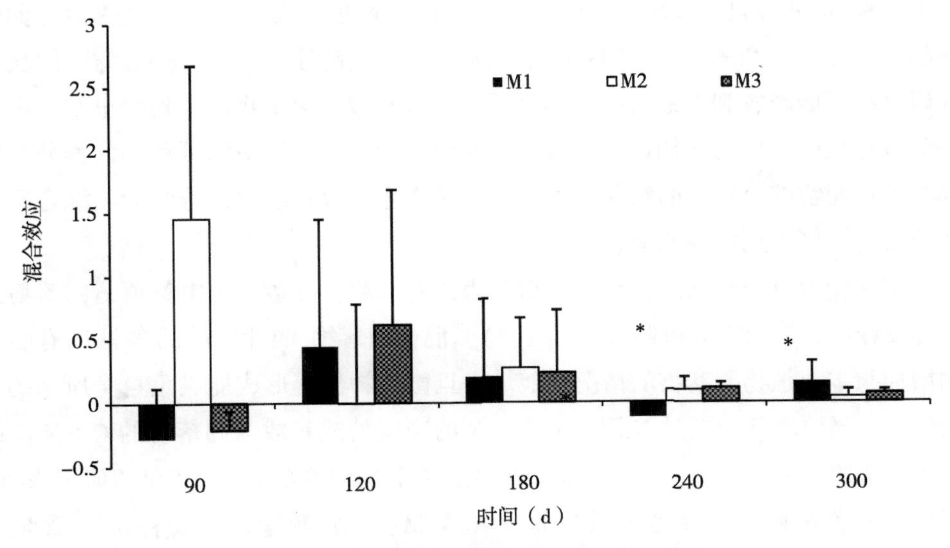

图 1. 20　不同比例混合凋落物的混合效应

（注：* 表示不同时期不同凋落物分解的混合效应间达到差异显著水平，$P<0.05$。分解进程中不同比例凋落物分解的混合效应（+SE，n=5）。M1（1：4，混合物用 20%的黄顶菊），M2（1：1 混合物用 50%的黄顶菊）和 M3（4：1，混合物用 80%的黄顶菊）表示 3 个不同比例的黄顶菊和本地植物混合凋落物。）

混合凋落物的非加性效应可能由几个机制解释。机制包括在混合物分解时通过物理或生物的方式（如淋溶、真菌）介导的养分的迁移，在由高养分凋落物（低 C：N 比）转移到低养分（高 C：N 比）时可能会发生非加性效应。由于 N 浓度更高的凋落物往往比低浓度的氮的凋落物分解更迅速，这个过程是氮素增强微生物养分利用率以加速分解，刺激协同非加性效应。凋落物养分含量，特别是氮浓度，因影响微生物活动和分解速率（Wang et al.，2014）而刺激协同非加性效应，N 被认为是凋落物分解的预测指标。考虑到它们的 N%初始的差异，发生凋落物间养分的转移，从黄顶菊到狗尾草，造成协同分解效应。因此，研究表明在入侵物种凋落物占优势的混合物非加性效应强度和作用是最强的。另一方面，次级化合物的释放也影响到非加性效应，特别是产生负反馈作用的化合物（Horner et al.，1988）。这些凋落物所释放的次生物质会抑制周围植物凋落物的分解（Schimel et al.，1998）。已有研究表明，黄顶菊会释放次生代谢物（如黄酮醇苷、黄酮类和酚类），当两种凋落物混合在一起时，黄顶菊凋落物中的次生代谢物有可能释放到本地植物凋落物周围，以延缓本地植物凋落物的分解。推测在分解过程中可变的非加性效应可能是在分解的不同阶段中的可利用的养分浓度和次生代谢物综合权衡的结果，当凋落物的次生化合物减少或分解后，混合凋落物分解的协同作用愈加明显。

凋落物养分分解动态受到化学组分因素的制约，分解过程中黄顶菊凋落物的 N 持续释放，然而在分解阶段（表 1.6），混合凋落物 M1 和 M2 的 N 浓度有明显的增加与本地植物凋落物的情况相似。一旦微生物群落形成能满足自身所需的 N 需要，N 释放就开始超过 N 固持的量。N 的净固持或释放与凋落物的 C：N 比或 N 浓度密切相关。一个对 20 个地区的超过 7 个生物群落长达 10 年的研究发现，凋落物的净 N 释放主要是由最初的 N 浓度驱动。黄顶菊凋落物初始 N 含量和 C：N 比分别为 1.91 ± 0.03 和 17.44 ± 0.31，阈值范围较低因而导致凋落物中净 N 释放，值得注意的是，M3 的混合比例也接近该阈值，N 释放在分解的 300d 后左右开始。因此，当黄顶菊与本地植物凋落物之间的自然比大于 4：1，净氮释放可能会被稳定地检测出来。考虑其原因是黄顶菊生物量大，产生的凋落物相应的量大，相对大量的氮被释放到入侵的土壤，加速了氮的转化（Castro-Díez et al.，2009）。

凋落物分解所释放的 CO_2 是碳素收支的重要组分，对陆地生态系统的碳循环起到关键的作用。凋落物的碳固持将深刻地影响生态系统碳循环的分布格局和动态（Austin and Vivanco 2006）。在混合物凋落物中的碳固持的模式，也更类似于本地植物凋落物碳固持格局。因此，混合凋落物分解的其 C 和 N 的释放主要是取决于分解缓慢的凋落物，本地植物凋落物可能存在通过降低微生物的 C 限制值以促进黄顶菊凋落物 C 的分解。利用测定不同空间和时间的稳定同位素的量来研究生态系统功能（West et al.，2006），是一种有效的技术。所有处理凋落物分解过程中碳同位素显著下降，虽然黄顶菊与本地植物初始木质素含量之间没有检测到显著差异，凋落物同位素特征的差异可以归因于纤维素和其他更不稳定的碳化合物构成优先降解其特征为 ^{13}C 的更大的丰度（Biasi et al.，2005），导致凋落物分解 C 值的变化。在凋落物分解中 $\delta^{15}N$ 的值的动力学是由于几种机制，包括 $\delta^{15}N$ 优先通过根吸收，通过硝化氨化被吸收和转化，以及由 ^{15}N 富集的微生物进行积累（Högberg，1997）。

全球范围内，许多研究都强调凋落物组分（C：N，木质素：N 总养分含量）是控制分解的主要因素（Cornwell et al.，2008），因此凋落物质量（常用的指标有物理特征和化学特征），被认为是在特定气候区域内 k 值预测的最佳指标。其他研究已证实 k 值与凋落物的初始化学组分密切相关（Cornwell et al.，2008），在本研究中也是如此。然而，研究结果与以前的研究结果有一些不一致的地方。纤维素、半纤维素和木质素的浓度与凋落物分解呈负相关，这与其可阻止微生物侵入植物细胞壁和结构多糖降解的原因相关（Hobbie et al.，2010）。k 值或质量损失与纤维素和半纤维素的浓度显著相关，但与木质素相关性不显著，这与其他研究不同。此外，初始凋落物 C 含量对叶和根的分解具有重要影响（Fujii et al.，2015）。一些化学组分的差异（磷、钾、钠、镁、锰）和植物物种之间的关系可能反映了特定物种资源利用或获取的差异。这可能是由于营养物质不足以满足植物生长的要求，作为植物生长是存在养分限制的情况。描述凋落物化学质量的指标有很多，早期所提出的凋落物养分浓度，特别是 N 和 P 浓度因影响微生物活动和分解速率而被认为是凋落物分解的预测指标（Vivanco and Austin，2006）。凋落物分解过程中，N 的动态和趋势备受关注，认为 N 是限制凋落物分解的最重要因素之一，但是，随着 N 沉降的增加，很多生态系统中 N 含量已不再是制约各种过程的主要因素，相对而言，P 则成为重要的制约因素（Hoorens et al.，2003；Vivanco and Austin，2006）。P 浓度对凋落物分解影响是重要的，之前的研究也发现在黄顶菊的入侵地，P 是植物生长所需的重要组分之一。本研究中灰分含量与质量损失相关性的结果与 Archer（2007）和 Hewins（2013）等的研究结果一致，结果为在分解进程中凋落物质量损失与灰分含量之间的成正比关系，而其他的研究已经表明，凋落物质量损失和灰分浓度呈正相关，特别是在早期的分解阶段（Day et al.，2015）。

物种间存在功能差异，如 C：N 或木质素：N 和它们之间在分解进程中的相互作用，以预测入侵植物是怎样在入侵时改变生物化学过程的。木质素/N 是比 C/N 更好的凋落物分解的预测指标（Melillo et al.，1982），Melillo 等认为木质素/N 与分解常数 k 密切相关。在研究木质素/N 是如何影响凋落物分解时提出一些机制。其中木质素对分解的影响报道较多，但研究结果并非一致。一方面，木质素可形成相互联系的更不稳定 N。另一方面，在分解过程中木质素存在自身稳定细胞壁成分（如结构性多糖和 N）的物理保护以防止微生物侵袭（Boerjan et al.，2003）。

混合凋落物的质量损失呈非加性效应，其方向和强度取决于混合比例和分解阶段。在分解的初始阶段，所有的混合物对质量损失具有中性混合效应，然而，在分解的后期，含有较大比例（4：1）入侵凋落物的混合凋落物具有协同混合效应。重要的是，随着黄顶菊凋落物比例的增加，混合物对 N 的释放具有从拮抗到促进的变化趋势，随着分解时间的推移具有较低碳氮比的凋落物倾向于促进氮素的释放。这些结果凸显了凋落物间化学异质性在影响群落凋落物分解所起的重要作用。该结果同时表明，黄顶菊可能在其入侵进程中通过凋落物分解促进生态系统氮素周转，而凋落物分解成为促进其入侵的内在反馈机制。即便如此，从入侵植物最初引进到引起生态系统养分循环变化之间存在大幅的滞后时间。

四、凋落物和植物种间竞争对黄顶菊和本地植物生长特性的影响

通过模拟和黄顶菊竞争的 3 种比例，黄顶菊：反枝苋分别为 1：0、0：1、

1∶1，同一比例条件下均分为种植于黄顶菊凋落物土壤、本地植物凋落物土壤和裸土中（图 1.21）。植物凋落物通过化学（养分的有效性，化感作用）或物理（光照条件、温度波动、水分）的环境下，通过改变生物间的相互作用或者进行机械作用以影响植物在不同发育阶段的生长（Sayer，2006）。以往的研究表明，种间竞争或者凋落物添加均会影响植物出苗后幼苗生长状况（Violle et al.，2006）。目前尚不清楚凋落物添加和种间竞争对幼苗生长存在相同或者不同的影响，也不清楚种间竞争和凋落物添加哪个因素对种子的出苗和生长更重要。进行了盆栽试验研究不同凋落物添加和种间竞争对入侵物种黄顶菊和本地植物的出苗率及幼苗早期生长的影响。

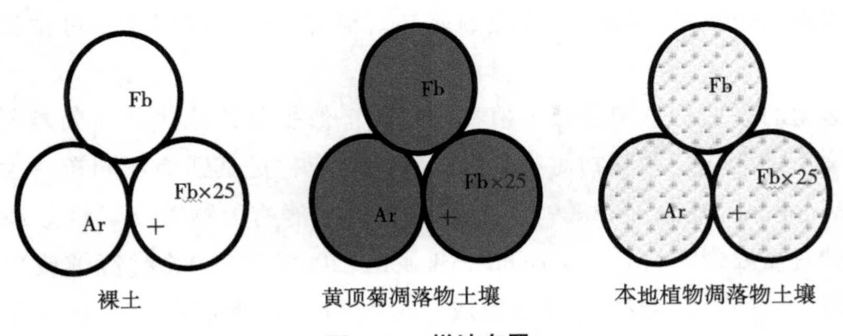

图 1.21 样地布置

1. 凋落物添加对出苗率和幼苗生长的影响

在种内和种间的水平下，叶片凋落物抑制种子的萌发，可能是由于物理、化学、生物因素或各因素间的相互作用（Facelli and Pickett，1991）。在物理方面，枯枝落叶沉积可以通过控制萌发的光照水平和土壤的温度，改变种子库的小气候环境以影响种子萌发。首先，叶凋落物可以改变在土壤中的种子所接收光的数量和质量，以抑制种子的萌发。研究表明黄顶菊的萌发存在光依赖性，这表明光环境下叶凋落物对光的作用，使得凋落物对种子萌发的影响很大（Zhang et al.，2008）。然而，黄顶菊凋落物处理和对照之间对种子萌发没有显著差异，表明凋落物的影响不太可能是由于物理因素光照的改变而产生作用的，但有可能本身生物化学会变化，因此凋落物添加相对于裸土结构来说并没有为种子萌发创造更好的条件。

其次，种子发芽和幼苗生长的化学抑制归因于以下因素，如相关的生物（如真菌，线虫，昆虫）的存在是分解在土壤中积累的凋落物化感物质和次生代谢产物。其中，研究已证实不同种植物间通过释放化感物质存在相互作用（Ridenour and Callaway，2001），这些化感物质可从活的或死的植物组织中被释放，并在土壤中积累。有研究证实黄顶菊会通过直接或间接化学作用抑制本地植物的生长，已有实验证实黄顶菊凋落物的浸出液抑制自身和本地植物种子的萌发。已有研究证实黄酮苷和黄酮类化合物如紫云英苷，槲皮素，山萘酚，可以作为种子发芽和植物生长的抑制剂而存在。考虑到研究的结果一致性，很可能是黄顶菊叶凋落物产生了一种或多种水溶性化合物抑制了种子的萌发。因此，可以解释在本研究中的不同凋落物处理之间的种间效应的差异，至少有部分原因是通过化感作用产生的。

凋落物的添加不影响反枝苋植物的生长，似乎反枝苋比黄顶菊能更好地适应的土壤条件变化。凋落物对物种特异性的响应，是其适应不同自然生境的条件（Hovstad and Ohlson，2009）。有人认为，凋落物的物种特异性效应对物种的演替具有重要影响（Quested and Eriksson，2006）一些物种能够改变它们的环境，因此，通过改变凋落物的组成成分和质量在群落水平上获得竞争优势（Grime，2001）。本地植物不能抵抗入侵植物在入侵区产生的化感物质。实际上，在研究中所使用的本地植物凋落物主要是狗尾草、反枝苋和马唐，发现其特征生长于温和的干燥的土壤，具有较少量的地上生物量和凋落物。相比之下，黄顶菊的入侵地通常是湿润和盐碱化的土壤，具有大量的地上生物量和枯落物，由于特定物种对特定的生境的适应，很多研究提出了植物—土壤间的反馈效应。

此外，有研究表明，通过凋落物分解释放养分，可能使幼苗具有较高的相对增长率（Schmiede et al.，2013），然而由于时间原因本试验没有解释养分释放的变化对入侵杂草抑制的影响。

2. 凋落物和种间竞争对出苗率和生长指标的交互作用

种间竞争改变凋落物添加对幼苗建立的影响，物种相互之间的竞争和依赖也确定什么物种可以共存（Tschirhart，2002）。本地植物凋落物添加和混种相结合对黄顶菊的出苗率和生长指标产生的抑制作用最为明显（图1.22）。有研究发现，凋落物可以调节种间竞争的作用，可增加植物生物量和种子生产量，并且这些影响出苗后更加明显，凋落物效应和种间竞争是幼苗生长的关键决定因素。在凋落物添加条件下，出苗的反应取决于植物种子的大小（Moles et al.，2006）。一般情况下，种子大的物种更容易发芽，从密集的枯枝落叶层下萌发，并迅速改变低光照条件下，而小种子的物种更容易受到负面影响（Everham et al.，1996）。因此，种子大的种反枝苋（千粒重500mg）可以更好地进行处理，突破具有较厚的枯枝落叶层而出苗。

反枝苋比黄顶菊种子出苗早3~4d，但在出苗时间早晚这种差异可能会强烈地影响幼苗生长和存活，因为早萌发可以具有更强的竞争能力（优先效应）。即便如此，在种间竞争处理下，大多数黄顶菊生物变量仍然没有受到不同凋落物处理的影响。然而，凋落物添加和种间竞争对反枝苋的影响与黄顶菊不同。与黄顶菊混种条件下，本地植物凋落物的添加增加了反枝苋的总生物量（图1.23B），同时凋落物添加对反枝苋种子出苗率影响不大。在凋落物添加的处理下，在混种时黄顶菊的出苗率下降，而反枝苋与对照相比有所提高。在混种时凋落物的添加对入侵植物起到抑制作用，可以作为杂草控制策略的一个选项，并有助于减少使用除草剂的使用。

凋落物效应与环境条件有关，它的效应可能随物理条件的变化而改变，依据应力环境梯度假说，凋落物效应在极端环境条件下更明显（Maestre et al.，2009）。此外，凋落物效应还取决于凋落物的量。一项研究数据表明，低到中等量的凋落物的量（$<500g/m^2$）具有改善微环境（如湿度和温度）的作用，对幼苗生长具有积极作用，且促进植被的活化性能（Loydi et al.，2013）。因此，定期浇水同时加入中等量（$<500g/m^2$）的凋落物。对比土壤水分有效性，凋落物的添加可能产生的影响是微弱的，当充足的水供应可能会隐藏凋落物的潜在积极影响。在凋落物的添加可能产生正面或负面影响平衡时，通过强烈的化学抑制作用减少了积极的效果，从而在整体上表现为中性或负面影响。

凋落物添加表明本地凋落物的添加抑制了黄顶菊的出苗，这种效应和种间竞争相叠加对黄顶菊出苗影响更为明显。同时，种间竞争和凋落物添加同样影响黄

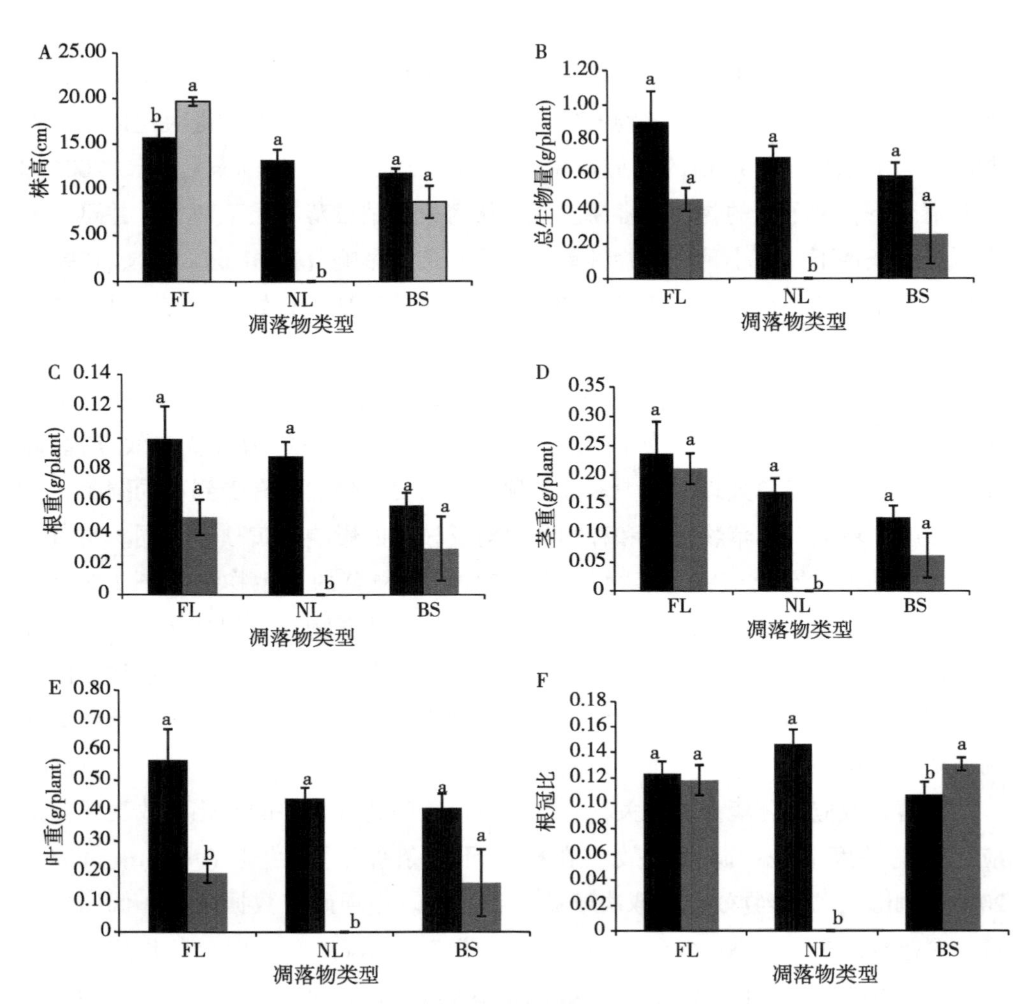

图 1.22 黄顶菊苗在单种和混种条件下的生长变量

［注：图 2.55 黄顶菊苗在单种和混种条件下的生长变量分别用黑色柱和灰色柱。数据是平均值±SE（n=15）。不同的字母表示数据的方式之间的差异显著（$P<0.05$）。FL：黄顶菊凋落物添加；NL：本地植物凋落物添加；BS：裸土］

顶菊幼苗生长。凋落物添加仅对反枝苋的出苗表现抑制，而对反枝苋的生长具有促进作用，显示凋落物影响到种间特异性。凋落物的添加和种间竞争甚至有利于反枝苋的幼苗生长，显示其更能适应黄顶菊入侵带来的土壤变化。因此，这种种

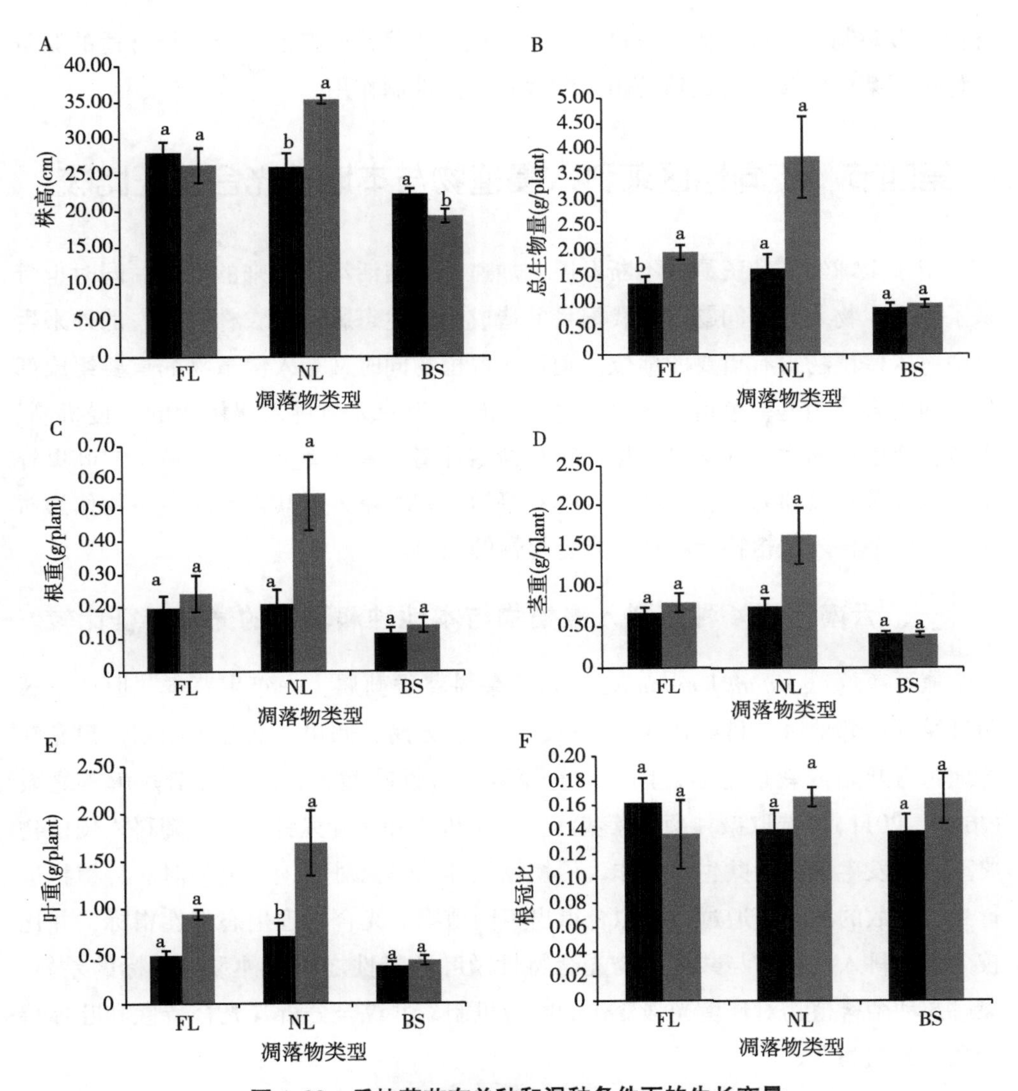

图 1.23　反枝苋苗在单种和混种条件下的生长变量

[注：图 2.56 反枝苋苗在单种和混种条件下的生长变量分别用黑色柱和灰色柱。数据是平均值±SE（n=15）。不同的字母表示数据的方式之间的差异显著（$P<0.05$）。FL：黄顶菊添加；NL：本地植物凋落物添加；BS：裸土]

间植物—土壤反馈体现为对特定生境适应性。该研究结果对黄顶菊入侵生境的生态治理策略制定具有重要参考价值，本地植物凋落物的覆盖结合选择合适的竞争物种黄顶菊借以实现对黄顶菊出苗和生长发挥抑制作用。

第四节　不同地区菊科入侵植物与本地种光合特征比较

由于全球经济和贸易的不断发展，加速了人类活动和往来的频率，同时也带来了外来生物入侵的问题。在我国目前造成严重生态影响和农林业损失的外来生物中，入侵植物占有重要的地位。菊科入侵植物同时又是入侵植物的重要组成部分，而光合作用是绿色植物赖以生存的机制，为探究菊科入侵植物的入侵机制，本节主要以全国主要的菊科入侵植物包括薇甘菊、紫茎泽兰、飞机草、三叶鬼针草、银胶菊、黄顶菊、豚草和三裂叶豚草为研究对象，以其本地共生植物作为对照，了解菊科入侵植物与本地种光合特性的差异。

一、云南地区 4 种菊科入侵植物与本地种熊耳草的光合特征比较

熊耳草（*Ageratum houstonianum*）属菊科藿香蓟属，一年生草本，原产于墨西哥及其毗邻地区，目前在我国广东、广西、云南、四川、江苏、山东、黑龙江等地都有栽培或栽培逸生。熊耳草全草药用，性味微苦、凉，有清热解毒之效（方其，2011）。选取薇甘菊、紫茎泽兰、飞机草和三叶鬼针草 4 种菊科入侵植物典型共同发生区，以共生菊科非入侵植物熊耳草作为对照，于上午对 5 种植物进行光合参数的测定，通过模型拟合得出不同植物的光合生理生态特性指标，并比较分析菊科入侵植物与共生植物光合特性及叶片特性之间几种重要指标的差异，探讨 5 种菊科植物对环境光强变化的响应机制，并综合分析其光合特性和叶片特性之间的相关性。

在云南省德宏州瑞丽市勐卯镇姐勒村路旁荒地，入侵植物呈自然混生群落，在入侵种呈斑块状分布的地方，薇甘菊、紫茎泽兰、飞机草、三叶鬼针草盖度分别为 40%、8%、15%、5%，伴生种熊耳草盖度约为 20%的区域采集样本。由图 1.24 可以看出，随着有效光合辐射的增强，薇甘菊、紫茎泽兰、飞机草、三叶鬼针草及其共生植物熊耳草的 *P*n 均呈先增加后降低的趋势，其中，4 种入侵植

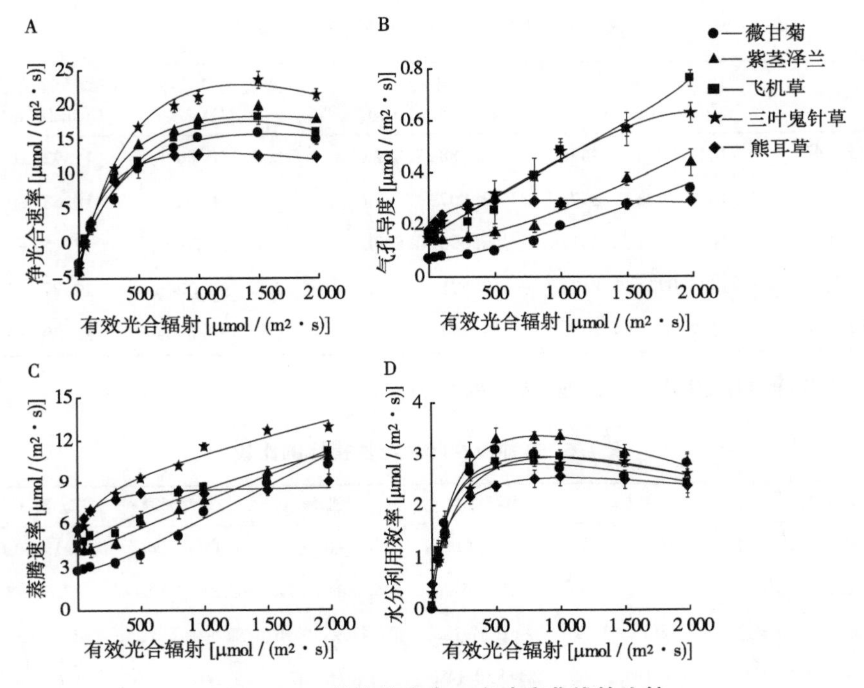

图 1.24　5 种植物光合—光响应曲线的比较

物的增幅均高于其共生植物熊耳草。与熊耳草相比，4 种菊科入侵植物对光能的利用率较高，在相同的有效光合辐射下，其积累干物质的能力更强（表 1.4）。气孔会直接影响植物的蒸腾作用和光合作用，因为它是蒸腾过程中水蒸气从体内排到体外的主要出口，也是光合作用和呼吸作用与外界气体交换的通道。由图 1.24 可见，随着有效光合辐射的增加，5 种植物的 *Gs*、*Tr* 和 WUE 均有一定程度的增加，但在有效光合辐射大于 500μmol/(m^2 · s) 时，熊耳草的 *Gs* 和 *Tr* 并未随着有效光合辐射的增强而增加，反而是稳定在一个恒定值附近，而其他 4 种入侵植物的 *Gs* 和 *Tr* 却一直表现为增加。植物的 WUE 是表征植物水分生理的重要指标，其值越高，表明植物体对水资源的利用就越充分（高丽等，2009）。4 种入侵植物的 WUE 随着有效光合辐射增加而增加的幅度明显高于共生植物熊耳草，说明 4 种入侵植物对水分的利用效率更高。

表 1.4　5 种植物的光合响应特征参数

物种	光饱和点 [μmol/(m² · s)]	光补偿点 [μmol/(m² · s)]	表观量子效率 AQY	最大净光合速率 [μmol/(m² · s)]
薇甘菊	1441. 077±59. 853a	61. 788±3. 052a	0. 043±0. 004d	15. 921±0. 156d
紫茎泽兰	1582. 492±17. 817a	63. 007±1. 227a	0. 060±0. 002c	18. 688±0. 164b
飞机草	1454. 546±50. 841a	50. 008±0. 899b	0. 071±0. 001bc	17. 151±0. 258c
三叶鬼针草	1447. 077±17. 817a	52. 591±0. 551b	0. 073±0. 004b	22. 775±0. 514a
熊耳草	1212. 121±84. 108b	39. 244±1. 238c	0. 086±0. 006a	13. 090±0. 109e

注：同列不同字母表明差异达到显著水平（*P*<0. 05）。下同

表 1.5　5 种植物叶片特性指标的比较

叶片特性	薇甘菊	紫茎泽兰	飞机草	三叶鬼针草	熊耳草
叶绿素含量（mg/g）	0. 975±0. 045b	1. 5021±0. 085a	1. 477±0. 169a	1. 431±0. 064a	1. 114±0. 093b
比叶面积（cm²/g）	372. 013±7. 751a	298. 819±15. 767b	246. 580±3. 054c	363. 819±20. 899a	237. 634±3. 289c
叶片氮含量（mg/g）	32. 867±2. 356a	24. 613±1. 182b	27. 436±1. 071b	32. 540±2. 062a	19. 766±0. 268c
叶片磷含量（mg/g）	4. 793±0. 282b	2. 868±0. 148c	5. 640±0. 147a	5. 771±0. 486a	4. 620±0. 060b
叶片建成成本 (g glucose/g)	1. 934±0. 066a	1. 756±0. 041ab	1. 824±0. 044a	1. 866±0. 108a	1. 586±0. 034b
灰分浓度（%）	12. 317±0. 526a	7. 878±0. 499b	10. 292±0. 184a	12. 457±01. 237a	11. 412±0. 961a
去灰分热值（kJ/g）	16. 765±0. 234a	16. 397±0. 298a	16. 770±0. 529a	15. 935±0. 828a	15. 707±0. 416a
光合能量利用效率 μmol CO_2 g/(glucose · s)	0. 313±0. 014b	0. 315±0. 017b	0. 231±0. 007c	0. 453±0. 034a	0. 195±0. 004c
光合氮利用效率 [μmol CO_2/(g · s)]	18. 832±0. 578b	22. 711±0. 851a	15. 494±0. 222c	25. 835±1. 342a	15. 558±0. 348c

5 种植物叶片特性指标的比较结果说明，其他 4 种入侵植物的叶片建成成本显著高于熊耳草（表 1. 5）。相关分析结果表明，5 种植物 *P*nmax 与 PNUE、PEUE 呈极显著正相关（*P*<0. 01），与叶片 SLA 之间呈显著正相关（*P*<0. 05）；叶片 *N*mass 分别与叶片 SLA、CCmass 呈极显著正相关（*P*<0. 01），与植物 *P*nmax、叶片 *P*mass 和 PEUE 呈显著正相关（*P*<0. 05），叶片 CCmass 与叶片 SLA 之间也呈显著正相关（*P*<0. 05）（表 1. 6）。

表 1.6　5 种植物 *P*nmax 与叶片特性指标之间的相关性

项目	最大净光合速率	比叶面积	叶片建成成本	叶片 P 含量	叶片 N 含量	光合能量利用效率	光合氮利用效率
光合氮利用效率	0.816**	0.603*	0.075	−0.135	0.344	0.931**	1.000
光合能量利用效率	0.868**	0.760**	0.262	0.164	0.617*	1.000	
叶片 N 含量	0.595*	0.835**	0.840**	0.525*	1.000		
叶片 P 含量	0.224	0.201	0.375	1.000			
叶片建成成本	0.379	0.622*	1.000				
比叶面积	0.545*	1.000					
最大净光合速率	1.000						

注：* 表示显著相关（$P<0.05$）；** 表示极显著相关（$P<0.01$）。

入侵植物薇甘菊、紫茎泽兰、飞机草和三叶鬼针草的 *P*nmax 显著高于本地种熊耳草，且分别为 15.921、18.688、17.151 和 22.775μmol/(m^2·s)，分别比熊耳草高出 21.627%、42.765%、31.024%、73.988%，4 种入侵植物的 LSP 和 LCP 也均显著高于胜红蓟，但其 AQY 却显著低于共生植物。薇甘菊、紫茎泽兰和三叶鬼针草叶片的 SLA 显著高于共生植物熊耳草；4 种入侵植物叶片的 *N*mass 显著高于熊耳草；除飞机草外，其他 3 种入侵植物的 PEUE 和 PNUE 均显著高于熊耳草。相对于共生植物熊耳草，菊科入侵植物有着较高的叶片特性指标。5 种植物 *P*nmax 与 PNUE、PEUE 呈极显著正相关；植物叶片 *N*mass 分别与叶片 SLA、CCmass 呈极显著正相关。研究显示，菊科入侵植物薇甘菊、紫茎泽兰、飞机草和三叶鬼针草较其菊科共生植物熊耳草有着更高的 *P*nmax、PNUE、PEUE 等光合特性指标和能量利用指标。

二、山东地区 2 种菊科入侵植物与本地种小蓟光合特征比较

小蓟又名刺儿菜，为菊科蓟属多年生草本植物，多年生草本，因叶片有刺而得名。夏、秋两季开花时采收刺儿菜的干燥地上部分入药，称为小蓟。性凉，味甘，微苦，具有凉血止血、散瘀解毒消痈的功效（张维瑞等，2015）。选取银胶菊和三叶鬼针草 2 种菊科入侵植物典型共同发生区，以共生的菊科本地植物小蓟（*Cirsium setosum*）作为对照，然后进行特定光强下菊科入侵植物与本地种光合参

数的比较研究，分析其气体交换参数及叶片特性之间几种重要指标的差异，探讨3种菊科植物对环境光强变化的响应机制，并综合分析其光合特性和叶片特性之间的相关性。

山东省莒南县是银胶菊和三叶鬼针草的重发生区，主要植被构成为入侵植物自然混生群落，各入侵种呈斑块状分布的区域。研究表明，在有效光合辐射强度为 1 000μmol/(m^2·s) 时，银胶菊、三叶鬼针草和小蓟的气体交换参数测定结果列于表 1.7。由表 1.7 可以看出，入侵植物银胶菊和三叶鬼针草的 *P*n 分别显著高出本地种小蓟 74.6%和 95.9%，说明与伴生植物相比，银胶菊和三叶鬼针草对光能的利用率高，在相同的有效光合辐射下，其进行光合同化的能力更强；银胶菊的叶片 *Gs* 要显著高于其他两种植物，而三叶鬼针草 *Gs* 均值大于小蓟但差异不显著。从表中仍可看出银胶菊的 *Tr* 要显著高于三叶鬼针草和小蓟，后者差异不显著，而三叶鬼针草的 WUE 要显著高于银胶菊和小蓟。

表 1.7　3 种植物气体交换参数的比较

植物	最大净光合速率 [μmol/(m^2·s)]	气孔导度 [(mol·m^2)/s]	蒸腾速率 [(mmol·m^2)/s]	水分利用效率 (μmol/mmol)
银胶菊	9.269±0.511a	4.325±0.707a	16.140±0.802a	1.580±0.023b
三叶鬼针草	10.399±0.654a	1.046±0.110b	11.264±0.569b	1.976±0.086a
小蓟	5.309±0.078b	0.846±0.005b	11.000±0.017b	1.483±0.007b

由表 1.8 可以看出，银胶菊和三叶鬼针草的叶绿素含量显著高于小蓟，从高到低依次为银胶菊>三叶鬼针草>小蓟，而叶绿素是植物光合作用中不可或缺的物质，其含量大小与植物光合能力强弱有着很大关系。叶片 SLA 是表征植物调节和控制碳同化、分配等功能的最重要的植物特性，银胶菊和三叶鬼针草的 SLA 显著高于本地共生植物。银胶菊的叶片 *N*mass 显著高于其他两种植物，三叶鬼针草 *N*mass 高于小蓟但差异不显著，而银胶菊和三叶鬼针草的叶片 *P*mass 也显著高于小蓟。叶片 CC 是衡量植物叶片建成所需能量的重要指标，反映了植物叶片的能量利用策略（屠臣阳，2013）。银胶菊的叶片 CCmass 显著高于小蓟，而三叶鬼针草与小蓟之间差异不显著，两种入侵植物叶片的 Ash 均显著高于本地种，从高到低依次为银胶菊>三叶鬼针草>小蓟，而 3 种植物叶片 *HC* 之间并没有显著差

异。两种入侵植物的 PEUE 和 PNUE 也显著高于本地植物小蓟。

表 1.8　三种植物叶片特性的比较

叶片特性	银胶菊	三叶鬼针草	小蓟
叶绿素含量（mg/g）	0.152±0.016a	0.146±0.019a	0.086±0.008b
比叶面积（cm^2/g）	354.868±10.092a	328.095±11.525a	303.587±10.923b
叶片氮含量（mg/g）	45.636±5.331a	33.579±0.905b	31.772±1.638b
叶片磷含量（mg/g）	3.437±0.129a	3.703±0.169a	2.348±0.164b
叶片建成成本（gglucose/g）	2.141±0.134a	1.913±0.048ab	1.795±0.029b
灰分浓度（%）	15.237±0.558b	9.769±0.208c	19.309±0.562a
去灰分热值（kJ/g）	15.663±0.220a	15.795±0.353a	16.431±0.707a
光合能量利用效率 μmol CO_2 g/(glucose · s)	0.152±0.067a	0.190±0.022a	0.084±0.005b
光合氮利用效率 [μmol/CO_2/(g · s)]	7.287±0.344b	10.815±1.214a	4.790±0.159c

由表 1.9 可知，植物 *P*nmax 与叶片 SLA、叶片 *P*mass、PEUE、PNUE 呈极显著正相关，叶片 *N*mass 与植物 *P*nmax 呈显著正相关，与叶片 SLA、CCmass 叶片叶绿素含量呈极显著正相关。

表 1.9　3 种植物 *Pnmax* 与叶片特性指标之间的相关性

项目	最大净光合速率	比叶面积	叶片建成成本	叶片 P 含量	叶片 N 含量	光和能量利用效率	光合氮利用效率
光合氮利用效率	0.893**	0.495	0.121	0.416	0.733**	0.939**	1.000
光合能量利用效率	0.974**	0.710**	0.347	0.107	0.740**	1.000	
叶片 N 含量	0.529*	0.810**	0.908**	0.368	1.000		
叶片 P 含量	0.791**	0.576*	0.498	1.000			
叶片建成成本	0.501	0.768**	1.000				
比叶面积	0.730**	1.000					
最大净光合速率	1.000						

银胶菊和三叶鬼针草的 *P*n、叶绿素含量、SLA、*P*mass、PEUE 和 PNUE 均显著高于小蓟。植物 *P*nmax 与叶片 SLA、*P*mass 呈极显著正相关，与 *N*mass 呈显著正相关。相比小蓟来说，银胶菊和三叶鬼针草有着较高的叶片特性指标和光合特性指标。

三、河北不同地区入侵植物黄顶菊与本地种苍耳光合特征比较

苍耳（*Xanthium sibiricum*）为菊科苍耳属的一年生草本，其中不只含有在医药上抗菌、止痛、降血糖等活性物质（马萍和李红，1999），还含有对农业有害生物蚜虫、红蜘蛛、菜青虫、螺等具有良好控制作用的物质（姜双林等，1999），而且其适应性强，常生长于旷野山坡、旱地边、盐碱地及路旁。然后进行光合参数的测定，通过模型拟合得出不同植物的光合生理生态特性指标，并比较分析菊科入侵植物与共生植物光合特性及叶片特性之间几种重要指标的差异，探讨2种菊科植物对环境光强变化的响应机制，并综合分析其光合特性和叶片特性之间的相关性。

选取河北邯郸、衡水和沧州地区菊科入侵植物黄顶菊的典型重发生区，以共生的菊科本地植物苍耳作为对照。研究表明，图1.25、图1.26、图1.27分别是

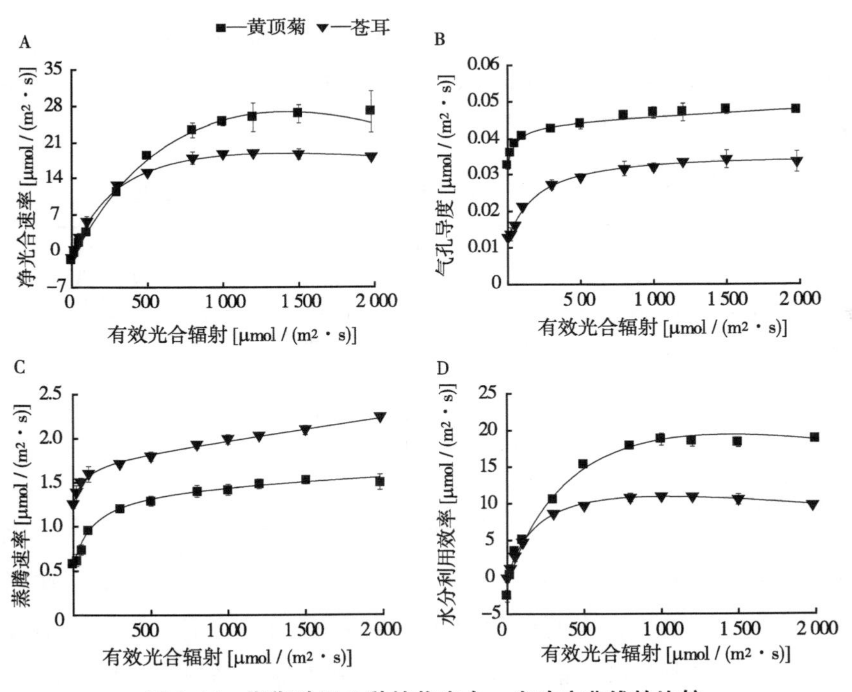

图1.25　邯郸地区2种植物光合—光响应曲线的比较

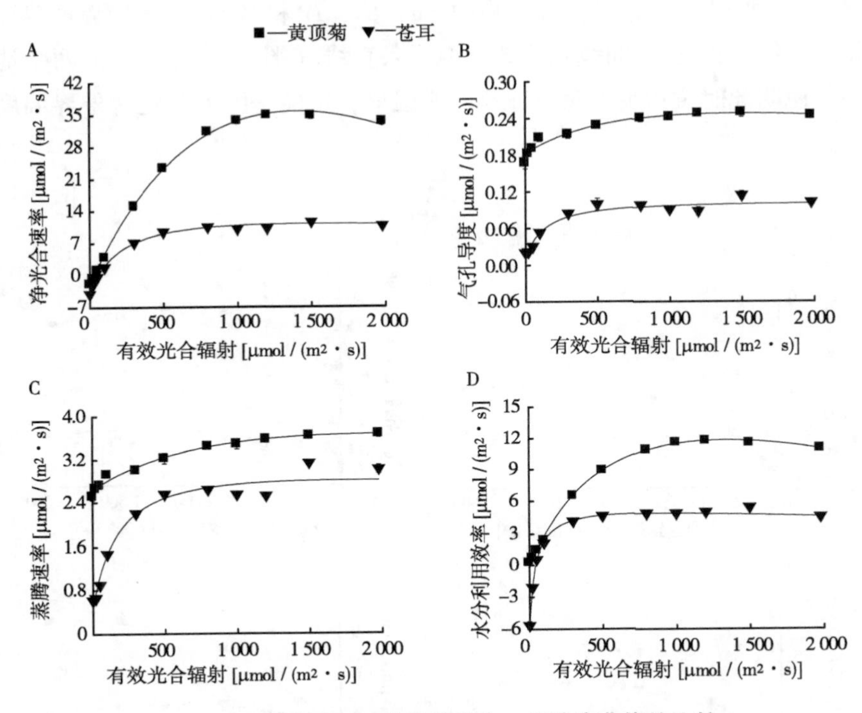

图 1.26　衡水地区 2 种植物光合—光响应曲线的比较

河北邯郸、衡水和沧州地区黄顶菊与本地种苍耳的光合—光响应曲线比较示意图。邯郸地区的 2 种植物随着有效光合辐射的增加，其 *P*n、*Gs*、*Tr* 和 WUE 均呈增加趋势，且除 *Tr* 之外，入侵植物黄顶菊气体交换参数的最大值显然高于本地种苍耳，而苍耳的 *Tr* 曲线上升趋势要高于黄顶菊（图 1.25C）；但在有效光合辐射大于约 1 000μmol/(m^2 · s）时，苍耳的 *Gs*、*Tr* 和 WUE 并未随着有效光合辐射的增强而增加，反而是稳定在一个恒定值附近，甚至是出现了降低的现象；而黄顶菊的 *P*n、*Tr* 和 WUE 却一直表现为增加。由图 1.26 可知，衡水地区的 2 种植物随着有效光合辐射的增加，其 *P*n、*Gs*、*Tr* 和 WUE 均呈增加趋势，且 *P*n 差异最为明显（图 1.27A）；在有效光合辐射大于约 1 000μmol/(m^2 · s）时，除 *Tr* 之外，苍耳的 *P*n、*Gs* 和 WUE 也呈现了与邯郸地区相同的趋势。同理，我们通过图 1.27 也可以知道，沧州地区的 2 种植物随着有效光合辐射的增加，其 *P*n、*Gs*、

Tr 和 WUE 也均呈增加趋势，且苍耳的 Pn、Gs、Tr 和 WUE 曲线趋势规律和衡水地区相同；但黄顶菊 Tr 曲线趋势却近似一条直线（图 1.27C），与前两个地区不大相同，说明此时黄顶菊的蒸腾速率非常强盛，可能是因为测定时外界温度过高引起的。

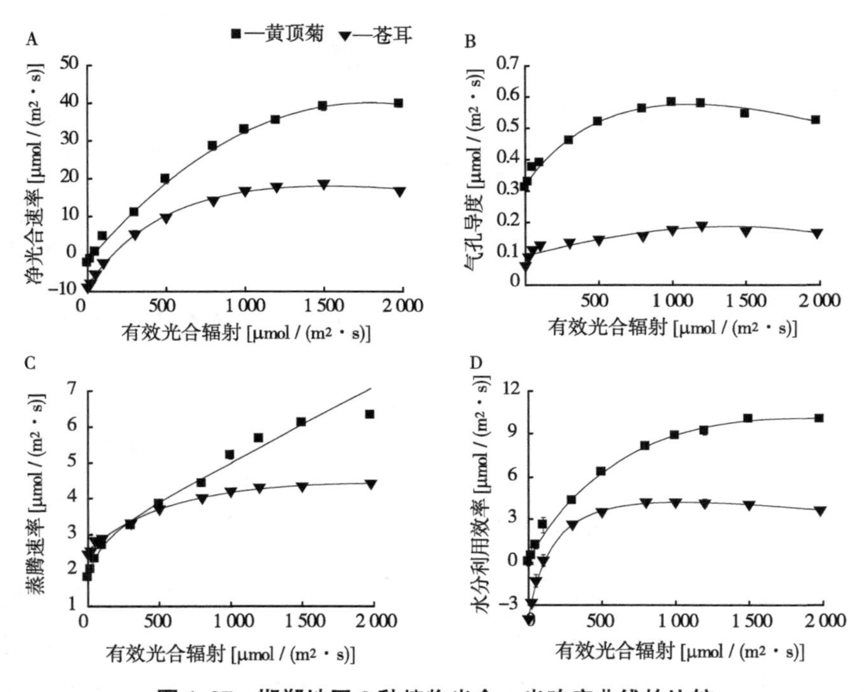

图 1.27　邯郸地区 2 种植物光合—光响应曲线的比较

由直角双曲线修正模型可以计算出 3 个地区 2 种植物的光合响应参数（表 1.10）。由表 1.10 可见，2 种植物的 LSP 均高于 1 200μmol/(m^2 · s)，且邯郸和衡水地区的黄顶菊 LSP 均显著高于本地种苍耳；3 个地区黄顶菊的 LCP 均显著低于本地种苍耳，除衡水地区外，其他两个地区的黄顶菊 AQY 也均显著低于本地种；3 个地区黄顶菊的 5 的 Pnmax 均显著高于苍耳，且分别高出各自本地种的 42.77%、221.80%、122.88%。

表 1.10　河北 3 个地区黄顶菊与本地种的光合响应特征参数

物种		光饱和点 [μmol/(m^2·s)]	光补偿点 [μmol/(m^2·s)]	表观量子效率	最大净光合速率 [μmol/(m^2·s)]
邯郸	黄顶菊	1422.825±3.389c	31.521±1.112e	0.057±0.004d	26.913±0.927c
	苍耳	1381.671±23.018d	48.236±1.734c	0.079±0.005b	18.850±1.019d
衡水	黄顶菊	1405.632±3.530c	28.247±1.649f	0.072±0.003c	35.797±0.457b
	苍耳	1381.671±23.018d	56.365±2.128b	0.090±0.003a	11.124±1.160e
沧州	黄顶菊	1783.749±5.163a	39.276±0.643d	0.049±0.004e	40.025±0.860a
	苍耳	1538.273±13.487b	62.324±1.508a	0.063±0.017d	17.958±0.751d

对 3 个地区的黄顶菊及其本地种的叶片特性指标进行测定（表 1.11），由下表可知，3 个地区的入侵植物黄顶菊和其本地种叶绿素含量差异并不显著；除邯郸之外，其他两个地区黄顶菊的 SLA、PNUE 均要显著高于苍耳（$P<0.05$），且 3 个地区黄顶菊的 Nmass、Pmass、PEUE 均显著高于本地种（$P<0.05$）。

表 1.11　河北 3 个地区 2 种植物叶片特性的比较

叶片特性	邯郸		衡水		沧州	
	黄顶菊	苍耳	黄顶菊	苍耳	黄顶菊	苍耳
叶绿素含量（mg/g）	0.221±0.007a	0.225±0.054a	0.166±0.018a	0.192±0.027a	0.214±0.143a	0.193±0.067a
比叶面积（cm^2/g）	218.075±7.154ab	229.437±5.642a	214.879±5.259b	164.469±3.814d	192.138±6.427c	124.392±10.785e
叶片氮含量（mg/g）	37.918±2.407a	26.095±3.096bc	29.610±3.792b	25.977±2.236bc	38.294±1.620a	24.008±0.940c
叶片磷含量（mg/g）	3.380±0.133a	2.742±0.301b	2.673±0.470b	2.007±0.103c	3.727±0.123a	1.588±0.166c
叶片建成成本（g glucose/g）	1.440±0.026c	2.541±0.428a	1.670±0.064bc	2.064±0.104b	1.536±0.094c	2.061±0.203b
灰分浓度（%）	21.223±1.758a	13.815±0.589d	17.465±0.082c	6.905±0.171e	19.652±0.502b	19.338±0.210b
去灰分热值（kJ/g）	12.611±0.692bc	15.033±1.686ab	13.883±0.269bc	16.770±0.816a	11.934±0.809c	14.238±2.516bc
光合能量利用效率 μmol CO_2 g/(glucose·s)	0.407±0.014b	0.174±0.034c	0.453±0.016b	0.089±0.014d	0.502±0.046a	0.110±0.021d
光合氮利用效率 [μmol/CO_2/(g·s)]	15.516±1.153c	16.764±2.623bc	26.275±3.583a	7.052±0.625d	20.086±0.357b	9.327±0.124d

对 3 个地区 2 种植物的气体交换参数和叶片特性指标进行相关性分析，结果表明，植物 Pnmax 与叶片 CCmass 呈显著正相关（$P<0.05$），与 Nmass、Pmass、

PEUE、PNUE 呈极显著正相关（$P<0.01$）；Nmass 与 SLA、CCmass、Pmass 呈极显著正相关（$P<0.01$）；SLA 与 PEUE 呈显著正相关（$P<0.05$），与 PNUE 呈极显著正相关（$P<0.01$）（表 1.12）。

表 1.12　2 种植物 *P*nmax 与叶片特性指标之间的相关性

项目	最大净光合速率	比叶面积	叶片建成成本	叶片 P 含量	叶片 N 含量	光合能量利用效率	光合氮利用效率
光合氮利用效率	0.833**	0.664**	0.348	0.520*	0.807**	0.799**	1.000
光合能量利用效率	0.955**	0.542*	0.694**	0.815**	0.342	1.000	
叶片 N 含量	0.690**	0.659**	0.745**	0.900**	1.000		
叶片 P 含量	0.720**	0.420	0.586*	1.000			
叶片建成成本	0.547*	0.342	1.000				
比叶面积	0.409	1.000					
最大净光合速率	1.000						

河北 3 个地区的 2 种植物 LSP 均高于 1 200μmol/(m^2 · s)，且邯郸和衡水地区的黄顶菊 LSP 均显著高于本地种苍耳；3 个地区黄顶菊的 LCP 均显著低于本地种苍耳，除衡水地区外，其他两个地区的黄顶菊 AQY 也均显著低于本地种；3 个地区黄顶菊的 Pnmax 均显著高于苍耳，且分别高出各自本地种的 42.77%、221.80%、122.88%；3 个地区的入侵植物黄顶菊和其本地种叶绿素含量差异并不显著；除邯郸之外，其他两个地区黄顶菊的 SLA、PNUE 均要显著高于苍耳，且 3 个地区黄顶菊的 Nmass、Pmass、PEUE 均显著高于本地种；植物 Pnmax 与叶片 CCmass 呈显著正相关，与 Nmass、Pmass、PEUE、PNUE 呈极显著正相关；Nmass 与 SLA、CCmass、Pmass 呈极显著正相关；SLA 与 PEUE 呈显著正相关，与 PNUE 呈极显著正相关。相比本地种苍耳来说，黄顶菊有着较高的光合特性和能量利用指标。

四、辽宁地区 2 种菊科入侵植物与本地种紫苑光合特征比较

紫苑（*Aster tataricus*）为菊科紫菀属，多年生草本，通常生长于潮湿的河边地带，是一味中药，有治风寒咳嗽气喘，虚劳咳吐脓血之功效（范丽芳等，2007）。然后进行光合-光强响应（Pn-PAR）测定，通过模型拟合得出不同植物

的光合生理生态特性指标，选取豚草和三裂叶豚草2种菊科入侵植物典型共同发生区，以共生的菊科本地植物紫苑作为对照，并比较分析菊科入侵植物与共生植物光合特性及叶片特性之间几种重要指标的差异，探讨3种菊科植物对环境光强变化的响应机制，并综合分析其光合特性和叶片特性之间的相关性。

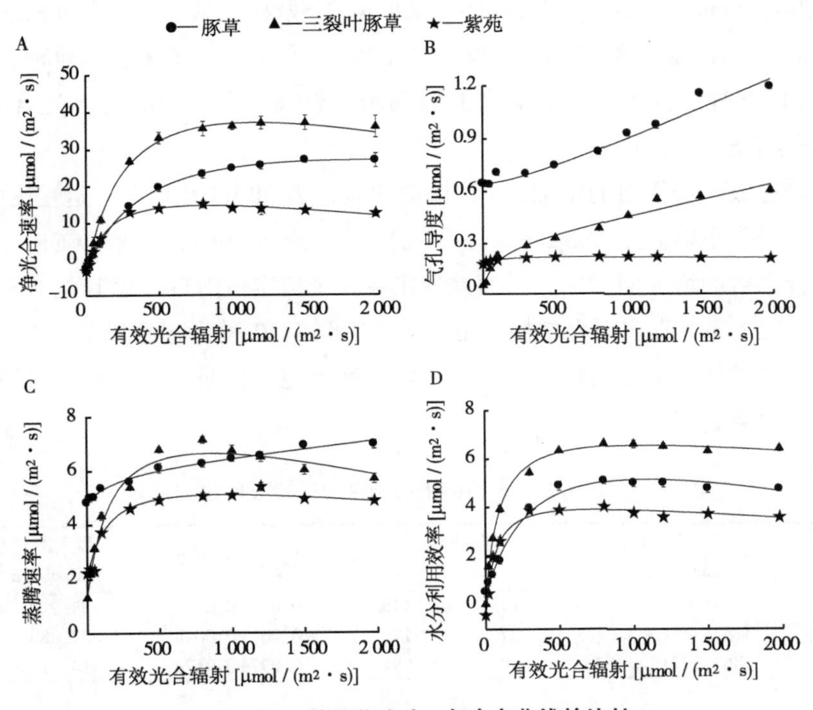

图1.28　3种植物光合–光响应曲线的比较

2015年8月27日，在豚草和三裂叶豚草重发生区——辽宁省沈阳市棋盘山取样处理。研究后由图1.28可以看出，随着有效光合辐射的增强，入侵植物豚草、三裂叶豚草及其共生植物紫苑的 Pn 均呈先增加后降低的趋势，其中，2种入侵植物的增幅均高于紫苑．当达到一定的有效光合辐射时，3种植物的 Pn 均达到最大值，即为光饱和点。豚草（$R^2=0.997$，$P<0.001$）、三裂叶豚草（$R^2=0.999$，$P<0.001$）、紫苑（$R^2=0.995$，$P<0.001$）的 Pn 均与有效光合辐射的相关性均达极显著水平（$P<0.01$），由直角双曲线修正模型可以计算出3种植物的

光合响应参数（表 1.13）。3 种植物的 LSP 均高于 800μmol/(m^2·s)，其大小顺序为三裂叶豚草>豚草>紫苑，2 种入侵植物的 LSP 显著高于本地种紫苑；LCP 的大小顺序为紫苑>三裂叶豚草>豚草，其中，本地种紫苑的 LCP 为 30.726μmol/(m^2·s)，显著高于豚草；而 2 种入侵植物的 AQY 均显著低于紫苑（$P<0.05$）；3 种植物的 *P*nmax 大小顺序为豚草>三裂叶豚草>紫苑，其中，豚草和三裂叶豚草的 *P*nmax 分别比紫苑高出 151.28%、82.80%，并且均显著高于本地种，说明与紫苑相比，2 种菊科入侵植物对光能的利用率较高，在相同的有效光合辐射下，其积累干物质的能力更强。

随着有效光合辐射的增加，3 种植物的 *Gs*、*Tr* 和 WUE 均有一定程度的增加，但在有效光合辐射大于 500μmol/(m^2·s) 时，紫苑的 *Gs*、*Tr* 和 WUE 并未随着有效光合辐射的增强而增加，反而是稳定在一个恒定值附近，而其他 2 种入侵植物的 *Gs* 和 *Tr* 却一直表现为增加。由图 1.28 可知，2 种入侵植物的 WUE 随着有效光合辐射增加而增加的幅度明显高于本地种紫苑，说明 2 种菊科入侵植物对水分的利用效率更高。

表 1.13　3 种植物的光合响应特征参数

物种	光饱和点 [μmol/(m^2·s)]	光补偿点 [μmol/(m^2·s)]	表观量子效率	最大净光合速率 [μmol/(m^2·s)]
豚草	1 163.492±24.162b	19.486±0.644b	0.046±0.025c	37.232±4.679a
三裂叶豚草	1 823.257±35.843a	27.825±7.717a	0.069±0.004b	27.085±1.668b
紫苑	863.377±12.364c	30.736±0.589a	0.097±0.017a	14.817±0.029c

由表 1.14 可见，豚草、三裂叶豚草的叶绿素含量均显著高于紫苑（$P<0.05$），从高到低依次为豚草>三裂叶豚草>紫苑。2 种入侵植物的 SLA、*N*mass、*P*mass、PEUE、PNUE 均显著高于其本地种紫苑（$P<0.05$），但 3 种植物的 CC-mass 差异不显著。

表 1.14　三种植物叶片特性的比较

叶片特性	豚草	三裂叶豚草	紫苑
叶绿素含量（mg/g）	0.290±0.020a	0.289±0.115a	0.229±0.038b
比叶面积（cm^2/g）	305.536±24.036a	275.610±28.371b	227.457±3.245c

（续表）

叶片特性	豚草	三裂叶豚草	紫苑
叶片单位质量氮含量（mg/g）	40.047±1.361a	42.095±2.633a	31.898±2.039b
叶片单位质量磷含量（mg/g）	2.755±0.075a	3.002±0.288a	2.318±0.386b
叶片单位质量建成成本（g glucose/g）	2.838±0.175a	2.860±0.222a	2.687±0.226a
灰分浓度（%）	10.814±0.623b	13.451±0.744a	9.008±0.366c
去灰分热值（kJ/g）	12.642±2.381ab	11.831±1.900b	15.921±3.140a
光合能量利用效率［μmol CO_2 g/(glucose · s)］	0.403±0.023a	0.258±0.052b	0.125±0.002c
光合氮利用效率［μmol/CO_2/(g · s)］	28.379±1.564a	17.504±3.036b	10.653±0.658c

相关分析结果表明（表1.15），3种植物*P*nmax与*N*mass呈显著正相关（$P<0.05$），与叶片SLA、PNUE、PEUE呈极显著正相关（$P<0.01$）；叶片*N*mass分别与叶片SLA、CCmass、*P*mass呈显著正相关（$P<0.05$），PEUE与叶片SLA、PNUE之间呈极显著正相关（$P<0.01$），PNUE与叶片SLA也呈极显著正相关（$P<0.01$）。

表1.15　3种植物*P*nmax与叶片特性指标之间的相关性

项目	最大净光合速率	比叶面积	叶片建成成本	叶片P含量	叶片N含量	光合能量利用效率	光合氮利用效率
光合氮利用效率	0.969**	0.894**	0.283	0.466	0.569	0.992**	1.000
光合能量利用效率	0.978**	0.925**	0.324	0.557	0.654	1.000	
叶片N含量	0.708*	0.701*	0.769*	0.756*	1.000		
叶片P含量	0.541	0.628	0.260	1.000			
叶片建成成本	0.441	0.348	1.000				
比叶面积	0.853**	1.000					
最大净光合速率	1.000						

豚草、三裂叶豚草、紫苑的*P*n与有效光合辐射的相关性均达极显著水平，3种植物的LSP均高于800μmol/(m^2 · s)，且2种入侵植物的LSP显著高于本地种紫苑，AQY均显著低于紫苑；3种植物的*P*nmax大小顺序为豚草>三裂叶豚草>紫苑，其中，豚草和三裂叶豚草的*P*nmax分别比紫苑高出151.28%、82.80%，

并且均显著高于本地种。2 种入侵植物的 SLA、*N*mass、*P*mass、PEUE、PNUE 均显著高于其本地种紫菀，但 3 种植物的 CCmass 差异不显著。相关分析结果表明，3 种植物 *P*nmax 与 *N*mass 呈显著正相关，与叶片 SLA、PNUE、PEUE 呈极显著正相关；叶片 *N*mass 分别与叶片 SLA、CCmass、*P*mass 呈显著正相关，PEUE 与叶片 SLA、PNUE 之间呈极显著正相关，PNUE 与叶片 SLA 也呈极显著正相关。相比本地种紫菀来说，豚草和三裂叶豚草有着较高的光合特性和能量利用指标。

五、不同地区菊科入侵植物与本地种光合特征差异

植物入侵造成的生态影响是相当严重的，入侵种可以改变自然群落生态系统基本的生物学特征（Jager et al.，2013）。成功入侵的因素是多方面的，而其自身的生理特性对于其种群入侵、生存和扩展至关重要，有些外来植物具有比本地种更强的光能利用率、光合响应机制以及生理生态特性，从而使它们具有很强的入侵潜力（Poorter，2001）。环境和植物本身特性的相互作用共同决定植物的入侵能力，在繁殖能力和天敌压力相同的条件下，入侵种能够迅速扩散并取代当地植物，通常是认为外来入侵植物能更有效地利用有限的环境资源，或在时间上可以利用本地种不能利用的资源（Funk and Vitousek，2007）。

植物对光的吸收能力和光合作用对生境的适应特征在很大程度上体现了植物生长与竞争的能力（张教林和曹坤芳，2002）。LSP 和 LCP 反映了植物对强光和弱光环境的适应能力（Chown et al.，2007），AQY 和 *P*n 则是植物光合机构功能效率和初级生产力高低的指标（冯玉龙等，2002）。本研究中，所有的入侵植物 *P*n、*Gs*、WUE 的增幅明显高于本地种，云南地区、山东地区、河北地区的入侵植物的 LSP 和 *P*nmax 均显著高于其共生本地种，显示出对光更强的适应能力和利用水平，这与 Feng 等（2011）的研究结果相一致。而且三个地区入侵植物的 AQY 均显著低于本地种，则说明本地种相对于入侵种对弱光的适应性要高，这与 Funk 等（2007）、王晓红和纪明山（2013）等研究结果并不一致，可能是因为 AQY 存在种间差异或受环境资源有效性的影响（Pimental et al.，2001）。除山东地区银胶菊和三叶鬼针草外，所有的入侵植物 *Gs* 增幅明显高于本地种，说明与共生植物相比，入侵植物的气孔伸展范围和灵活性更大，可以根据环境条件的

变化进行调节，从而保证在水分损失较少的情况下能够固定更多的 CO_2。WUE 是植物水分生理的一个重要指标，WUE 越高，植物体对水资源利用就越充分，高 WUE 对处在干旱环境中的植物非常重要（高丽等，2009）。随着有效光合辐射的增加，入侵植物的 *Gs* 也随之增加，然而并没有导致较低的 WUE，可能因为 *P*nmax 的增加弥补了由于 *Gs* 的增加而导致的水分散失（Geng，2013），并且 4 种入侵植物 WUE 的最大值均高于共生植物熊耳草，说明 4 种菊科入侵植物对水分的利用效率更高。Feng 等（2011）研究表明，入侵植物紫茎泽兰与本地种相比有更高的 WUE；王晓红和纪明山（2013）的研究也表明入侵植物小飞蓬（*Conyza canadensis*）水分的利用效率显著高于其伴生种山苦荬（*Ixeris chinensis*）和鸭跖草（*Commelina communis*）。

在相同的有效光合辐射下，菊科入侵植物银胶菊和三叶鬼针草的 *P*n 均显著高于菊科本地植物小蓟（表 1.9），说明银胶菊和三叶鬼针草能够更加有效地利用光能，积累更多的有机物来促进生长，增强竞争力。气孔不但是 CO_2 进出的门户，也是 O_2 和水蒸汽的扩散通道，因此植物的气孔开闭不但与光合作用有关，还与呼吸作用和蒸腾作用有密切关系（阎秀峰，1994）。植物进行光合作用同化 CO_2，同时也会进行蒸腾作用，而气孔可以根据环境条件的变化使植物在损失水分较少的情况下固定更多的 CO_2。由表 1.9，图 1.9 至图 1.13 可知，入侵植物相对于本地植物有着较高的 *Gs*、*Tr* 和 WUE，这与王晓红和纪明山、Feng 等研究结果一致（王晓红和纪明山，2013；Feng et al.，2011）。

在比较入侵植物与本地种叶片性状时，以质量为单位的数值比以面积为单位的数值更有意义，这可能是因为决定前者的因素仅是叶片化学特性，而决定后者的因素则综合了化学和结构两个方面（Feng et al.，2011）。植物吸收光能主要是由叶绿素完成的，所以其含量的多少直接影响植物光合作用的强弱（叶子飘和赵则海，2009），本试验中，除入侵植物黄顶菊和薇甘菊之外，其他入侵种叶绿素含量均显著高于本地种。SLA 与氮素的分配紧密相关，王满莲等（2005）研究表明，高氮促进了紫茎泽兰和飞机草光合能力的提高，利于碳积累；磷素又可促进植物开花结实，在细胞膜结构、物质代谢、酶活性调节以及信号传导等方面都起着极为重要的作用，在植物的光合作用中同样起着极其重要的作用，较高的叶片氮磷含量不仅可以促进植物生长，而且还能增强植物光合能力。

Feng 等（2011）也指出，入侵植物紫茎泽兰相比原产地种群有着更高的 *N*mass 和 SLA，这可能是因为入侵种为了逃避自然天敌而出现的基因定向选择，当外来种入侵到新的地区时，自然天敌相对于原始产地减少，于是入侵种就会将较少的氮素分配到植物细胞壁中（合成防御物质），进而将较多的氮素分配到光合作用中（促进植物生长），从而增强自身的竞争力。本研究中，除河北邯郸地区之外，其他地区的菊科入侵植物 SLA 均显著高于本地植物；同时，所有菊科入侵植物叶片的 *N*mass、*P*mass 均高于本地种，除薇甘菊之外，其他入侵植物均显著高于本地种；CCmass、PEUE 和 PNUE 作为植物能量利用效率的重要指标，反映了植物适应环境的能量策略。CCmass 是衡量植物叶片建成所需能量的重要指标，反映了植物叶片的能量利用策略，较低的 CCmass 可能会增加植物的竞争优势（屠臣阳，2013）。除河北地区入侵植物黄顶菊之外，入侵植物较高的 *P*nmax 并没有导致较低的 CCmass，原因可能是植物叶片较高的含氮量以及合成蛋白质、氨基酸等大分子物质的高消耗，会导致叶片 CCmass 的增加（Feng et al.，2011），这与 Geng 等（2013）的研究结果也一致。PNUE 是植物氮素生理利用效率的特征之一（李勇，2011）。PEUE 则是反映植物能量利用效率最直接的指标（Funk and Vitousek，2007），除飞机草和邯郸地区黄顶菊之外，其他几种菊科入侵植物的 PNUE 和 PEUE 均显著高于本地种，与 Funk 等（2007）的研究结果相一致。

光合作用过程中最重要的指标是 *P*n，*P*n 的大小决定着物质积累能力的高低，在一定程度上也决定着植物生长的快慢，而植物生长的快慢是其在群落中占领空间取得优势的重要条件（王康满和侯元同，2004）。山东和河北地区植物相关分析表明，*P*nmax 与叶片 *P*mass 呈显著正相关。张岁岐和山仑（1997）研究表明叶肉光合活性的增加是叶片施磷提高光合的主要原因，即叶片 *P*mass 的提高增加了叶肉细胞的 CO_2 消耗力，进而增强光合作用。除河北地区之外，其他地区植物 *P*nmax 与 CCmass 之间并没有显著的相关性，且较高的植物 *P*n 并没有导致较低的叶片 CCmass，与 Feng 等（2011）的研究一致，这可能是因为入侵植物的 PEUE 和 PNUE 显著高于本地种，而 PEUE 和 PNUE 是表征植物叶片能量利用效率的重要指标（Meziane，2001），因此会导致入侵植物较高的 CCmass，这与

Geng 等（2013）的研究也一致，然而本研究也表明各地区植物的 *P*nmax 与 PEUE、PNUE 均呈显著或极显著正相关。*P*nmax 直接反映了植物本身积累干物质的能力，*P*nmax 与 PNUE 呈极显著正相关，但 *P*nmax 和 PNUE 的增加主要是因为植物本身分配到光合作用中的氮素增加，而并不是因为气孔导度的增加，所以整个过程并没有导致 WUE 的减小。

氮是植物生长过程中最重要的养分限制因子，较高的叶片 *N*mass 可以显著增加植物 *P*n，相关研究表明入侵植物可以利用自身较高的叶片 SLA 和 *N*mass 来提高最大净光合速率，进而提高光能利用效率和缩短偿还时间，这可能是因为外来种入侵到新的地区时，自然天敌相对于原始产地减少，入侵种就会将较少的 N 素分配到植物细胞壁中，进而将较多的 N 素分配到光合作用中，从而增强自身的竞争力（Feng et al.，2011）。SLA 较高的植物能将更多的氮素分配到光合作用中，并且相比 SLA 较低的植物有更高的 PNUE，决定着 RGR（relative growth rate）、CCmass 和 *P*nmax 等重要指标（Callaway and Ridenour，2004），并影响着植物 PNUE（Feng et al.，2011）。各地区植物相关分析表明，所有入侵植物和本地种的与 *P*nmax、SLA、*N*mass 均呈显著相关或极显著正相关，也就是说随着叶片 Nmass 的增加，叶片 *P*nmax、SLA、*N*mass 均呈增加趋势。高氮能够显著增加植物光合过程中最大羧化和电子传递速率，而这又是影响植物 *P*nmax 最直接的影响因素，这可能也是 *N*mass 与 *P*nmax 呈显著正相关的原因。且氮素是叶片叶绿素的主要组分，同时又是细胞壁中主要化学物质的组成元素，而合成这些物质也需要消耗叶片能量，因此会增加叶片 CCmass。高 SLA 会极显著增强植物 *P*n，同时也会极显著增加叶片 *N*mass，除河北地区外，其他地区植物 *P*nmax 与 SLA 都表现出显著正相关。Poorter 和 Evans（1998）研究表明高 SLA 能够促进植物生长速率，提高植物光合氮利用效率，这与 Feng 等（2011）的研究也一致。*P*nmax、*N*mass 与 PEUE 均呈极显著正相关，主要是由于植物 *P*nmax、*N*mass 的增加使得 PNUE 上升，进而提高了植物 PEUE。

叶片建成成本（construction cost，CC）是衡量植物叶片建成所需能量的重要指标，反映了植物叶片的能量利用策略，较低的叶片建成成本可能会增加入侵植物的竞争优势（屠臣阳，2013）。除山东地区之外，其他地区所有植物叶片

CCmass 与 *P*nmax 呈显著正相关，这与 McDowell（2002）等的研究一致，而所有地区植物的 CCmass 与 *N*mass 之间存在显著或极显著正相关，可能是因为叶片氮浓度的增加增强了叶片的呼吸作用，进而提高了叶片 CCmass（Zha et al.，2002）。综合以上分析，入侵植物银胶菊和三叶鬼针草较本地植物小蓟有着更高的气体交换参数、叶片叶绿素含量以及叶片 N、P 浓度，能够更有效地捕获和利用环境资源，这可能是两种菊科入侵植物成功入侵的原因之一。

参考文献

范丽芳，王巧，张兰桐，等，2007. 河北道地药材紫菀的指纹图谱研究[J]. 中草药，38(10)：1566-1570.

方其，2011. 华东地区若干杂草与近缘非杂草基因组大小的测定及其生态学意义探讨[D]. 上海：上海师范大学.

冯玉龙，曹坤芳，冯志立，等，2002. 四种热带雨林树种幼苗比叶重、光合特性和暗呼吸对生长光环境的适应[J]. 生态学报，22(6)：901-910.

高丽，杨劼，刘瑞香，2009. 不同土壤水分条件下中国沙棘雌雄株光合作用、蒸腾作用及水分利用效率特征[J]. 生态学报，29(11)：6025-6034.

顾大形，陈双林，黄玉清，2011. 土壤氮磷对四季竹叶片氮磷化学计量特征和叶绿素含量的影响[J]. 植物生态学报，35(12)：1219-1225.

郝朝运，刘鹏，2006. 浙江北山七子花群落主要植物叶热值[J]. 生态学报，26(6)：1709-1717.

皇甫超河，陈冬青，王楠楠，等，2010a. 外来入侵植物黄顶菊与四种牧草间化感互作[J]. 草业学报，19(4)：22-32.

皇甫超河，杨殿林，张静妮，等，2010b. 一种采用本地种控制黄顶菊入侵的方法[P]. 中国，发明专利，ZL201010031324. 3.

姜双林，郭小强，赵国林，等，1999. 陇东地区杀虫植物资源的研究初报[J]. 西北植物学报，19(6)：209-211.

李慧燕，陈冬青，王慧，等，2015. 不同混种密度下杀真菌剂对黄顶菊与反枝苋种间竞争的影响[J]. 生态学杂志，34(4)：1013-1018.

李文增，2009. 入侵植物反枝苋对五种农作物的化感作用研究[J]. 周口师范学院学报，26(2)：86-91.

马萍，李红，1999. 苍耳子的研究进展[J]. 中草药，30(8)：634-636.

莫良玉，吴良欢，陶勤南，2002. 高等植物对有机氮吸收与利用研究进展[J]. 生态学报，22(1)：118-124.

宋莉英，彭长连，彭少麟，2009. 华南地区 3 种入侵植物与本地植物叶片建成成本的比较[J]. 生物多样性，17(4)：378-384.

屠臣阳,皇甫超河,姜娜,等,2013. 入侵植物黄顶菊与5种共生植物叶片建成成本的比较[J]. 生态学杂志,32(11):2985-2991.
王康满,侯元同,2004. 山东归化植物一新记录属——银胶菊属[J]. 曲阜师范大学学报:自然科学版,30(1):83-84.
王满莲,冯玉龙,2005. 紫茎泽兰和飞机草的形态,生物量分配和光合特性对氮营养的响应[J]. 植物生态学报,29(5):697-705.
王睿芳,冯玉龙,2009. 叶物候,构建消耗和偿还时间对入侵植物碳积累的影响[J]. 生态学报,29(5):2568-2577.
王晓红,纪明山,2013. 入侵植物小飞蓬及其伴生植物的光合特性[J]. 应用生态学报,24(1):71-77.
阎秀峰,孙国荣,李敬兰,等,1994. 羊草和星星草光合蒸腾日变化的比较研究[J]. 植物研究,14(3):287-291.
叶子飘,赵则海,2009. 遮光对三叶鬼针草光合作用和叶绿素含量的影响[J]. 生态学杂志,28(1):19-21.
于文清,张利莉,刘万学,等,2010. 土壤真菌差异影响入侵豚草与本地植物生长及互作[J]. 生态学杂志,29(3):523-528.
曾德慧,陈广生,2005. 生态化学计量学:复杂生命系统奥秘的探索[J]. 植物生态学报,29(6):1007-1019.
曾小平,蔡锡安,赵平,等,2009. 广东鹤山人工林群落主要优势植物的热值和灰分含量[J]. 应用生态学报,20(3):485-492.
张教林,曹坤芳,2002. 光照对两种热带雨林树种幼苗光合能力、热耗散和抗氧化系统的影响[J]. 植物生态学报,26(6):639-646.
张岁岐,山仑,1997. 土壤干旱条件下磷素营养对春小麦水分状况和光合作用的影响[J]. 西北植物学报,17(1):20-27.
张维瑞,闰兴民,赵静,等,2015. 小蓟的组织结构研究[J]. 时珍国医国药,26(1):123-124.
Aber J D,Melillo J M,2011. Nitrogen immobilization in decaying hardwood leaf litter as a function of initial nitrogen and lignin content[J]. Canadian Journal of Botany,60(11):2263-2269.
Aerts R,1997. Climate,leaf litter chemistry and leaf litter decomposition in terrestrial ecosystems: a triangular relationship[J]. Oikos,79(79):439-449.
Ågren G I,2008. Stoichiometry and nutrition of plant growth in natural communities[J]. Annual Review of Ecology,Evolution,and Systematics,39(1):153-170.
Alicia S M,Roberto A D,2003. Decomposition of and nutrient dynamics in leaf litter and roots of *Poa ligularis* and *Stipa gyneriode*[J]. Journal of Arid Environments,55(3):503-514.
Austin A T,Vivanco L,2006. Plant litter decomposition in a semi-arid ecosystem controlled by photodegradation[J]. Nature (442):555-558.
Bai J,Jia J,Huang C,et al.,2017. Selective uptake of nitrogen by *Suaeda salsa*,under drought and salt stresses and nitrogen fertilization using ^{15}N[J]. Ecological Engineering,102:542-

545.

Barney J N, Ho M W, Atwater D Z, 2016. Propagule pressure cannot always overcome biotic resistance: the role of density-dependent establishment in four invasive species[J]. Weed Research, 56(3): 208-218.

Biasi C, Rusalimova O, Meyer H, et al., 2005. Temperature-dependent shift from labile to recalcitrant carbon sources of arctic heterotrophs[J]. Rapid Commun Mass Spectrom (19): 1401-1408.

Blossey B, Nötzold R, 1995. Evolution of increased competitive ability in invasive nonindigenous plants a hypothesis[J]. Journal of Ecology, 83(5): 887-889.

Bozzolo F H, Lipson D A, 2013. Differential responses of native and exotic coastal sage scrub plant species to N additions and the soil microbial community[J]. Plant and Soil, 371(1): 37-51.

Buchanan B B, Gruissen W, Jones R L, 2000. Biochemistry and Molecular Biology of Plants [M]. Rockville: American Society of Plant Physiologist.

Bunn R A, Ramsey P W, Lekberg Y, 2015. Do native and invasive plants differ in their interactions with arbuscular mycorrhizal fungi? A meta-analysis. [J]. Journal of Ecology, 103(6): 1547-1556.

Burton O J, Phillips B L, Travis J M J, 2010. Trade-offs and the evolution of life histories during range expansion[J]. Ecology Letters, 13(10): 1210-1220.

Callaway R M, Ridenour W M, 2004. Novel weapons: invasive success and the evolution of increased competitive ability[J]. Frontiers in Ecology and the Environment, 2(8): 436-443.

Carreiro M M, Sinsabaugh R L, Repert D A, et al., 2000. Microbial enzyme shifts explain litter decay responses to simulated N deposition[J]. Ecology, 81(9): 2359-2365.

Castrodiez P, Godoy O, Alonso A, et al., 2014. What explains variation in the impacts of exotic plant invasions on the nitrogen cycle? A meta-analysis[J]. Ecology Letters, 17(1): 1-12.

Chown S L, Slabber S, Mcgeoch M A, et al., 2007. Phenotypic plasticity mediates climate change responses among invasive and indigenous arthropods[J]. Proceedings of the Royal Society Biological Sciences, 274(1625): 2531-2537.

Cornwell W K, Cornelissen J H, Amatangelo K, et al., 2008. Plant species traits are the predominant control on litter decomposition rates within biomes worldwide[J]. Ecology Letters, 11(10): 1065-1071.

Cukor J, Difede J, 2012. Interactive effects of nutrient heterogeneity and competition: implications for root fraging theory? [J]. Functional Ecology, 26(1): 66-73.

Currie W S, Goldberg D E, Martina J P, et al., 2014. Emergence of nutrient cycling feedbacks related to plant size and invasion success in a wetland community-ecosystem model[J]. Ecological Modelling, 282(282): 69-82.

Darwin C, 1859. On the origins of species by means of natural selection[M]. London: Murray.

Davis M A, Grime J P, Thompson K, 2000. Fluctuating resources in plant communities: a general theory of invasibility[J]. Journal of Ecology, 88(3): 528–534.

Davis S E, Childers D L, Noe G B, 2006. The contribution of leaching to the rapid release of nutrients and carbon in the early decay of wetland vegetation[J]. Hydrobiologia, 569(1): 87–97.

Day T A, Guénon R, Ruhland CT, 2015. Photodegradation of plant litter in the Sonoran Desert varies by litter type and age[J]. Soil Biol Biochem (89): 109–122.

Dong L L, Mao Z J, Sun T, 2016. Condensed tannin effects on decomposition of very fine roots among temperate tree species[J]. Soil Biology & Biochemistry, 103: 489–492.

Eller C B, Oliveira R S, 2016. Effects of nitrogen availability on the competitive interactions between an invasive and a native grass from Brazilian cerrado[J]. Plant and Soil: 1–10.

Elser J J, Acharya K, Kyle M, et al., 2003. Growth rate stoichiometry couplings in diverse biota [J]. Ecology Letters, 6(10): 936–943.

Everham E M, Myster R W, Van De Genachte, 1999. Effect of light, moisture, temperature, and litter on the regeneration of five tree species in the tropical montane wet forest of Puerto Rico [J]. American Journal of Botany (83): 1063–1068.

Feng Y L, Auge H, Susan K E, 2007. Invasive *Buddleja davidii* allocates more nitrogen to its photosynthetic machinery than five native woody species[J]. Oecologia, 153(3): 501–510.

Feng Y L, Li Y P, Wang R F, et al., 2011. A quicker return energy-use strategy by populations of a subtropical invader in the non–native range: a potential mechanism for the evolution of increased competitive ability[J]. Journal of Ecology, 99(5): 1116–1123.

Fetene M, 2003. Intra- and inter-specific competition between seedlings of *Acacia etbaica* and a perennial grass(*Hyparrenia hirta*)[J]. Journal of Arid Environments, 55(3): 441–451.

Flory S L, Clay K, 2013. Pathogen accumulation and long-term dynamics of plant invasions [J]. Journal of Ecology, 101(3): 607–613.

Fraterrigo J M, Strickland M S, Keiser A D, et al., 2011. Nitrogen uptake and preference in a forest understory following invasion by an exotic grass[J]. Oecologia, 167(3): 781–791.

Funk J L, Vitousek P M, 2007. Resource-use efficiency and plant invasion in low–resource systems [J]. Nature, 446(7139): 1079–1081.

Garnier E, 1998. Interspecific variation in plasticity of grasses in response to nitrogen supply [M]. Cambridge: Cambridge University Press.

Geng X Y, Jiang S, Li B, et al., 2013. Do higher resource capture ability and utilization efficiency facilitate the successful invasion of exotic plant? A case study of *Alternanthera philoxeroides* [J]. American Journal of Plant Sciences, 4(9): 1839–1845.

Goebel M, Hobbie S E, Bulaj B, et al., 2011. Decomposition of the finest-root branching orders: linking carbon and nutrient dynamics belowground to fine root function and structure[J]. Ecological Monographs, 81(1): 89–102.

Gooden B, French K, 2015. Impacts of alien plant invasion on native plant communities are mediated by functional identity of resident species, not resource availability[J]. Oikos, 124(3): 298-306.

Griffin K L, 1994. Calorimetric estimates of CC and their use in ecological studies[J]. Functional Ecology, 8(5): 551-562.

Güsewell S, 2004. N : P ratios in terrestrial plants: variation and functional significance[J]. New Phytologist, 164(2): 243-266.

Högberg P, 1997. ^{15}N natural abundance in soil-plant systems[J]. New Phytologist (137): 179-203.

Hickman J E, Ashton I W, Howe K M, et al., 2013. The native-invasive balance: implications for nutrient cycling in ecosystems[J]. Oecologia (173): 319-328.

Hobbie S E, Oleksyn J, Eissenstat D M, et al., 2010. Fine root decomposition rates do not mirror those of leaf litter among temperate tree species[J]. Oecologia, 162(2): 505-513.

Holdredge C, Bertness M D, Wettberg E V, et al., 2010. Nutrient enrichment enhances hidden differences in phenotype to drive a cryptic plant invasion[J]. Oikos, 119(11): 1776-1784.

Hooper D U, Iii F S C, Ewel J J, et al., 2005. Effects of biodiversity on ecosystem functioning: a consensus of current knowledge[J]. Ecological Monographs, 75(1): 31-35.

Horner J D, Gosz J R, Cates R G, 1988. The role of carbon-based plant secondary metabolites in decomposition in terrestrial ecosystems[J]. The American Naturalist(132): 869-883.

Hovstad K A, Ohlson M, 2009. Conspecific versus heterospecific litter effects on seedling establishment[J]. Plant Ecology(204): 33-42.

Huangfu C H, Li H Y, Chen X W, et al., 2016. Response of an invasive plant, *Flaveria bidentis*, to nitrogen addition: a test of form-preference uptake[J]. Biological Invasions, 18(11): 3365-3380.

Huangfu C, Li H, Chen X, et al., 2016. Response of an invasive plant, *Flaveria bidentis*, to nitrogen addition: a test of form-preference uptake[J]. Biological Invasions, 18(11): 1-16.

Jackson R B, Mooney H A, Schulze E D, 1997. A global budget for fine root biomass, surface area, and nutrient contents[J]. The Proceedings of the National Academy of Sciences of the United States of America, 94(14): 7362-7366.

Jager H, Alencastro M J, Kaupenjohann M, et al., 2013. Ecosystem changes in Galápagos highlands by the invasive tree *Cinchona pubescens*[J]. Plant and Soil, 371(1): 629-640.

Jin L, Wang Q, Wang Q, et al., 2017. Mycorrhizal-induced growth depression in plants[J]. Symbiosis, 72(2): 81-88.

Laiho R, Laine J, Trettin C C, et al., 2004. Scots pine litter decomposition along drainage succession and soil nutrient gradients in peatland forests, and the effects of inter-annual weather variation[J]. Soil Biology adn Biochemistry, 36(7): 1095-1109.

Li F L, Zan Q J, Tam N F Y, et al., 2011. Differences in leaf construction cost between alien and native mangrove species in Futian, Shenzhen, China: Implications for invasiveness of alien species[J]. Marine Pollution Bulletin,62(9):1957-1962.

Li H Y,Wei Z S,Huangfu C H,et al. ,2017. Litter mixture dominated by leaf litter of the invasive species,*Flaveria bidentis*,accelerates decomposition and favors nitrogen release[J]. Journal of Plant Research,130(1):167-180.

Loreau M,Hector A,2001. Partitioning selection and complementarity in biodiversity experiments [J]. Nature,412(6842):72-76.

Makino W,Cotner J B,Sterner R W,et al. ,2003. Are bacteria more like plants or animals? Growth rate and resource dependence of bacterial C : N : P stoichiometry[J]. Functional Ecology,17 (1):121-130.

McDowell S C L,2002. Photosynthetic characteristics of invasive and noninvasive species of *Rubus*(Rosaceae)[J]. American Journal of Botany,89(9):1431-1438.

McGroddy M E,Daufresne T,Hedin L O,2004. Scaling of C : N : P stoichiometry in forests worldwild:implications of terrestrial Redfield-type ratios[J]. Ecology,85(9):2390-2401.

Melillo J M,Muratore J F,1982. Nitrogen and lignin control of hardwood leaf litter decomposition dynamics[J]. Ecology (63):621-626.

Meziane D,Shipley B,2001. Direct and indirect relationships between specific leaf area,leaf nitrogen and leaf gas exchange. Effects of irradiance and nutrient supply[J]. Annals of Botany,88 (5):915-927.

Miller A E,Bowman W D,Suding K N,2007. Plant uptake of inorganic and organic nitrogen: neighbor identity matters[J]. Ecology,88(7):1832-1840.

Mo J M,Brown S,Xue J H,et al. ,2006. Response of litter decomposition to simulated N deposition in disturbed,rehabilitated and mature forests in subtropical China[J]. Plant and Soil,282(1): 135-151.

Moles A T,Ackerly D D,Tweddle J C,et al. ,2006. Global patterns in seed size[J]. Global Ecology and Biogeography (16):109-116.

Moore T R,Trofymow J A,Prescott C E,et al. ,2006. Patterns of carbon,nitrogen and phosphorus dynamics in decomposing foliar litter in Canadian forests[J]. Ecosystems,9(1):46-62.

Nagel J M,Huxman T E,Griffin K L,et al. ,2004. CO_2 enrichment reduce the energetic cost of biomass construction in an invasive desert grass[J]. Ecology,85(1):100-106.

Paine R T,1971. The measurement and application of the calorie to ecological problems[J]. Annual Review of Ecology and Systematics,2(1):145-164.

Pimental D,Mcnair S,Janeck J,et al. ,2001. Economic and environmental threats of alien plants, animal,and microbe invasion[J]. Agriculture,Ecosystems Emironment,1(84):1-20.

Poorter H,Evans R,1998. Photosynthetic nitrogen-use efficiency of species that differ inherently in specific leaf area[J]. Oecologia,116(1):26-37.

Poorter L,2001. Light dependent changes in biomass allocation and their importance for growth of rain forest tree species[J]. Functional Ecology,15(1):113-123.

Prescott C E,1995. Does N availability control rates of litter decomposition in forests? [J]. Plant and Soil,169(1):83-88.

Prescott C E, 2010. Litter decomposition: what controls it and how can we alter it to sequester more carbon in forest soils? [J]. Biogeochemistry (101):133-149.

Quested H,Eriksson O,2006. Litter species composition influences the performance of seedlings of grassland herbs[J]. Functional Ecology(20):522-532.

Radford I J,Cousens R D,2000. Invasiveness and comparative life-history traits of exotic and indigenous *Senecio* species in Australia[J]. Oecologia,125(4):531-542.

Ridenour W M, Callaway R M,2001. The relative importance of allelopathy in interference: the effects of an invasive weed on a native bunchgrass[J]. Oecologia (126):444-450

Rovira P,Vallejo V R,2000. Examination of thermal and acid hydrolysis proceduresin characterization of soil organic matter[J]. Communications in Soil Science and Plant Analysis,31(1): 81-100.

Sax D F,Brown J H,2002. The paradox of invasion[J]. Global Ecologyand Biogeography,9(5): 363-371.

Sayer E J,2006. Using experimental manipulation to assess the roles of leaf litter in the functioning of forest ecosystems[J]. Biological Reviews (81):1-31.

Schmiede R,Ruprecht E,Eckstein R L et al. ,2013. Establishment of rare flood meadow species by plant material transfer:experimental tests of threshold amounts and the effect of sowing position [J]. Biological Conservation (159):222-229.

Smyth C E,Titus B,Trofymow J A,et al. ,2016. Patterns of carbon,nitrogen and phosphorus dynamics in decomposing wood blocks in Canadian forests[J]. Plant and Soil,409(1):459-477.

Sterner R W, Elser J J, 2002. Ecological Stoichiometry: The Biology of Elements from Molecules to the Biosphere[M]. Princeton:Princeton University Press.

Tschirhart J,2002. Resource competition among plants:from maximizing individuals to community structure[J]. Ecological Modelling,148(2):191-212.

Tu L H,Hu H C,Chen G,et al. ,2014. Nitrogen addition significantly affects forest litter decomposition under high levels of ambient nitrogen deposition[J]. Plos One,9(2):e88752.

Urcelay C, Vaieretti M V, Perez M, et al. , 2011. Effects of arbuscular mycorrhizal colonisation on shoot and root decomposition of different plant species and species mixtures[J]. Soil Biology and Biochemistry,43(2):466-468.

Van der Putten W H, Bradford M A, Pernilla Brinkman E, et al. , 2015. Where, when and how plant soil feedback matters in a changing world[J]. Functional Ecology,30(7):1109-1121.

Villar R,Merino J,2001. Comparison of leaf construction costs in woody species with differing leaf lifespans in contrasting ecosystems[J]. New Phytologist,151(1):213-226.

Vivanco L, Austin A T, 2006. Intrinsic effects of species on leaf litter and root decomposition:

a comparison of temperate grasses from North and South America[J]. Oecologia, 150(1): 97-107.

Wang B, Qiu Y L, 2006. Phylogenetic distribution and evolution of mycorrhizas in land plants [J]. Mycorrhiza, 16(5): 299-363.

Wang C, Han S, Zhou Y, et al., 2012. Responses of fine roots and soil N availability to short-term nitrogen fertilization in a broad-leaved Korean pine mixed forest in northeastern China[J]. PLoS One, 7(3): e31042.

Wang L, Macko S A, 2011. Constrained preferences in nitrogen uptake across plant species and environments[J]. Plant Cell and Environment, 34(3): 525-534.

Williams K, Percival F, Merino J, et al., 1987. Estimation of tissue construction cost from heat of combustion and organic nitrogen content[J]. Plant, Cell and Environment, 10(9): 725-734.

Wu W, He X D, Zhou Q X, 2010. Review on N : P Stoichiometry in Eco-system[J]. Journal of Desert Research, 30(2): 296-302.

Yan B, Ji Z, Fan B, et al., 2016. Plants adapted to nutrient limitation allocate less biomass into stems in an aridhot grassland[J]. New Phytologist, 211(4): 1232-1240.

Yi T, Liang D L, Wang S S, et al., 2010. Effect of different cultivation years on nutrients accumulation and environmental impacts of facilities cultivation soil[J]. Journal of Northwest A and F University: Natural Science Edition, 38(7): 111-117.

Yuan Y F, Guo W H, Ding W J, et al., 2013. Competitive interaction between the exotic plant *Rhus typhina* L. and the native tree *Quercus acutissima* Carr. in Northern China under different soil N : P ratios[J]. Plant and Soil, 372(1-2): 389-400.

Zak D R, Holmes W E, Burton A J, et al., 2008. Simulated atmospheric NO_3 deposition increases soil organic matter by slowing decomposition[J]. Ecological Applications, 18(8): 2016-2027.

Zhang D Q, Hui D F, Luo Y Q, et al., 2008. Rates of litter decomposition in terrestrial ecosystems: global patterns and controlling factors[J]. Journal of Plant Ecology, 1(2): 85-93.

Zhang F J, Li Q, Chen F X, et al., 2017. Arbuscular mycorrhizal fungi facilitate growth and competitive ability of an exotic species *Flaveria bidentis*[J]. Soil Biology and Biochemistry, 115: 275-284.

Zhang L X, Bai Y F, Han X G, 2003. Application of N : P stoichiometry to ecology studies[J]. Acta Botanica Sinica, 45(9): 1009-1018.

Zha T S, Wang K Y, Ryyppo A, et al., 2002. Needle dark respiration in relation to withincrown position in Scots pine trees grown in longterm elevation of CO_2 concentration and temperature [J]. New Phytologist, 156(1): 33-41.

第二章　入侵植物黄顶菊的化感作用及入侵生态学

外来入侵植物在入侵新环境的过程中，其根系分泌了某种化学物质，这种化学物质可以明显地抑制本地其他植物的生长，这种物质又被称作化感物质，带来的效应称为化感效应（Thorpe et al.，2009），化感物质对于外来入侵植物原产地周围生长的植物群落无显著的抑制效果。植物地上部分和土壤生态系统是密不可分的，入侵植物与土壤环境之间的关系是探究外来植物入侵机制的一个重要研究方向。土壤养分是维持植物生长的重要条件，不同植物对养分的利用也不尽相同（James et al.，2008）。植物通过根系分泌物影响土壤生态系统，影响土壤养分能力（Westover et al.，1997），土壤微生物是土壤生态系统的主要贡献者，在植物与土壤养分的相互作用中扮演着不可或缺的角色，在营养循环和有效性方面发挥着重要作用，对维持土壤肥力和植物生长至关重要。外来入侵植物在入侵的过程中往往会对入侵地土壤生态系统产生一种反馈调节作用，而这种反馈调节作用会随着入侵程度的增加更加强烈。这是植物在生长的过程中会通过对土壤养分的选择性或化感作用等方式对土壤理化特性和土壤微生物群落产生影响（Huang et al.，2014），而这种植物-土壤间的相互反馈调节又有利于入侵植物的生长，从而增加入侵植物在入侵地的优势度，有利于入侵植物的进一步入侵，这种相互反馈调节作用在入侵植物的进一步入侵中往往有着重要作用（Lankau et al.，2012）。本章将从黄顶菊的化感作用特征、入侵植物与土壤环境之间的关系等方面阐述入侵植物-土壤间的相互反馈调节机制。

第一节　黄顶菊的化感作用

外来入侵植物对入侵地生物多样性、生物群落和生态系统等都造成严重的危害，化感作用（Allelopathy）被认为是外来植物成功入侵的重要机制之一。“新型武器假说”指出某些外来植物之所以能够成功入侵，是因其借助化感物质引入了新的相互作用机制。植物化感物质属于次生代谢物质，植物化感物质的产生、释放及其化感效应强弱与环境胁迫密切相关。在逆境条件下，植物的次生代谢物会发生改变，这是植物适应逆境的重要防御机制之一。生境条件的变化会影响植物的生理过程，进而影响到植物代谢物质的组成和含量，同种植物在不同生境中的化感能力是否有差别还有待进一步研究。

一、黄顶菊入侵地各样地植物群落组成与数量特征

选取自然条件（包括海拔、地貌、坡度和土壤类型）相似、黄顶菊生长密度相近的3个不同生境：路边（田间路边）、水边（沟渠河道旁）、果园［李树（*Prunus salicina*）］；同一生境设3个密度，分别为荒地低密度（小于20株/m^2）、荒地中密度（20~50株/m^2）和荒地高密度（大于50株/m^2）；不同替代处理为大田单种黄顶菊（300株/m^2）、大田与狼尾草（*Pennisetum clandestinum*）混种（黄顶菊：狼尾草1：1，各为150株/m^2）、大田与多年生黑麦草（*Lolium perenne*）混种（黄顶菊：多年生黑麦草1：1，各为150株/m^2）。每块样地沿对角线设置5个1m×1m的样方，调查草本植被的多度、盖度和黄顶菊的高度，以描述野外不同生境下黄顶菊入侵和本地草本植被层的关系，每块样地设置3个重复。

在路边生境中，黄顶菊相对多度约为80%，盖度为12%，平均株高为24.2cm；水边和果园生境中，黄顶菊相对多度都达到100%，且盖度和平均株高均高于路边生境，其中水边生境黄顶菊株最高，为路边的2.5倍以上，果园生境中黄顶菊株高次之，平均达40cm以上，但盖度较低，只有19.4%。不同生境本地植物群落构成状况不同：在果园生境中，本地种种数11种，盖度达96%；路边本地种种数为9种，盖度为63%；水边本地种最少，只有芦苇1种，盖度为15%（表2.1）。综合黄顶菊相对多度、盖度和株高以及本地种多度、盖度等指标看，3种生境黄顶菊入侵程度大小为水边>果园>路边。

不同密度下黄顶菊样地植物群落组成与数量特征为荒地生境中不同密度黄顶

菊株高随密度的增加而增加，高密度区黄顶菊的株高是低密度区的近 2 倍。黄顶菊与本地种盖度在低密度区大小相近，均在 35%～37%，而在中、高密度区却完全不同，中、高密度区黄顶菊盖度均能达到 100%，而本地种生长完全受到抑制，盖度均为 0。在所设置的样方中，不同密度区黄顶菊均有出现，相对多度均为 100%。

表 2.1 不同生境黄顶菊和本地植物的多度

项目	路边	水边	果园	荒地低密度	荒地中密度	荒地高密度
相对多度（%）	80	100	100	100	100	100
黄顶菊平均株高（cm）	24.20±0.86	64.60±0.68	45.60±3.66	101.80±3.41	116.20±1.32	186.00±5.86
黄顶菊盖度（%）	12.00±3.39	80.00±1.58	19.40±3.98	35.00±2.24	100.00±0	100.00±0
本地种盖度（%）	63.00±4.36	15.00±2.74	96.00±1.87	37.00±2.00	0.00±0	0.00±0

不同植物替代处理下黄顶菊生长状况为不同处理方式下黄顶菊株高、盖度均有所不同（表 2.2），其中与狼尾草混种的黄顶菊盖度仅为 6%，大田单种及与多年生黑麦草混种下黄顶菊盖度均为 100%；与多年生黑麦草混种黄顶菊株高与单种对照接近（分别为 192.40mm 和 206.60mm），而与狼尾草混种的黄顶菊株高仅为单种对照的一半左右（107.00mm）。可见，不同替代处理中，与狼尾草混种的黄顶菊受到竞争影响较大。

表 2.2 不同替代处理黄顶菊和替代种的高度和盖度

项目	黄顶菊大田单种	黄顶菊与狼尾草混种	黄顶菊与多年生黑麦草混种
替代种平均株高（cm）	—	360.60±2.29	78.80±0.74
黄顶菊平均高度（cm）	206.60±3.95	107.00±2.17	192.40±3.40
黄顶菊盖度（%）	100.00±0.00	6.00±1.00	100.00±0.00
替代种盖度（%）	—	100.00±0.00	100.00±0.00

二、不同生理特性的黄顶菊浸提液对多年生黑麦草萌发与生长的影响

植物化感物质的产生、释放及其化感效应强弱与环境胁迫密切相关。在逆境

条件下，植物的次生代谢物会发生改变，这是植物适应逆境的重要防御机制之一（王进闯等，2004）。研究不同生境条件下黄顶菊化感作用的变化，对揭示外来植物入侵具有重要意义。不同浓度黄顶菊浸提液对多年生黑麦草的化感作用表现为抑制效应，但低浓度下多不明显，随着浓度上升，抑制作用达到显著水平（表2.3），综合根、茎叶共同作用，黄顶菊植株对多年生黑麦草发芽的影响表现为随浸提液浓度升高化感作用增强，这与前人研究结果基本一致（周志红等，1997）。这可能是因为，低浓度下有限的化感物质可以被碳水化合物等共价结合后发生解毒或其毒性成分发生氧化的原因（Inderjit et al.，2003）。此外，化感物质在黄顶菊植株不同器官的含量可能有一定差别，这可能与不同器官化感物质的含量或构成有关（胡飞等，2003）。

表 2.3　不同生境黄顶菊浸提液对多年生黑麦草根长的化感效应敏感指数

项目	浸提液浓度（g/L）	生境		
		路边	水边	果园
茎叶浸提液	12.50	0.08a	0.27a	0.21a
	25.00	0.11a	−0.05b	−0.00a
	50.00	−0.41b	−1.48c	−1.28b
根系浸提液	12.50	−0.32a	−0.24a	0.06a
	25.00	−0.24a	−0.37a	−0.19b
	50.00	−0.41ab	−0.65b	−0.37bc

黄顶菊体内含有硫酸盐类黄酮（*Sulfated flavorniod*）等次生代谢产物，外界环境条件的改变会引起植物体内类黄酮类物质数量的变化，由于所处生境条件的不同，黄顶菊往往会存在一些生理生化方面的差别，从而导致其次生代谢产物的差别（曾波等，1997；曾任森等，2003）。不同生境黄顶菊的化感效力不同，生境间化感作用差异为：水边>果园>路边（表2.4），与其入侵状况（水边>果园>路边）相一致，这与前人在紫茎泽兰上的研究结论一致。说明不同生境黄顶菊的化感作用效应大小与其入侵效果密切相关，研究结果与其他一些相关研究类似。

表 2.4　不同生境黄顶菊浸提液对多年生黑麦草种子发芽率的化感效应敏感指数

项目	浸提液浓度（g/L）	生境		
		路边	水边	果园
茎叶浸提液	12.50	-0.04a	0.04a	-0.02a
	25.00	-0.08a	-0.02a	-0.33ab
	50.00	-0.71b	-2.83b	-1.31b
根系浸提液	12.50	-0.09a	-0.06a	-0.00a
	25.00	-0.02a	-0.26a	-0.06ab
	50.00	-0.04a	-0.29ab	-0.16ab

不同密度条件下黄顶菊化感作用间存在差异。一个可能的机制是当黄顶菊生长达到一定密度水平后其化感物质分泌增加有助于调节种群密度构成，避免种内过度竞争（Huangfu et al.，2011），因此，在中、高密度区黄顶菊茎叶浸提液化感作用较强；而当黄顶菊生长受到胁迫（低密度区）时，黄顶菊根系可分泌更多次生化感物质，有利于对养分等资源的获取，实现进一步入侵（肖辉林，2006），因此在低密度区根的化感作用反而更强。对多年生黑麦草发芽率的影响：不同浓度黄顶菊茎叶浸提液对黑麦草种子发芽率影响不同，除低密度区不同浓度间化感效应敏感指数无显著差异外，中、高密度区化感效应敏感指数均表现为高浓度显著（$P<0.05$）高于中、低浓度（表 2.5）。总体来看，根化感作用强度低于茎叶浸提液的作用。不同密度区黄顶菊植株浸提液对多年生黑麦草根生长产生了不同程度的抑制作用，茎叶浸提下，高密度区大于中、低密度区；根浸提下，低密度区大于中、高密度区，这与发芽率指标表现类似（表 2.6）。

表 2.5　不同密度黄顶菊浸提液对多年生黑麦草发芽率的化感效应敏感指数

项目	浸提液浓度（g/L）	荒地植物密度		
		低	中	高
茎叶浸提液	12.50	0.04a	-0.04a	0.02a
	25.00	0.02a	-0.27a	-0.15a
	50.00	-0.29a	-4.89b	-3.91b

（续表）

项目	浸提液浓度（g/L）	荒地植物密度		
		低	中	高
根系浸提液	12.50	-0.09a	0.04a	0.02a
	25.00	-0.04a	-0.06a	-0.11ab
	50.00	-0.35b	-0.25b	-0.23bc

表 2.6　不同密度黄顶菊浸提液对多年生黑麦草根长的化感效应敏感指数

项目	浸提液浓度（g/L）	荒地植物密度		
		低	中	高
茎叶浸提液	12.50	0.31a	0.22a	0.28a
	25.00	0.10ab	0.06ab	-0.01b
	50.00	-0.41c	-0.35c	-1.77c
根系浸提液	12.50	-0.22a	0.01a	-0.08a
	25.00	-0.45ab	-0.06ab	-0.23ab
	50.00	-1.05c	-0.61c	-0.75c

不同环境条件的改变会引起植物次生代谢产物的变化，环境条件愈恶劣，植物愈会分泌更多的化感物质来抑制周围其他植物的生长，从而在生存竞争中取胜。种间竞争处理下，不同组织来源黄顶菊浸提液化感作用不同，这很可能与竞争条件下黄顶菊与替代植物间地上部分竞争强度更大有关，为了争取更多的水热和光照条件，茎叶分泌更多的化感物质，使得黄顶菊在种间竞争取得相对优势，而此时，根系间的竞争作用降低，分泌的化感物质也相对减少。因此，出现地上、地下化感作用相反的趋势（表 2.7）。不同替代组合黄顶菊茎叶浸提液对多年生黑麦草发芽率的化感作用随浓度的增高而增强，单种不同替代间化感作用顺序为混种>单种；而根浸提液下为单种>混种处理，且除与多年生黑麦草替代组合外，高浓度化感效应敏感指数均显著高于中低浓度处理，处理的各浓度间无显著差异，混种处理在高浓度时化感效应敏感指数显著高于低浓度处理（表 2.8）。

表 2.7 不同替代处理黄顶菊浸提液对多年生黑麦草发芽率的化感效应敏感指数

项目	浸提液浓度(g/L)	替代处理		
		黄顶菊大田单种	黄顶菊与狼尾草混种	黄顶菊与多年生黑麦草混种
茎叶浸提液	12.50	-0.15a	-0.27a	-0.36a
	25.00	-0.00a	-0.78a	-2.14ab
	50.00	-0.43a	-10.78b	-6.85b
根系浸提液	12.50	-0.16a	-0.14a	-0.04a
	25.00	-0.26a	-0.04a	-0.16a
	50.00	-0.25a	-0.19a	-0.04a

表 2.8 不同替代黄顶菊浸提液对多年生黑麦草根长化感效应敏感指数的影响

项目	浸提液浓度(g/L)	替代处理		
		黄顶菊大田单种	黄顶菊与狼尾草混种	黄顶菊与多年生黑麦草混种
茎叶浸提液	12.50	0.24a	0.24a	-0.06a
	25.00	0.21a	-0.47ab	-1.12b
	50.00	-0.03a	-2.68c	-4.62c
根系浸提液	12.50	-0.08a	-0.04a	-0.17a
	25.00	-0.17a	-0.06a	-0.05a
	50.00	-0.72b	-0.36b	-0.03a

适应多变的环境是植物维持生存的主要途径，在资源匮乏条件下，植物对有限资源的竞争能力决定着其生存能力，而此时植物就会采用化学方法来增强其竞争能力。因此有关环境胁迫诱导植物化感物质变化的内在生理机制尚需要开展系统深入的研究。此外，由于气候、土壤类型、植物和微生物群落组成等的差异，实验室表现的化感耐受性未必能完全反映自然界中的真实情况，通常情况下要将实验室生测和田间试验两种方法结合起来获得对植物化感作用规律的了解。尽管如此，实验室生测由于其简便易行等特点，目前仍然是普遍采用的方法。

第二节　黄顶菊入侵土壤N循环及氨氧化微生物多样性

土壤微生物是土壤物质循环和能量流动的主要参与者，是土壤生态系统中最活跃的组分，推动着土壤有机质的矿化分解和土壤养分 C、N、P、S 等的循环和转化，对维持土壤生态系统过程和功能具有重要作用。氨氧化过程是氮循环硝化作用过程中的第一个反应步骤，也是限速步骤，是影响氮循环的中心环节。研究黄顶菊对土壤理化因子和土壤微生物多样性的影响，对探求黄顶菊入侵的土壤生态学机制，制定科学的防控措施具有重要的理论和实践意义。

一、黄顶菊入侵对土壤理化性质的影响

模拟黄顶菊未生长地和入侵地，入侵地样地内生长有黄顶菊和本土植物，且黄顶菊发生年限 5 年以上，发生盖度在 60%~100%，研究入侵植物与土壤环境之间的关系是揭示其入侵机理的重要途径。大量研究表明很多外来植物都因改变了新生境的土壤环境而成功入侵（蒋智林等，2008；张桂花等，2010；黄乔乔等，2013。在此过程中，入侵种可影响到土壤酶活性和微生物群落结构，适宜的土壤营养环境又可以促进入侵种的快速生长，以利于其进一步的入侵和蔓延（Grubb，1994）。许多外来入侵植物如紫茎泽兰（*Ageratina adenophora*）、薇甘菊（*Mikania micrantha*）（刘小文等，2012）和三裂叶蟛蜞菊（*Wedelia trilobata*）（柯展鸿等，2013）等都可以通过提高土壤有机质含量和氮素有效性增加其对本地植物的相对竞争力。然而，Dassonville 等（2011）对入侵欧洲的虎杖（*Reynoutria japonica*）、紫萼凤仙（*Impatiens platychlaena*）和窄叶黄菀（*Senecio inaequidens*）等 7 种入侵植物研究表明，同一植物入侵到不同的地区后对土壤养分含量的影响是不同的（Dassonviue，et al.，2011）。Santoro 等（2011）研究发现莫邪菊（*Carpobrotus edulis*）、酸无花果（*Carpobrotus acinaciformis*）入侵到生长有马兰（*Kalimeris indica*）的海滩后土壤有机质明显升高，而 pH 值明显下降；入侵到生长有入侵种 *Crucianellion maritimae* 海滩后土壤全氮和有机质含量明显升高；而入侵到生长有铺地柏（*Juniperus*）的海岸后土壤的有机质、全氮和 pH 值均无明显变化。有研究者通过盆栽试验也发现，由山羊草（*Aegilops cylindrica*）、冰草（*Agropyron cristatum*）、旱雀麦（*Bromus tectorum*）等入侵植物的组合提高了入侵地硝态氮、铵态氮的含量，但不同土壤质地差异程度有差别（沙土：$P=0.005$；黏土：$P<0.001$）。

黄顶菊入侵静海和献县后显著提高了土壤全氮，降低了的土壤 pH 值，而入侵衡水湖后降低了全氮，提高了土壤 pH 值，存在地区差异性（表 2.9）。献县样地入侵前土壤养分水平（特别是氮素水平）较低，黄顶菊入侵导致其养分水平上升更为明显。相对而言，静海和衡水湖养分本底水平较高，黄顶菊入侵使养分水平提升有限或明显下降（静海入侵地硝态氮，衡水湖入侵地全氮和硝态氮），显然，至少就这些养分参数而言，黄顶菊入侵对土壤生态系统影响具有一定地域差异性，表现出使土壤状况均一化（Homogenisation）趋势。而黄顶菊入侵后静海和衡水湖 BS 的养分（静海全氮和衡水湖全钾除外）呈现下降趋势，如静海和衡水湖 BS 的硝态氮含量与 CK 差异显著（$P<0.05$），分别下降 18.9%和 62.6%。根际效应是指由于植物根系产生的分泌物及脱落物为根际微环境的土壤微生物提供更多有效的碳源及氮源，使根际的土壤微生物的种群和数量上比非根际土壤微生物的多，且随之带来土壤生化过程的变化，从而导致根际土壤理化性质和生物学特性异于非根际土壤，表现出根际效应（Rhizosphere effects）（Phillips and Fahey，2008）。PNR 可以用来表征土壤氨氧化能力，黄顶菊入侵降低了静海和衡水湖入侵样地 BS 的 PNR，其中衡水湖样地 PNR 下降达 84%，然而献县的情况则呈相反的趋势（图 2.1）；由于根际效应的影响，3 个地区入侵样地中 RPS 的 PNR 均显著高于 BS（$P<0.05$）。NH_4^+ 被氧化为 NO_2^- 后，NO_2^- 极不稳定，在短时间内就进一步氧化转变为 NO_3^-，故 PNR 与 NO_3^--N 变化趋势一致。

表 2.9　黄顶菊入侵对不同地区土壤理化性质的影响

地区	项目	pH 值	有机质 (g/kg)	全氮 (g/kg)	铵态氮 (mg/kg)	硝态氮 (mg/kg)	全钾 (g/kg)	速效钾 (g/kg)
静海	未入侵地 CK	8.48±0.05a	20.72±0.78c	0.67±0.04c	10.77±0.20b	10.00±0.40b	13.58±0.20a	0.57±0.02a
	入侵地根围土 BS	8.36±0.03b	22.32±0.89b	0.88±0.05b	10.17±0.51b	8.11±0.27c	11.80±0.22b	0.56±0.01b
	入侵地根际土 RPS	8.24±0.03c	24.56±0.76a	1.52±0.09a	12.22±0.84a	14.10±0.78a	12.17±0.48b	0.64±0.01b
献县	未入侵地 CK	8.55±0.04a	9.03±0.67c	0.28±0.02c	10.97±0.50b	1.36±0.07c	14.40±0.79a	0.25±0.03b
	入侵地根围土 BS	8.33±0.02b	11.42±0.56b	0.37±0.02b	12.19±0.86b	1.74±0.16b	12.63±0.66b	0.20±0.02c
	入侵地根际土 RPS	8.27±0.04c	18.81±0.78a	0.69±0.03a	14.41±0.64a	2.66±0.28a	13.19±0.23b	0.35±0.02a

（续表）

项目		pH 值	有机质 (g/kg)	全氮 (g/kg)	铵态氮 (mg/kg)	硝态氮 (mg/kg)	全钾 (g/kg)	速效钾 (g/kg)
衡水湖	未入侵地 CK	8.43±0.04b	7.57±0.51c	0.64±0.06a	11.74±0.71b	6.37±0.45b	12.00±0.30b	0.32±0.01a
	入侵地根围土 BS	8.62±0.06a	10.40±0.53b	0.30±0.02b	11.20±0.51b	2.38±0.17c	12.99±0.21a	0.17±0.01c
	入侵地根际土 RPS	8.48±0.02b	14.48±0.79a	0.35±0.02b	13.86±0.82a	7.73±0.59a	12.88±0.31a	0.24±0.02b

注：同列不同小写字母表示差异显著（$P<0.05$）。下同。

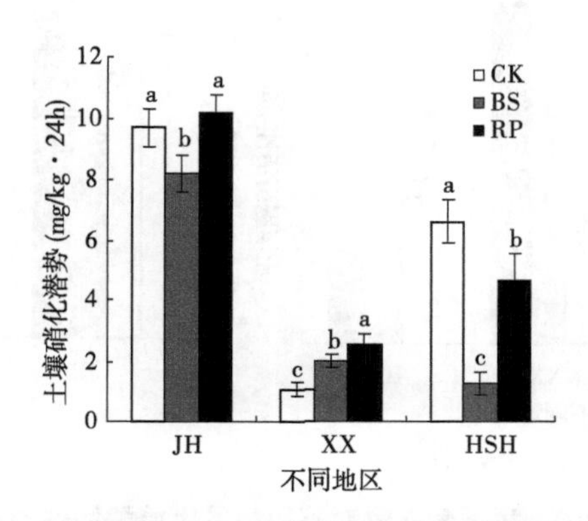

图 2.1 黄顶菊入侵对不同地区土壤硝化潜势的影响

注：图中不同小写字母表示差异显著（$P<0.05$）。JH：静海；XX：献县；HSH：衡水湖。下同。

土壤酶在土壤养分的转化过程中起着非常重要的作用，在一定程度上反映了土壤养分状况的变化（曹莉等，2013）。蛋白酶和脲酶均属氮循环过程中关键酶类，前者可以将土壤中有机氮水解为氨基酸，是促进土壤氮循环的重要组成部分（Kamimura and Hayano，2000），而后者则可将尿素水解成 CO_2 和氨，常被用来指示土壤氮素状况。外来植物入侵导致土壤酶活性的变化也得到了广泛的重视。蒋智林等（2009）研究证实了马缨丹（*Lantana camara*）种群入侵地土壤蛋白酶和脲酶活性均显著高于裸露地和非入侵草坪草多花黑麦草（*Lolium multiflorum*）与白花三叶草（*Rifolium leucanthum*）植物群落。也有研究发现外来植物薇甘菊（*Mikania micrantha*）（Li et al.，2006）和豚草（Qin et al.，2014）的入侵也显著地提高了土壤脲酶和蛋白酶活性。黄顶菊入侵提高了静海和献县 BS 的蛋白酶和脲酶（献县脲酶除外）的活性，且存在明显的根际效益（图

2.2)，这与上述研究结果一致；但黄顶菊入侵却降低了衡水湖蛋白酶和脲酶的活性。在衡水湖样地，土壤氮素水平下降，土壤中可利用的氮素养分减少，从而导致参与氮素转化的酶的活性降低。这也验证了土壤氮相关酶活性与氮素养分的相关关系。

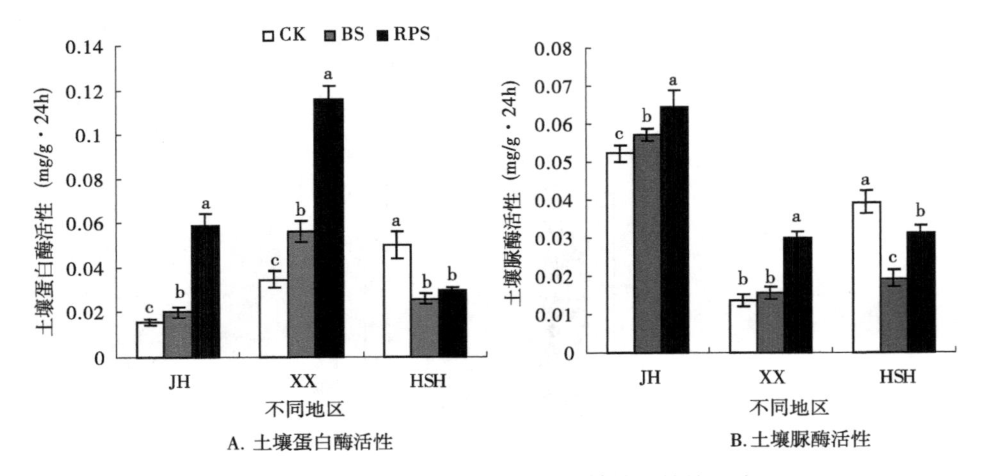

图 2.2　黄顶菊入侵对不同地区土壤酶活性的影响

土壤中酶活性的改变可能与土壤微生物数量和活性的改变密切相关（Taylor et al.，2002)，土壤微生物量是指除了植物根系和体积大于 $5\times10^3\mu m^3$ 的土壤动物以外的土壤中所有活有机体的生物量。土壤微生物量在很大程度上能够反映出土壤微生物的活性，常被用来评价微生物的活性参数。外来入侵植物通常会提高入侵地的微生物量。如李伟华等（2008b）研究表明，薇甘菊单优种群入侵地土壤 MBC、MBN 分别比未入侵地增加了 3.06 倍和 1.15 倍。高志亮等（2011）发现水花生（*Alternanthera philoxeroides*）和苏门白酒草（*Conyza sumatrensis*）入侵地土壤 MBC 分别比未入侵地增加 123%和 225%，MBN 分别比未入侵地增加 225%和 399%。另有研究表明外来入侵植物绿毛山柳菊（*Hieracium pilosella*)(Saggar et al.，1999）和豚草（Qin et al.，2014）也提高了入侵样地的 MBC、MBN。黄顶菊入侵静海后，土壤 MBC 和 MBN 均呈现增加的趋势，献县和衡水湖 BS 的 MBC 和 MBN（除衡水湖 MBN 下降外）与 CK 比，虽差异不显著，但均呈现上升趋势，且 3 个地区入侵地的 MBC 和 MBN 均存在明显的根际效应（图 2.3），这些结果表明入侵样地微生物活动要比 CK 的强烈，土壤碳源、氮源的平均可利用性也要比 CK 的高。有研究者认为用微生物熵来表示土壤营养状况的变化，能够避免在使用绝对量进行比较时出现的偏差，比单独应用微生物量有效得多。在处于平衡状态的土壤-植物生态系统中，Cmic/Corg 和 Nmic/Nt 应为一稳定值。黄顶菊的 3 个入侵地 BS 的 Cmic/Corg、Nmic/Nt 高于 CK，虽差异不显著，但也有上升的趋势，也许随着黄顶菊的进一步入侵以及入侵时间的延长，这种趋势会越来越明显；对于入侵地生物 RPS 的微生物熵来说，其大小均显著高于 CK，这暗示着黄顶菊对其根际的土壤微生物影响更加强烈（图 2.4）。这些均表明黄顶菊入侵后打乱了原本稳定的土壤-植物生态系统，加快了土壤养分循环，利于黄顶菊的进一步入侵。Qin 等（2014）研究也发现豚草提高了入侵地土壤 Cmic/Corg、Nmic/Nt，与本研究结果一致。

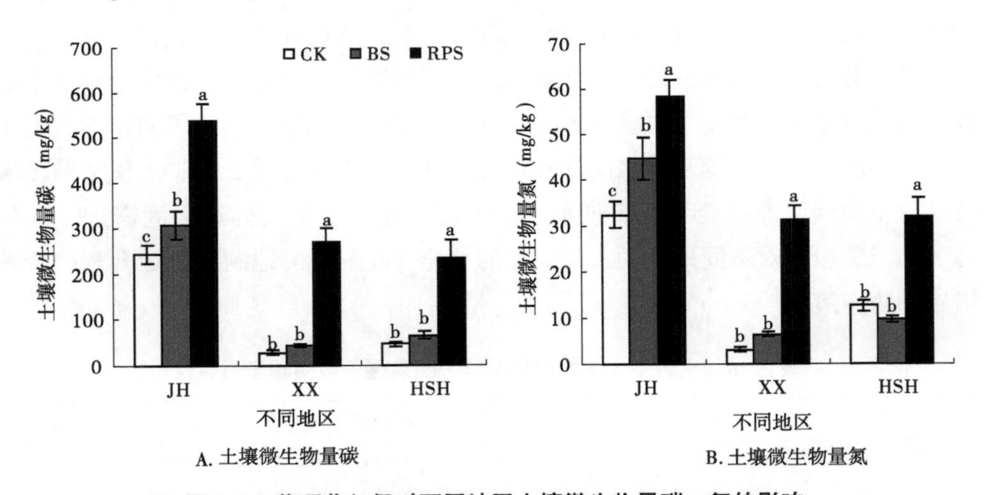

图 2.3　黄顶菊入侵对不同地区土壤微生物量碳、氮的影响

相关性分析（表 2.10）表明，土壤 PNR、脲酶和蛋白酶与土壤有机质、全氮、硝态氮含量均呈极显著正相关（$P<0.01$）。对于微生物量来说，土壤 MBC、MBN 也与土壤有机质、全氮和硝态氮均呈极显著正相关（$P<0.01$），相关系数均在 0.8 以上，显示出显著的依存关系。总体来说，对于土壤本底养分含量较低

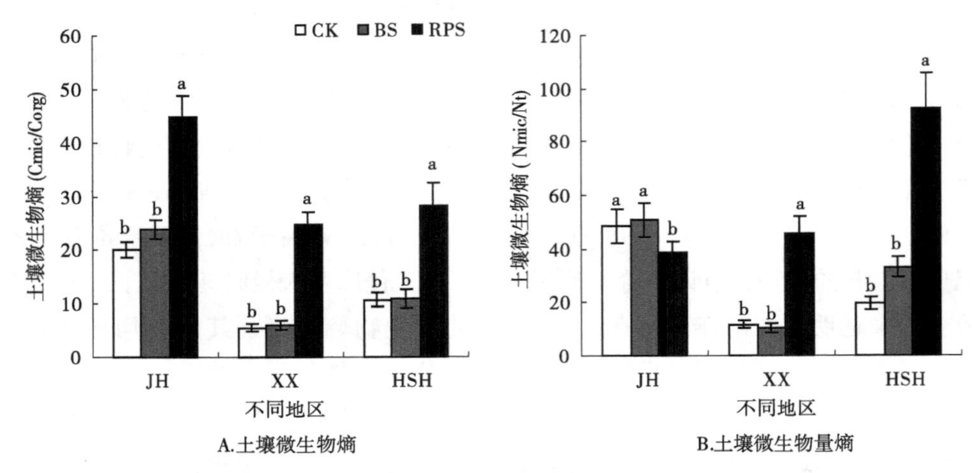

图 2.4 黄顶菊入侵对不同地区土壤微生物熵（A，B）的影响

的献县，黄顶菊主要通过提高入侵样地养分含量，从而促进自身生长、蔓延。对于土壤养分含量相对较高的静海和衡水湖则采用降低土壤全量或速效养分含量的策略，减少本地植物生长可获得养分而获得竞争优势，达到其入侵的目的。由于入侵植物和入侵地土壤环境之间的互作的复杂性，入侵时间长短、入侵地的土壤类型、土壤环境等都会导致黄顶菊入侵的结果不同，但具体原因尚需进一步研究。由于黄顶菊对不同地区的入侵策略的差异，我们要因地制宜制定合理的管理措施和防控策略。

表 2.10 土壤理化与氨氧化潜势、酶活性及微生物量相关性

项目	pH 值	有机质	全氮	铵态氮	硝态氮	全钾	速效钾
氨氧化潜势	-0.351*	0.695**	0.769**	-0.229	0.928**	-0.447**	-0.701**
脲酶	-0.383**	0.849**	0.799**	-0.397**	0.828**	-0.309*	-0.904**
蛋白酶	-0.570**	0.754**	0.934**	-0.091	0.809**	-0.340*	-0.688**
微生物量碳	-0.669**	0.918**	0.861**	0.147	0.813**	-0.322*	-0.576**
微生物量氮	-0.633**	0.921**	0.891**	0.095	0.844**	-0.404**	-0.608**

注：*表示显著相关（$P<0.05$），**表示极显著相关（$P<0.01$）。

二、黄顶菊入侵对土壤微生物功能多样性的影响

植物对土壤环境的重要影响之一是改变土壤微生物群落特征。外来入侵植物可以通过根系分泌物、淋溶物、凋落物腐解等释放化感物质进入土壤，改变土壤养分和微生物，从而获得竞争优势（Bais et al.，2004）。这种变化可能促进其入侵并抑制其他植物的生长。外来植物加拿大一枝黄花入侵后土壤细菌多样性明显减少，且细菌的优势群落发生改变，而本地物种的土壤微生物群落却没有发生改变（李国庆，2009）。互花米草（*Spartina abcerniflora*）入侵杭州湾后，与本地物种芦苇和海三棱藨草（*Scirpus mariqueter*）相比，其入侵样地的土壤微生物对碳源的利用种类和能力明显增加。入侵植物五爪金龙入侵后显著地降低了入侵样地细菌和反硝化细菌的种群数量，但却提高了真菌、自生固氮菌和氨氧化细菌的种群数量（朱慧等，2012）。这些研究结果说明外来入侵植物可能通过改变入侵样地土壤微生物群落的结构和功能从而实现其进一步的入侵与扩散。

对黄顶菊入侵样地土样分根际土（Rhizosphere soil，RPS）和根围土（Bulk soil，BS）取样，土壤微生物功能多样性用 Biolog 方法进行测定。土壤微生物群落对 Biolog 微平板中各类碳源利用情况的差异反映了土壤中微生物群落代谢功能的不同（孔维栋等，2005）。碳源平均颜色变化率及其功能多样性指数可以反映土壤微生物的活性及其功能多样性（杨永华等，2000）。土壤微生物群落平均吸光值（AWCD）表现为 RPS>BS>CK。AWCD 值的变化速度（斜率）和最终能达到的 AWCD 值反映了土壤微生物利用某一碳源的能力，在一定程度上可以反映土壤中微生物种群的数量和结构特征。随着培养时间的延长，不同处理 AWCD 值的上升快慢存在差异，黄顶菊入侵地 RPS 和 BS 的 AWCD 值上升较快，说明碳源被迅速利用，然而 CK 的 AWCD 值上升却非常缓慢。这表明黄顶菊入侵增加了土壤微生物代谢活性（图 2.5）。较高的 AWCD 值也意味着土壤微生物群落有更强的能力去代谢不同种类的碳源底物，表示土壤微生物群落的代谢活性较高。由此可知，黄顶菊入侵增强了土壤微生物的代谢活性，这与陈华（2011），鲁海燕（2010）的研究结果相似。在特定的生长环境内，土壤微生物群落可以形成与本地植物相对协调稳定的生态关系，然而土壤微生物群落也是易变的，它会

受到外来植物入侵和植物群落多样性变化的影响（Kourtev et al.，2002）。有研究者应用 Biolog-EcoplateTM 方法测定了紫茎泽兰入侵对土壤细菌群落特征的影响，结果显示改变土壤细菌群落可能是紫茎泽兰入侵过程中的一个重要组成部分，外来入侵植物可以通过改变入侵地土壤微生物群落结构，阻碍本地植物的生长和更新。

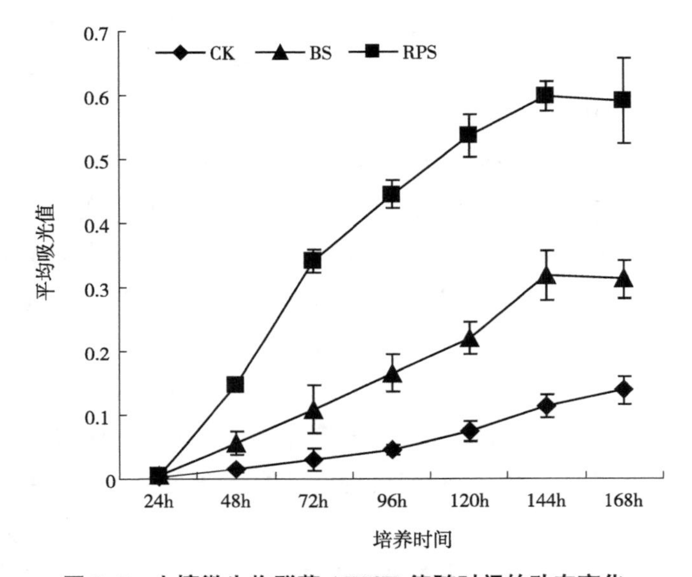

图 2.5　土壤微生物群落 AWCD 值随时间的动态变化

土壤微生物的功能多样性是通过土壤微生物群落物种丰富度指数、均匀度指数、优势度指数分别来表征的（表 2.11）。CK 的物种丰富度指数高于 BS，由于根际效应的存在，RPS 的物种丰富度指数也高于 BS，差异显著（$P<0.05$）；CK 的优势度指数要高于 BS 的，差异显著（$P<0.05$）（表 2.12）。黄顶菊入侵降低了土壤微生物代谢功能的多样性，但存在明显的根际效应。表 2.12 为 Biolog-ECO 微平板中 31 种碳源在前 2 个主成分上的载荷值，从其中可看出，与第一主成分（PC1）具有较高相关性的碳源有 17 种，其中糖类 5 种、氨基酸类 4 种、羧酸类 3 种、聚合物 1 种、胺类 1 种、其他 3 种，这说明影响第一主成分（PC1）的碳源主要是糖类、氨基酸类和羧酸类。而与第二主成分（PC2）具有

较高相关性的碳源有8种，其中糖类1种、氨基酸1种、羧酸类4种、聚合物2种，表明影响第二主成分（PC2）的碳源主要是羧酸类和聚合物。同时，3种处理在PC轴上的分布出现了明显的差异，其中RPS土壤的微生物代谢多样性类型具有较大的变异（分散的数据点）。BS、RPS的大部分点分布在PC2负轴上，CK分布在正轴上，表明黄顶菊入侵使土壤微生物群落对碳源的代谢特征产生了差异。

表2.11　土壤微生物群落多样性指数

项目	物种丰富度指数	均匀度指数	优势度指数
CK	2.23±0.33a	0.68±0.10a	0.98±0.01a
BS	1.95±0.40b	0.55±0.11a	0.73±0.17b
RPS	2.77±0.08a	0.67±0.02a	0.93±0.01ab

注：同列不同小写字母表示差异显著（$P<0.05$）。

表2.12　31种碳源的主成分载荷因子

序号	碳源类型	PC1	PC2
A2	β-甲基-D-葡萄糖苷（糖类）	0.971	-0.02
A3	D-半乳糖酸γ-内酯（羧酸类）	0.860	-0.00
A4	L-精氨酸（氨基酸类）	0.493	-0.610
B1	丙酮酸甲酯（其他）	0.920	-0.206
B2	D-木糖（糖类）	0.400	0.860
B3	D-半乳糖醛酸（羧酸类）	0.837	-0.122
B4	L-天门冬酰胺（氨基酸类）	0.918	-0.155
C1	吐温40（聚合物）	0.422	0.588
C2	i-赤藓糖醇（糖类）	0.827	-0.054
C3	2-羟基苯甲酸（羧酸类）	0.090	0.776
C4	L-苯丙氨酸（氨基酸类）	0.857	-0.114
D1	吐温80（聚合物）	0.645	-0.707
D2	D-甘露醇（糖类）	0.987	-0.012
D3	4-羟基苯甲酸（羧酸类）	0.578	-0.047
D4	L-丝氨酸（氨基酸类）	0.915	0.254
E1	α-环式糊精（聚合物）	0.477	-0.247
E2	N-乙酰-D葡萄糖氨（糖类）	0.806	-0.049

（续表）

序号	碳源类型	PC1	PC2
E3	γ-羟丁酸（羧酸类）	0.156	0.807
E4	L-苏氨酸（氨基酸类）	-0.740	-0.078
F1	肝糖（聚合物）	-0.066	0.804
F2	D-葡糖胺酸（羧酸类）	0.602	-0.670
F3	衣康酸（羧酸类）	-0.425	-0.173
F4	甘氨酰-L-谷氨酸（氨基酸类）	0.189	0.322
G1	D-纤维二糖（糖类）	0.417	0.331
G2	1-磷酸葡萄糖（其他）	0.952	0.034
G3	α-丁酮酸（羧酸类）	0.023	0.848
G4	苯乙胺（胺类）	-0.710	0.151
H1	α-D-乳糖（糖类）	0.616	0.587
H2	D，L-α-磷酸甘油（其他）	0.818	0.367
H3	D-苹果酸（羧酸类）	0.201	-0.316
H4	腐胺（胺类）	0.903	0.206

黄顶菊入侵后土壤碳源、氮源的平均可利用性要高于未入侵地。AWCD 与 MBC、MBN 均呈极显著正相关关系。这在一定程度上可以说明土壤微生物代谢活性的改变可能是导致土壤微生物量变化的主要原因。有研究发现，植物凋落物的增加为土壤提供了丰富的有机物质，促进了土壤微生物的大量繁殖（薛蓮等，2008）。黄顶菊入侵后能够快速形成单优群落，且生物量大，地上凋落物向土壤输入增多，导致土壤微生物代谢活性增强，土壤微生物量的增加。将 96h 的 AWCD 值、物种丰富度指数、均匀度指数、Simpson 优势度指数与土壤 MBC、MBN 进行相关性分析，AWCD 与 MBC 和 MBN 均呈极显著正相关（$P<0.01$），物种丰富度指数与优势度指数呈显著负相关（$P<0.05$）（表 2.13）。总体来说，黄顶菊入侵改变了土壤微生物对碳源的利用能力，增强了土壤微生物的代谢活性，降低了 BS 的土壤微生物的功能多样性，但增加了自身 RPS 的土壤微生物的功能多样性水平。总体来说，黄顶菊入侵改变了土壤微生物对碳源的利用能力，增强了土壤微生物的代谢活性，降低了 BS 的土壤微生物的功能多样性，但增加了自身 RPS 的土壤微生物的功能多样性水平。

表 2.13 土壤微生物功能多样性与土壤微生物量的相关性

项目	AWCD	物种丰富度指数	均匀度指数	优势度指数	土壤微生物量碳	土壤微生物量氮
AWCD	1.000	0.480	-0.118	0.014	0.981**	0.964**
物种丰富度指数	—	1.000	-0.209	-0.617*	0.597	0.523
均匀度指数	—	—	1.000	0.411	-0.080	0.071
优势度指数	—	—	—	1.000	0.103	-0.010
微生物量碳	—	—	—	—	1.000	0.942**
微生物量氮	—	—	—	—	—	1.000

注：* 表示显著相关（$P<0.05$），** 表示极显著相关（$P<0.01$）。

三、黄顶菊入侵对土壤氨氧化微生物多样性的影响

植物可以通过影响其生境土壤养分和微生物群落的结构，从而创造对自身有利的条件进而影响其他植物的生长。土壤微生物是通过分泌土壤酶而参与到土壤营养循环过程中，从而发挥其生态功能。外来入侵植物会提高入侵地土壤氮循环相关酶的活性，如蒋智林等（2008）研究表明，紫茎泽兰入侵显著提高了土壤蛋白酶和脲酶的活性。李伟华等（2008a）发现外来入侵植物金腰箭（*Synedrella nodiflora*）、马缨丹（*Lantana camara*）、五爪金龙（*Ipomoea cairica*）和南美蟛蜞菊（*Wedelia trilobata*）的根际土壤蛋白酶和脲酶活性普遍高于本地植物鸡屎藤（*Paederia scandens*）。Qin 等（2014）也发现入侵植物豚草提高了土壤蛋白酶和脲酶活性。

外来入侵植物通常会改变土壤微生物群落，从而破坏本土植物与土壤微生物间的平衡共生关系，进而影响本土植物的生长和种群更新（Dassonville et al.，2011），使得土壤中的营养成分更有利于入侵植物生长、竞争与扩张，最终使其入侵成功。如紫茎泽兰入侵引起根际土壤中 AOB、自生固氮菌和钾细菌数量升高（戴莲等，2012）。鬼针草（*Bidens bipinnata*）入侵到贫瘠土壤 2 年后，使得入侵地土壤氮代谢循环相关微生物的群落发生改变（Duda et al.，2003）。采集黄顶菊为入侵地土壤以及入侵地根围土和根际土，对土壤 AOA 的 amoA 及 AOB 基因进行扩增，黄顶菊入侵降低了 AOB 的多样性，但由于根际效应的存在，使得 RPS 的多样性最高。影响 AOB 多样性的主要理化因子是土壤速效氮含量。邹雨坤等（2012）通过研究不同利用方式对羊草草原 AOB 群落结构的影响也得出了类似的结果。同时，本研

究发现 AOB 多样性水平、硝化潜势和硝态氮含量的变化一致，都呈下降趋势。Shen 等（2008）通过研究施肥对氨氧化微生物多样性的影响，发现不同配比氮肥的施用增加了 AOB 多样性水平、PNR 和硝态氮含量，三者变化趋势也一致，这与本文研究结果类似。显然，土壤 PNR 可以作为表征 AOB 多样性的可靠因子，而 AOB 群落组成的改变也会影响到土壤氨氧化水平。另外，也有 pH 值下降导致 AOB 群落结构改变的报道（李肖肖，2011）。本研究中黄顶菊入侵降低了土壤 pH 值，典范对应分析中 pH 值与 AOB 多样性的相关系数最大且呈负相关关系，表明 pH 值也是影响 AOB 多样性水平的重要理化因子（Shen et al.，2008）。Pereira 等（2012）研究 8 种农田土壤中氨氧化微生物结构和丰度时发现，影响 AOB 结构及多样性的主要因素是土壤类型和土壤 pH 值，其中随着不同地区土壤 pH 值的下降，AOB 的多样性也随之下降。有研究也发现随着土壤 pH 值的下降，AOB 多样性也明显的下降。总之，AOB 多样性水平的降低是由各理化因子共同作用而导致的，其中对其影响最大的是土壤速效氮含量。

与 AOB 不同，AOA 随着黄顶菊的入侵其多样性水平显著升高，也没有明显的根际效应。本文典范对应分析中，土壤铵态氮是影响 AOA 多样性的关键理化因子，相关性分析也发现 AOA 的多样性与土壤铵态氮含量呈显著负相关（$R=-0.566$；$P<0.05$）。铵态氮含量与 pH 值的变化都会影响土壤中 AOA 的群落结构和活性。Hatzenpichler 等（2008）从铵浓度为 5.9μmol/L 的热泉中分离的适温 AOA，对其进行氨氧化的富集培养，发现其在铵浓度为 0.14mmol/L 和 0.79mmol/L 时高度活跃，而在铵浓度为 3.08mmol/L 时则被部分抑制，这表明 AOA 似乎更适宜在较低的铵浓度环境中生存，这与本文的研究结果相似。Weijers 等（2006）对全球范围内 58 种土壤样品的分析表明泉古菌的丰度与土壤 pH 值具有较好的负相关。当土壤 pH 值为 4.9~7.5 时，AOA amoA 基因的拷贝数及活性均随土壤 pH 值的降低而升高。本试验中，AOA 多样性随土壤 pH 值的下降呈上升趋势，这在一定程度上也表明土壤 pH 值的下降是 AOA 多样性水平升高的原因之一。另外本文逐步回归分析中发现土壤全钾和全氮对 AOA 多样性有明显的影响，这有待于进一步深入的研究。有研究发现，在农田土壤中氨氧化活性改变引起了 AOB 丰度的改变，而 AOA 的丰度却并未改变，即在农田土壤中 AOB 对

硝化作用起主导作用（Jia adn Conrad，2009）。本研究中，黄顶菊入侵引起的土壤硝态氮和 PNR 的下降主要影响到了 AOB 的多样性。Di 等（2009）通过研究高氮草原的土壤氨氧化微生物多样性发现，施加氮肥没有影响 AOA 的丰度和活性，而 AOB 的丰度和活性与土壤硝化活性的呈正相关关系，故在碱性土壤中，AOB 可能对硝化作用贡献更大。如在碱性沙质土壤中施加氮肥后，AOA 的 amoA 的丰度对土壤铵态氮含量的升高响应并不大，而 AOB 的 amoA 的丰度与硝化速率变化趋势一致，且二者呈显著的正相关关系。

通过对黄顶菊入侵地和未入侵地土壤 AOB、AOA 的 PCR-DGGE 分析比较，发现黄顶菊入侵影响了氨氧化微生物的群落结构及多样性，其中 AOB 多样性水平呈降低趋势，而 AOA 的多样性水平增加趋势，且 2 种氨氧化微生物的多样性变化主要受土壤铵态氮和土壤 pH 值的影响，这些变化可能有利于其进一步入侵。通过探讨黄顶菊入侵对 AOB 和 AOA 生态影响和其响应规律，将有助于进一步认识氮循环在外来植物入侵中的作用。

第三节　黄顶菊入侵的菌根生态学

菌根是植物根系与特定的土壤真菌形成的共生体，它能帮助宿主植物抵御不良环境胁迫，促进植物生长，提高竞争力。菌根网络能够影响入侵植物和本地植物间养分分配调控植物间互作关系，决定其种群结构多样性和生产力。入侵植物有可能与很多种土著的真菌形成强烈的共生关系，从而提高入侵植物的存活率和生长发育情况，更有利于植物的大量繁衍，协助入侵植物在与本地植物竞争中取得优势。研究黄顶菊菌根生态学，探讨植物特定种属入侵后土壤环境与 AM 真菌的互作关系之间存在的规律，揭示入侵植物扩张过程中的丛枝菌根真菌生态学功能和机制，对探求黄顶菊入侵机制和科学的防控对策具有重要的理论价值和实践意义。

一、黄顶菊入侵地土壤环境及丛枝菌根真菌多样性

以河北沧州和云南瑞丽两个地区南北两地具有代表性的菊科植物作为研究对象。黄顶菊土壤样品采集于河北省献县陌南村（北纬 38°15′30″，东经 115°57′50″），

薇甘菊、紫茎泽兰、飞机草采集于云南省德宏州瑞丽市勐卯镇姐岗村（北纬 24°03′57″；东经 97°85′78″）。通过对入侵地区 4 种菊科入侵植物根际土壤与对照之间的比较研究，除薇甘菊外，其他 3 种植物对土壤养分的影响趋势较一致，紫茎泽兰、飞机草和黄顶菊这 3 种菊科植物入侵均降低了土壤的 pH 值，提高了土壤中氮素含量，土壤磷素含量下降，呈现出与氮素养分含量相反的趋势（表 2.14，表 2.15）。且除薇甘菊外，其他菊科入侵植物根际土壤中速效磷较对照土壤含量下降极为显著。外来植物入侵会提高或降低入侵地土壤的肥力水平。外来植物一般根系及冠层结构更发达，这可能有利于吸收养分以支持地上部分营养物质的合成。一些研究表明外来植物入侵增加了土壤碳的矿化速率，增加了土壤有机碳的数量。而有些研究表明外来植物土壤碳的矿化速率比本地植物要低或并没有改变。所以外来植物入侵似乎在不同物种不同阶段对土壤碳循环的影响是存在差异。同时 Carey 等（2004）通过温室实验证实，丛枝菌根真菌可通过从入侵地土著植物向外来植物转移碳，获得竞争优势。有研究显示山柳菊属植物（*Hieracium* spp.）入侵的土壤中总氮含量显著增加，认为可能是由于氮的净矿化速率下降，氮循环速率下降使土壤总氮不断富集，增加总氮含量。但也有文献支持植物入侵使土壤含氮量降低或并未改变或土壤氮储量没有显著变化（贺握权和黄忠良，2004）所以对氮含量的影响的研究并不一致，入侵植物对氮循环的影响之间有差异。

表 2.14　黄顶菊样地土壤养分含量

处理	pH 值	有机碳（g/kg）	全氮（g/kg）	铵态氮（mg/kg）	硝态氮（mg/kg）	全磷（g/kg）	速效磷（mg/kg）
CK	8.23±0.53a	5.98±0.19b	0.97±0.02a	5.63±1.14b	4.60±0.94b	0.63±0.03a	41.33±3.53a
黄顶菊	8.18±0.06a	7.35±0.42a	0.99±0.01a	9.56±1.11a	7.74±0.90a	0.57±0.03a	6.27±0.65b

注：数据为平均值±标准差，同列不同小写字母表示不同入侵程度之间差异显著（$P<0.05$）（One-Way ANOVA，Duncan test）。下同。

表 2.15　云南样地土壤养分含量

处理	pH 值	有机碳（g/kg）	全氮（g/kg）	铵态氮（mg/kg）	硝态氮（mg/kg）	全磷（g/kg）	速效磷（mg/kg）
CK	4.98±0.13c	18.31±0.56b	1.16±0.02c	9.69±1.31b	3.76±0.10b	0.41±0.01a	35.82±0.59a

（续表）

处理	pH 值	有机碳（g/kg）	全氮（g/kg）	铵态氮（mg/kg）	硝态氮（mg/kg）	全磷（g/kg）	速效磷（mg/kg）
薇甘菊	6.93±0.06a	13.98±0.73d	1.43±0.02b	12.36±2.63ab	4.30±0.31ab	0.38±0.03a	35.85±1.78a
飞机草	4.92±0.13b	16.93±0.52c	1.40±0.08b	14.15±0.55a	4.83±0.67a	0.28±0.02b	6.75±0.77c
紫茎泽兰	4.91±0.10b	20.82±0.60a	1.63±0.05a	12.84±1.13a	3.86±0.66ab	0.41±0.01a	14.54±1.20b

土壤中微量元素的总含量（包括各种形态）称为全量，能被植物吸收利用的部分称为“有效态含量”或“速效态含量”；土壤有效态的含量虽然低，但它起着决定性作用（马扶林等，2009）。土壤有机质与土壤微量元素关系密切，提高土壤有机质含量水平，能够提高土壤微量元素的有效性（张永娥等，2005）。随着有机酸在土壤中的流动，也有助于微量元素在土壤中向根部的迁移，从而提高其有效性（李香兰和刘玉民，1991）。锰是作物生长的必需元素之一，是许多呼吸酶的活化剂，能提高植株的呼吸强度，促进碳水化合物的水解；调节体内氧化还原过程，参与硝酸还原过程，促进氨的形成（关春彦，2007）。铁元素常位于一些重要氧化还原酶结构上的活性部位，起着电子传递作用，对物质代谢过程中还原反应的催化影响巨大，与碳、氮代谢有着密切联系。且有助于抗病能力增强（黄台明等，2007）。锌有利于生长素的合成，可以促进氮素代谢，增强抗逆性。铜在植物体内也是多种酶的组成成分，参与碳素同化、氮素代谢、呼吸作用以及氧化还原过程，有利于生长发育，提高抗逆境、抗病能力（马扶林等，2009）。而镉是毒性最强的重金属元素之一，土壤中过量的镉会抑制植物正常生长（曾咏梅等，2005）。入侵植物根际土壤微量元素含量总体有大概高于对照的趋势，也或许入侵植物有一定的富集重金属的作用。黄顶菊根际土壤中全量锰、铁、铜、锌、铬元素含量较对照土壤都有所升高，除全量的锌以外黄顶菊根际与对照之间差异显著外，其他微量元素入侵根际土壤与本地对照均无显著差异，黄顶菊根际土壤中有效锰、铁、铜、锌、铬含量同样高于对照，有效铜与有效态铁元素与对照差异显著，其余 3 种元素有效态含量与对照之间并无显著差异（表 2.16，表 2.17）。

表 2.16　黄顶菊样地土壤全量微量元素含量

处理	锰（mg/kg）	铁（g/kg）	铜（mg/kg）	锌（mg/kg）	镉（mg/kg）
CK	374±22a	18.46±1.59a	16.1±1.8a	50.6±7.8b	0.151±0.013a
黄顶菊	421±28a	20.28±1.49a	17.7±2.47a	87.4±14.2a	0.189±0.024a

表 2.17　黄顶菊样地土壤有效态微量元素含量

处理	锰（mg/kg）	铁（g/kg）	铜（mg/kg）	锌（mg/kg）	镉（mg/kg）
CK	10.2±0.9a	6.19±0.39b	0.667±0.083b	1.82±0.16a	0.032±0.004a
黄顶菊	13.4±2.2a	13.6±3.4a	0.902±0.068a	2.12±0.33a	0.043±0.012a

云南入侵样地中，飞机草根际土壤中全量锰含量低于对照，但与对照之间差异并不显著。薇甘菊和紫茎泽兰根际土壤全锰含量要高于对照，且与对照之间差异显著。云南 3 种外来菊科植物根际土壤中全量铁的含量均高于对照，但只有紫茎泽兰与对照之间存在显著差异。全量铜的含量 3 种外来菊科入侵植物根际土壤也都高于对照土壤，且 3 种植物均与对照土壤中全量铁含量差异显著。飞机草根际土壤全量锌含量低于对照土壤，差异显著；薇甘菊与紫茎泽兰根际土壤全锌含量高于对照，但薇甘菊与对照差异不显著，紫茎泽兰与对照差异显著。云南 3 种外来菊科植物根际土壤中全量镉的含量都高于对照土壤，但薇甘菊与对照差异不显著，飞机草、紫茎泽兰与对照差异显著。有效锰的含量薇甘菊与紫茎泽兰根际土壤要低于对照土壤，但之间差异不显著，飞机草根际土壤中含量高于对照，且与对照差异显著。薇甘菊根际土壤有效铁含量高于对照，但差异并不显著，飞机草、紫茎泽兰根际土壤有效铁含量低于对照，且与对照差异显著。云南 3 种外来菊科植物根际土壤中有效铜的含量均高于对照，但与对照差异不显著。土壤中有效锌含量紫茎泽兰根际土壤低于对照，但与对照差异不显著，薇甘菊及飞机草根际土壤中含量高于对照，且差异显著。土壤中有效镉含量薇甘菊根际土壤低于对照，但差异不显著，飞机草与紫荆泽兰根际土壤中含量要高于对照且差异显著（表 2.18，表 2.19）。

表 2.18　云南样地土壤全量微量元素含量

处理	锰（mg/kg）	铁（g/kg）	铜（mg/kg）	锌（mg/kg）	镉（mg/kg）
CK	146±14b	17.28±2b	10±2.1b	46.4±8bc	0.24±0.07b
薇甘菊	225±27a	17.32±2.1b	11.2±1.1ab	59.6±6.5ab	0.26±0.03b
飞机草	135±14b	18.57±1.22b	10.3±0.4ab	43.4±8.2c	0.47±0.1a
紫茎泽兰	257±23a	25.28±3.94a	13.4±2.2a	63±7a	0.54±0.08a

表 2.19　云南样地土壤有效态微量元素含量

处理	锰（mg/kg）	铁（g/kg）	铜（mg/kg）	锌（mg/kg）	镉（mg/kg）
CK	13.88±2.9b	58.5±10.87a	0.31±0.09a	0.9±0.14b	0.016±0.004a
薇甘菊	11.4±2.75b	61±8.12a	0.405±0.041a	2.23±0.29a	0.013±0.004a
飞机草	24.8±7.2a	40.3±7.02b	0.317±0.022a	1.32±0.21a	0.063±0.014c
紫茎泽兰	7.94±1.49b	40.8±6.23b	0.403±0.025a	0.824±0.158b	0.032±0.006b

入侵植物根际土壤酶均有不同程度的提高（表 2.20，表 2.21）。土壤酶活性是土壤中各种生化反应的催化剂，是联系土壤营养和土壤生物的桥梁，土壤酶活性的变化在一定程度上反映了土壤肥力状况、物质转化状况以及土壤环境状况的变化，脲酶是一种酰胺酶，酶促产物氨是重要的植物氮源之一，其活性与土壤肥力紧密相关，其活性强度常被用来表征土壤氮素供应强度。过氧化氢酶的作用在于解除过氧化氢对生物严重的毒害作用，提高抗逆境能力，其活性都能表示出土壤氧化还原能力的特点，与土壤有机质转化速度密切相关，磷酸酶用来表征土壤肥力，特别是磷素的营养情况；积累的磷酸酶对土壤磷素的有效性、土壤磷素循环具有十分重要的作用（耿玉清等，2008）。所以土壤中酶活性的提高，或许菊科外来植物通过根系分泌次生代谢物质等作用，改变土壤环境，活化土壤中酶的活性，增强土壤中物质能量活动的活跃性，过氧化氢酶含量的提高也表明了土壤抗逆性的增强（傅丽君等，2005）。

表 2.20　黄顶菊样地土壤酶活性

处理	脲酶[ug/(g干土·h)]	酸性磷酸酶[mg/(g·24h)]	中性磷酸酶[mg/(g·24h)]	碱性磷酸酶[mg/(g·24h)]	磷酸酶总量[mg/(g·24h)]	过氧化氢酶[mg/(g·24h)]
CK	5.88±0.71a	0.19±0.05	0.05±0.01	0.65±0.21	0.89±0.23	9.76±0.08b
黄顶菊	6.76±1.53a	0.33±0.03	0.12±0.02	1.11±0.06	1.56±0.08	11.06±0.47a

表 2.21　云南样地土壤酶活性

处理	脲酶[ug/(g干土·h)]	酸性磷酸酶[mg/(g·24h)]	中性磷酸酶[mg/(g·24h)]	碱性磷酸酶[mg/(g·24h)]	磷酸酶总量[mg/(g·24h)]	过氧化氢酶[mg/(g·24h)]
CK	15.21±1.18c	2.36±0.13b	0.71±0.03c	0.25±0.02b	3.32±0.43b	2.79±1.02b
薇甘菊	19.11±0.36a	2.05±0.18c	0.86±0.02b	0.88±0.10a	3.79±0.26ab	5.44±1.12a
飞机草	16.91±0.84b	2.87±0.08a	0.61±0.06c	0.26±0.07b	3.74±0.18ab	3.08±0.79b
紫茎泽兰	14.49±0.95c	2.78±0.12a	1.01±0.09a	0.26±0.06b	4.05±0.16a	3.39±1.30b

酶活性与土壤理化性质，土壤理化性质、酶活性与丛枝菌根真菌群落结构指数之间都表现出很强的相关性。考虑“植物—丛枝菌根真菌—土壤酶—土壤养分”形成纽带，这种纽带关系在外来入侵过程中起到了至关重要的作用。Hodge（2003）发现丛枝菌根真菌能在有机质丰富的环境中增加生物量还能加速有机质的分解并利用其中的养分。有研究也表明，接种丛枝菌根真菌提高了根际土壤酶活性，进而增加了植株的养分的吸收。适量的土壤养分促进了丛枝菌根真菌的生长发育，处于最适的土壤养分环境范围内，丛枝菌根真菌能促进对养分元素的吸收和宿主植物生长，提高了土壤丛枝菌根真菌生态系统的多样性（刘润进等，2007）。

pH 值和磷素的变化结果尤为引人注意，除薇甘菊外的其他 3 种菊科入侵植物根际土壤 pH 值均有所下降，陆建忠等人（2005）的研究表明加拿大一枝黄花能在较短的时间内对土壤 pH 值进行一定的调节，植物对 pH 值的上调或下调取决于植物的偏好，对 pH 值调节的能力也表明植物对土壤 pH 值的适应性。有文献表明相对较低的土壤 pH 值在一定程度上提高该区域土壤磷酸酶的活性（冀永生等，2008）。并且 pH 值是影响丛枝菌根真菌生长的一个重要因子（Wang et al.，1993）。Fortin 等（2002）认为 pH 值影响丛枝菌根真菌孢子的萌芽和菌丝生长，丛枝菌根真菌具有最利于自身生长的pH值的最适范围，所以菊科植物的入侵过程中有可能存在为使丛枝菌根真菌更好地为入侵植物获得竞争优势而对环境pH值进行调节的内在机制。

菊科入侵植物根际土壤中速效磷含量大幅下降，与张天瑞等（2010）对黄顶菊土壤理化性质的研究实验结果相似，全磷与3种酶的相关性系数都达到0.8以上。蒋智林等的研究显示紫茎泽兰对土壤磷有较强的吸收作用，并据此获得竞争优势，限制了其他植物的生长（蒋智林等，2008）。对加拿大一枝黄花研究后认为，入侵作用于土壤中的微生物消耗磷素养分，增强了加拿大一枝黄花与其他植物的竞争力。Zabinski等（2002）也认为，丛枝菌根真菌能提高斑点矢车菊与本地植物竞争能力的主要原因是磷的吸收。同时，本实验中丛枝菌根真菌群落多样性指数与速效磷极显著负相关，与磷酸酶含量显著正相关，磷酸酶与pH值、全磷极显著负相关。也说明在丛枝菌根真菌与磷酸酶和磷素之间存在着某种内在作用关系，推动外来植物入侵进程。

自然生态系统中，丛枝菌根真菌在植物吸收土壤磷素中起重要作用。丛枝菌根真菌促进磷酸酶升高，将有机磷化物或无机磷酸盐转化为可供植物吸收利用的无机态磷。McHugh等（2004）研究表明在缺P条件下，丛枝菌根真菌可以显著促进互花米草（*Spartina alterniflora*）的养分吸收。在Jeffrey等（2003）的研究中也证实当土壤中磷浓度较低时，丛枝菌根真菌的侵染率较高。曾有人用细胞化学方法证明了侵入植物体内的菌根菌（*Gigaspora margarita*）菌丝有酸性和碱性磷酸酶活性。苏友波等（2003）结果也显示接种丛枝菌根真菌（9周）对根际土壤磷酸酶活性有增强作用。丛枝菌根真菌根际土壤磷酸酶对土壤有机磷的降解有很强的促进作用。当植物接种菌根真菌后，由于菌丝体的扩展，对土壤中磷的吸收显著增加。

具有解磷作用的微生物，解磷机制主要有分泌各类有机酸，NH_4^+同化作用放出质子、通过呼吸作用放出CO_2，降低pH值，引起磷酸盐溶解（席琳乔等，2007），与本实验中入侵植物根际土壤pH值下降（除薇甘菊外）的实验结果相吻合。邢礼军（1998）也通过实验发现真菌和解磷细菌协同作用增强了植物对磷的利用率。同时丛枝菌根有着更小的直径和更大的表面积，大量的菌根菌的侵染扩大了根系的吸收面积，缩短根吸收养分的距离，提高土壤磷的空间有效性，菌根同时可以取代根系的吸收作用，从而减少根系资源分配，增加植物的吸磷能力，或许可以作为解释本实验中以及其他研究中土壤速效磷含量大幅下降的原因。所以考虑广泛的丛枝菌根真菌网络不只是单单的消耗了磷素养分，增加了入侵植物的磷吸收能力，并且可能从本地邻近植物中夺取磷等元素，引起植物间营养元素转运失衡，植物之间的差异性生长，最终提高入侵植物建群速度，更快地占据新生境的空间资源，取得竞争胜利。

丛枝菌根真菌可以提高寄主植物的抗逆性，尤其是可以大大提高寄主的抗病能力和抗病相关酶活性（刘润进和裘维蕃，1994）。同时菌根植物的营养水平一般要高于非菌根植物，尤其是磷营养，有菌根的植物通常其体内的含磷浓度高于无菌根的植物。有研究指出，病毒的成功侵染和繁殖与植物磷营养供应改善有关，菌根化植物磷水平提高有可能增加病毒的感染率并增加病毒的效价（黄京华等，2003）。本研究测序结果表明，优势菌群为球囊霉属，入侵植物根围分布的丛枝菌根真菌大多以球囊霉属为优势属。根内球囊霉（*Glomus intraradices*）和摩西球囊霉（*G. mosseae*）在病害防治方面也均有报道。

实验中薇甘菊所表现出的与众不同，在土壤性质和组成方面与对照土壤并没有较大差异。笔者认为薇甘菊具有超强繁殖能力，兼有有性繁殖和无性繁殖，茎节可以随时可以生根，形成无性系，蔓延并缠绕于本地植物，迅速拓展生存范围，通过覆盖缠绕使植物窒息死亡，达到入侵目的。同时野外观察也发现，薇甘菊有高达总生物量 80%的非同化组织，其中富含大量叶绿素，光照竞争优势明显（王文杰等，2009），并且高密度的覆盖也阻挡了本地植物对光的吸收，使其无法进行光合作用，而竞争落败。黄顶菊等其他 3 种植物都属于根系粗壮发达的植物，利用粗壮发达的根系组织对入侵土壤性质与区系组成构成形成影响，故可能与薇甘菊入侵的策略存在不同，从而对入侵土壤性质与区系组成构成也会有所差异。这一实验结果也从另一方面印证了对入侵植物特定植物类群分类研究，寻找内在规律的意义。

4 种菊科入侵植物使其土壤性质发生了改变，丛枝菌根真菌的群落结构也有相应的变化，对磷素循环过程的影响变化似乎在根系粗壮的直根系菊科植物入侵过程中起到了重要作用。本实验所选择样地都为这4种菊科入侵植物入侵年限在十年以上，稳定生长的区域，入侵植物多年的入侵可能通过与丛枝菌根真菌共生体的一系列作用调节了当地的土壤条件，使其具有更适合自身生存的环境条件，利用优化养分循环利用模式、强化防御系统进而取得竞争优势。菊科入侵植物在土壤环境因子互作过程中是否是更聪明的利用者？是否具有优于其他植物的天然微生物源促生长剂？丛枝菌根真菌与宿主植物、养分以及土壤微生物之间相互作用关系在推动外来植物的成功入侵的具体过程与机制，这些问题的验证与回答都有待于更全面的调查与深入的研究。

二、黄顶菊扩张过程丛枝菌根真菌生态学功能

1. 黄顶菊根围土壤AM真菌多样性

AM真菌在自然界中广泛存在，可分布于农田、荒地、盐碱地等多种环境，并与植物根系形成共生体。通过提高植物对水分的吸收利用率，改善植株矿质营养，促进植物生长，缓解多种逆境对植株造成的伤害，是一类非常宝贵的微生物资源（盖京苹等，1998）。在自然生态系统中，许多外来入侵植物都是菌根营养植物，如加拿大一枝黄花、矢车菊、黄顶菊等。由于AM真菌培养的复杂性，使得菌种鉴定和群落生态学的发展受到局限。而近年来分子生物学的发展为AM真菌的研究提供了新的技术和手段。国外在菌根领域的探索和研究主要涉及菌种鉴定、群落生态、营养生理等各个方面，特别是在群落生态方面的研究最为深入，而国内在该领域则进展缓慢。

利用河北省献县陌南村（北纬38°15′67″~38°15′72″，东经115°57′83″~115°57′92″）路边（田间）、水边（沟渠）、果园（李树）、荒地、大田（300株/m^2）黄顶菊根际土壤，利用DGGE法探究黄顶菊根际土壤AM真菌多样性。土壤中提取总量DNA，并通过巢式PCR对不同生境黄顶菊根围AM真菌的DNA片段进行特异性扩增。巢式PCR灵敏性较好，可有效地从微量DNA中扩增出目标条带。而且与盆栽试验相比，野外植物根系含有较多的阻碍PCR反应的酚类、多糖和蛋白质等（Wilson，1997），因此，Nested PCR技术的发展有益于野外条件下AM真菌的生态学研究。

变性梯度凝胶电泳（DGGE）是在非培养条件下研究微生物群落组成与动态变化的有力工具，也是目前在AM真菌群落研究中常用的一种研究方法。它是根据DNA解链行为的不同，分离长度相同但是碱基序列不同的DNA片段。理论上，各泳道中被分离的每一个条带均可代表样品AM真菌群落中的一个种属，条带的亮度代表了菌群数量的多少。DGGE指纹图谱技术具有简便、快捷、重复性强等特点，可同时分析大量样品，平行比较不同微生物群落的组成差异，同时也能监测某一微生物群落的时空动态变化。由于DGGE条带反映的是群落中的优势菌群，所以土壤中的微生物群落组成不能完全地展示在图谱中。DGGE图谱分析发现，5个采样地点的土壤DGGE条带差异较大，可见NS31-GC/Glol区仍具一定的可变性，能在一定范围反应AM菌的种群多样性。对黄顶菊根围土壤研究表明，黄顶菊根围存在丰富的AM真菌，但由于生境差异，黄顶菊根围AM菌群存在变动但均属于球囊霉属，因此球囊霉属极可能为黄顶菊根围的优势菌属。黄顶菊根围AM真菌种类十分丰富，可能对黄顶菊入侵产生重要的贡献。利用分子生物学技术对不同生境黄顶菊根围AM真菌多样性进行了调查，在此基础上还应结合形态学的方法对其根围AM真菌的孢子种类、数量、共生关系等方面进行较全面的研究，这对于丰富黄顶菊根围AM真菌的种质资源以及AM真菌在黄顶菊入侵过程中作用的研究都具有重要意义。

2. AM真菌对黄顶菊与反枝苋种间竞争的影响

种间竞争是指两种或多种生物共同利用统一资源而产生的相互竞争作用。是自然界中植物普遍存在的一种形式，是影响群落结构和动态的重要因素之一，植物种间竞争能力受到许多生物和非生物因子的影响。研究表明，AM真菌的存在能够改变种群植物个体间的竞争关系（Vogelsang et al.，2006），AM真菌的菌丝体可以将植物群落中的不同个体连接起来，从而调节相邻植株间的营养输送。AM真菌还可以通过改变竞争作用强度和方向来调节植物群落组成和外来种的竞争能力（Marler et al.，1999）。

外来种成功入侵的一个重要原因是外来种通过抑制土著种与AM真菌间的互惠作用取得竞争优势。目前，有关AM真菌与宿主植物的互作研究多集中在植物个体（如对水分、营养物质的吸收和抗胁迫能力的提高等）和群落水平（如草地植被群落丰富度、均匀度和物种多样性的变化），张贵启等（2009）已经对AM真菌与植物种内竞争的研究进展进行了总结分析，但有关AM真菌对种间竞争的研究则相对较少。有关研究表明，对菌根依赖性较强的植株获得较大的种间竞争优势，但如果去除其根系AM真菌，竞争力会大大降低，进而影响生态系统竞争平衡。如何正确地认识和评价AM真菌与植物种间竞争之间的关系对于阐明AM真菌在生态系统中的功能，揭示AM真菌对植物的作用机制是一个非常有意义的生态学问题。为了研究AM真菌在外来植物入侵过程中的功能，本试验选取外来种黄顶菊（菌根依赖性强）和土著种反枝苋（菌根依赖性弱）为研究对象（刘润进等，2000），采用盆栽模拟二者间的种间竞争，以苯菌灵为杀真菌剂控制土壤AM真菌，探讨AM真菌对外来种与土著种之间竞争作用的影响。

植物的种间竞争是自然生态系统中种群发展和群落演替的一个重要推动力量。菌根和其他许多种间关系一样，都会对此产生影响。苯菌灵能很好地抑制AM真菌的活性，致使植物菌根侵染率降低。反枝苋只在个别种植比例下极少数根段被侵染，施用苯菌灵均显著降低了黄顶菊的菌根侵染率（$P<0.05$），不灭菌处理是灭菌处理的4.90~6.71倍。同时，种植比例和杀真菌剂处理对本地植物反枝苋的菌根侵染率均没有显著影响（表2.22），并具有不确定性，这与杨玲等（2002）关于苋科植物丛枝菌根的研究结果相似。在相同的条件下，苯菌灵处理显著降低了菌根共生植物黄顶菊（金樑，2004）的菌根侵染率，而对菌根共生率较低的反枝苋无显著影响。

表2.22　种植比例和AM真菌处理对植株侵染率的影响

处理	混种比例（黄顶菊：反枝苋）	黄顶菊（%）	反枝苋（%）
灭菌	CK	16.67±0.02a	0.00±0.00a
	2：1	11.67±0.02a	0.00±0.00a
	1：1	16.67±0.04a	6.67±0.01a
	1：2	13.33±0.03a	0.00±0.00a
不灭菌	CK	81.67±0.04a	0.00±0.00a
	2：1	78.33±0.03a	0.00±0.00a
	1：1	88.33±0.03a	0.00±0.00a
	1：2	85.00±0.05a	6.67±0.01a

（续表）

处理	混种比例（黄顶菊：反枝苋）	黄顶菊（%）	反枝苋（%）
显著性	D	0.261	0.585
	F	0.000	1.000
	D×F	0.714	0.299

分析 AM 真菌对两宿主植物生长量的影响，去除 AM 真菌显著降低黄顶菊的株高和根长，种植比例对反枝苋生长并未产生显著影响，不同混种比例下各指标的值与对照处理均无显著差异（表 2.23），而对反枝苋的生长量影响较小。这可能是因为在长期的生存竞争中，一些植物与 AM 真菌已形成了密切的共生关系，对 AM 真菌的依赖性较强，如对欧洲的山金车（*Arnica montana*）研究发现，当与其他植物混作时，接种 AM 真菌有利于山金车在中间竞争条件下正常生长。但如果不接种 AM 真菌，其竞争能力就会明显降低，甚至死亡。这也进一步证明了 AM 真菌对于菌根共生植物生长的促进作用。

表 2.23　种植比例和 AM 真菌对植株生长量的影响

处理	混种比例（黄顶菊：反枝苋）	黄顶菊（cm）		反枝苋（cm）	
		株高	根长	株高	根长
灭菌	CK	104.00±3.79a	16.67±0.88a	119.33±4.05a	20.33±1.76a
	2：1	88.67±2.340b	11.67±1.20b	118.00±6.66a	20.00±0.57a
	1：1	74.00±2.52c	14.33±0.67ab	112.33.±5.54a	16.00±1.53a
	1：2	48.67±3.48d	10.33±0.88b	112.33±6.49a	15.00±1.15a
不灭菌	CK	117.33±2.60a	22.33±0.33a	119.00±2.31a	20.00±1.55a
	2：1	94.67±2.73b	11.67±0.88b	114.00±5.51a	17.33±1.45a
	1：1	78.67±1.86c	13.67±0.88b	112.67±3.48a	16.00±0.58a
	1：2	51.32±5.13d	14.33±0.33b	107.67±5.70a	17.67±1.20a
显著性	D	0.000	0.000	0.340	0.025
	F	0.008	0.001	0.562	0.933
	D×F	0.432	0.003	0.947	0.327

AM 真菌提高植物根系对 N、P 和微量元素的利用，并通过地下菌丝体网络调节资源在不同植株间的转运和再分配，进而对地上植物的种间竞争产生影响（Kytoviita et al.，2003），杀真菌剂显著降低了黄顶菊的全 N、P 含量，对反枝苋

无显著影响。这也进一步证明了 AM 真菌具有宿主偏好性，它可以通过植物在营养吸收和转化机制上的差异影响养分资源（N、P 等）的转移，进而影响植物的种间竞争关系。反枝苋全 N 含量受种植比例和杀真菌剂影响不显著。无论灭菌与否，不同混种比例下均与单种对照处理间无显著差异。双因子方差分析结果表明，种植比例和杀真菌剂对其无显著交互作用。反枝苋全磷含量受种植比例和杀真菌剂影响较小，菌根贡献率也没有规律的变化趋势，菌根作用不明显（表 2.24）。

表 2.24 种植比例和 AM 真菌对植株 N 含量的影响

处理	混种比例（黄顶菊：反枝苋）	黄顶菊		反枝苋	
		全 N (g/kg)	全 P (g/kg)	全 N (g/kg)	全 P (g/kg)
灭菌	CK	12.34±0.10b	2.05±0.06ab	17.66±0.68a	2.34±0.17a
	2∶1	11.23±0.34b	2.44±0.20a	16.29±0.71a	2.33±0.10a
	1∶1	13.89±0.09a	2.09±0.03ab	16.91±0.08a	2.61±0.16a
	1∶2	9.89±0.41c	1.64±0.10b	16.81±1.25a	2.30±0.09a
不灭菌	CK	13.45±0.07b	2.17±0.05bc	16.97±0.46a	2.25±0.16a
	2∶1	17.43±0.23a	2.63±0.09a	15.67±0.34a	2.85±0.10a
	1∶1	16.39±0.42a	2.38±0.09ab	16.21±0.23a	2.38±0.21a
	1∶2	10.54±0.56c	1.93±0.08c	16.32±0.72a	2.25±0.07a
显著性	D	0.000	0.000	0.281	0.150
	F	0.000	0.006	0.195	0.738
	D×F	0.000	0.792	0.998	0.108

植株的总生物量是衡量物种间种间竞争能力常用的一个参数（李博等，2001），通过分析黄顶菊和反枝苋的相对产量（RY）的影响，研究菌根在种间竞争条件下对两种植物竞争能力的影响。由表 2.25 可知，在种间竞争条件下，灭菌处理下黄顶菊的相对产量均高于不灭菌时的相对产量。而反枝苋的相对产量在灭菌与不灭菌处理间虽然也存在差异，但差值较小并不显著。种间竞争条件下，AM 真菌的存在对黄顶菊相对竞争力的影响要大于对反枝苋的影响。且在不同种植比例下，黄顶菊的相对产量随其所占比例的增加而降低，反枝苋在不同比例间无显著差异，该 AM 真菌对寄主植物相对竞争力的调节作用受种植比例影响显

著。由表 2.25 知，当黄顶菊与反枝苋共生时，其 RYT 小于 1，且 A 小于 0，说明在与反枝苋的种间竞争中，黄顶菊处于劣势，竞争力较弱，这与李香菊（2006）所描述的竞争力强有所分歧，分析其原因可能为，黄顶菊与本地植物反枝苋同时播种，但由于黄顶菊苗期生长缓慢（樊翠芹等，2008），而反枝苋苗期生长均较快，故黄顶菊在早期资源获得能力较弱，使得竞争力比本地植物弱。且黄顶菊是一种强阳性植物，随遮光率的增加，高度及顶芽数显著降低，因此当其被伴生植物遮掩时，竞争也将受影响。

表 2.25　种植比例和 AM 真菌对植株种间竞争力的影响

处理	混种比例（黄顶菊：反枝苋）	总生物量（g）		相对产量		相对产量总和	竞争攻击力系数
		黄顶菊	反枝苋	黄顶菊	反枝苋		
灭菌	CK+	17.64±0.20a	31.83±1.08a	—	—	—	—
	2：1	13.10±0.94b	33.21±1.78a	0.74±0.05a	1.04±0.06a	0.84±0.02b	−0.30±0.11a
	1：1	11.44±0.04b	36.01±1.49a	0.65±0.00a	1.13±0.05a	0.89±0.02b	−0.48±0.05ab
	1：2	8.55±0.42c	38.25±1.40a	0.48±0.02b	1.20±0.04a	0.96±0.02a	−0.72±0.07b
不灭菌	CK−	20.27±0.33a	33.18±1.78a	—	—	—	—
	2：1	13.92±0.93b	35.16±2.35a	0.69±0.05a	1.00±0.09a	0.79±0.03a	−0.31±0.12a
	1：1	11.01±0.25c	35.99±0.32a	0.54±0.01b	1.01±0.02a	0.82±0.05a	−0.54±0.08a
	1：2	9.24±0.58c	36.63±0.90a	0.46±0.03b	1.09±0.09a	0.83±0.02a	−0.56±0.047a
显著性	D	0.000	0.015	0.000	0.323	0.063	0.005
	F	0.031	0.679	0.036	0.099	0.003	0.670
	D×F	0.089	0.595	0.518	0.444	0.372	0.393

AM 真菌对黄顶菊相对竞争力的影响要大于对反枝苋的影响。虽然黄顶菊在与反枝苋竞争中处于劣势，但 AM 真菌的存在还是在一定程度上提高了黄顶菊的种间竞争能力。显著提高了黄顶菊的生长量，促进了植株对 N、P 等营养元素的吸收，提高了其相对产量。而对反枝苋而言，由于其属于低菌根依赖植物，AM 真菌的存在与否并没有对其产生显著影响。

三、不同生态环境丛枝菌根真菌对黄顶菊的影响

1. AM 真菌在水分胁迫下对黄顶菊生长的影响

在自然生态系统中，AM 真菌能够与 80%以上的植物建立共生关系，改善植物水分状况，提高植物的抗逆性，促进植物生长。唐明等人（1999）对沙棘的研究发现，AM 真菌可减缓其叶片脱水速率。有研究证实 AM 真菌可促进干旱条件下柑橘的水分吸收利用率。外国许多学者（Isserant et al.，1993）研究发现，AM 真菌能够改善宿主植物水分代谢状况，提高樱桃、杜梨、杨树等的抗旱性。刘润进等（1988，1989）研究发现 AM 真菌能提高植株的抗旱性。贺学礼等（1999）研究发现，AM 真菌可调节干旱胁迫下玉米矿质营养、促进植株可溶性糖积累、降低有害物质脯氨酸的含量，通过有效调节细胞渗透能力来增强寄主植物的耐旱能力。鹿金颖等（2003）研究表明，内生菌根菌根能显著增加酸枣的株高、叶面积、植株干重等指标，提高植株光合速率，增强植株的抗旱能力。

菌根对寄主植物的作用因寄主植物种类的不同而发生变化。外来入侵种凭借着其对环境条件的独特适应机制迅速入侵新生境，其中菌根发挥着不可小觑的作用。目前有关影响 AM 菌作用及其分布的环境影响因子（水分、营养和土壤中的氧气含量等）的报道较多（Read，1991）。但有关不同的环境胁迫条件对 AM 真菌与外来种共生机制的影响，以及菌根共生体功能的发挥与程度如何等的研究较少。

模拟干旱胁迫和渍水条件，以正常的水分为对照，研究不同水分条件下 AM 真菌对外来入侵植物黄顶菊生长和抗旱性的影响。设置 4 个水分梯度：渍水条件（相对含水量 120%）、正常供水（相对含水量 80%）、中度胁迫（相对含水量 40%）和重度胁迫（相对含水量 20%），同一水分条件均设灭菌和不灭菌两种处理。目前，关于 AM 真菌提高植物抗逆性的机理有多种解释。主要通过改善植株水分和养分吸收，调节细胞渗透势，以及改变植物体内一些次级代谢产物等来调控植物生长。杀真菌剂处理显著降低了黄顶菊植株菌根侵染率和叶片保水力，说明 AM 真菌的存在改善了黄顶菊植株水分状况，有利于黄顶菊植株在干旱条件下的正常生长发育。植株生物量的变化较直观反映菌根的效应，植株各部分生物量

均表现为灭菌处理低于不灭菌处理；同时，植株氮、磷菌根贡献率也在一定程度上反映了菌根作用效应，在中度和重度胁迫时，氮的菌根贡献率分别为43.11%和49.40%，磷的菌根贡献率分别为44.69%和58.26%，都比正常水分处理下高，说明AM真菌能够促进黄顶菊植株在水分胁迫下养分的吸收，特别是磷素的吸收，最终促进了黄顶菊植株生长（李晓林等，2000）。

为缓解干旱胁迫影响，植物体会诱导或加速多种渗透调节物质的积累。水分胁迫促进黄顶菊植株叶片可溶性糖的合成，不灭菌处理下叶片可溶性糖含量高于苯菌灵灭菌处理，可能因为AM真菌可通过促进氮、磷等营养元素的吸收进而促进宿主植物光合速率，有利于保留菌根化植株光合代谢产物，提高了渗透调节能力，使黄顶菊在胁迫条件下保持较低的渗透势，维持植物正常生长。大量研究表明，AM真菌提高植物抗旱性可能与其增强植物酶促防御系统和非酶促防御系统功能有关。不同水分条件下，灭菌处理均降低了黄顶菊叶片SOD、CAT和POD活性，提高了MDA含量，这说明AM真菌的共生可在一定程度上提高植物的抗逆性，减少由于水分胁迫引起的活性氧积累，降低膜脂过氧化产物MDA含量，从而减轻因干旱造成的膜伤害（吴强盛，2007）。干旱胁迫下，植物自动和被动地调节非酶促保护物质，以缓解细胞伤害（赵金莉等，2007）。AM真菌显著提高了黄顶菊植株叶片可溶性蛋白含量，其含量增加可增强植物细胞的保水能力，提高植物抗旱性。有关于大豆及贺学礼等（2009）关于加拿大一枝黄花的研究表明，AM真菌能够明显改善宿主植物水分状况，增强宿主植物的耐旱性。因此，推测AM真菌的共生有利于黄顶菊在干旱环境中的生存和生长。

AM真菌改善植物氮、磷营养已得到广泛认可（李晓林等，2000）。菌根不仅可以调节植物根部对养分的吸收，而且可调节养分在植物体内的运输过程，促进根部养分向叶片转移，满足叶片光合代谢的需要（阎秀峰等，2002），促进植物生长。综上所述，AM真菌能与黄顶菊根系形成良好的共生关系，并通过促进黄顶菊根系对土壤水分和矿质元素吸收的直接作用和改善植物体内生理代谢活动、提高保护酶活性的间接作用来增强植株的抗旱性，促进植株生长，有利于黄顶菊在新生境中的定植。

2. AM真菌在不同施磷水平下对黄顶菊生长的影响

土壤中的丛枝菌根真菌可与高等植物营养根系形成丛枝菌根，促进宿主对土壤中矿质元素尤其是磷素的吸收（Cooper，1984），改善植物磷营养状况，同时土壤中磷含量的多少和形态影响 AM 真菌根外菌丝的生长，继而影响真菌的共生状态和菌根效应的发挥。AM 真菌侵染宿主植物根部，与其形成共生结构。产生的外生菌丝扩大了根系吸收范围，增加了细胞体积，扩大了 AM 真菌同根细胞质间的接触面积，加快了根对土壤营养物质（特别是磷）的吸收和运输，从而促进了宿主植物生长。菌根效应大小在一定程度上取决于土壤的基础肥力状况，尤其是土壤有效磷水平（冯海艳，2003）。当前研究表明，土壤含磷量过低时，难以满足菌根菌正常发育所需的磷营养，菌根菌生长受抑制，侵染率降低；而当土壤中磷浓度过高时，菌根菌的特殊碱性磷酸的转换机制受抑制，进而影响菌根的扩展（杨之为，1999）；只有土壤磷浓度适宜时，根系缺少有效性磷脂供应，增加细胞膜通透性，使菌根赖以生存的光合产物增加，从而使侵染率增高。由于低磷和高磷环境都不利于菌根侵染（Lynch et al.，1998）。因此，要充分发挥 AM 真菌增产作用，就必须了解菌根发挥最大效应的适宜条件。

鉴于菌根对土壤中磷元素吸收和转运的特殊效应，选择磷元素开展相关研究。以 KH_2PO_4 为有效磷源，以苯菌灵为杀真菌剂，探究黄顶菊根围 AM 真菌与土壤磷素水平之间的相互作用关系。以 KH_2PO_4 为有效磷源，设置 5 个磷梯度：P0（50mg/kg $CaSO_4$）缺磷处理，P1（CK）对照，P2（20mg/kg），P3（40mg/kg），P4（80mg/kg），各磷水平均设灭菌和不灭菌两种处理。

苯菌灵能够有效抑制 AM 真菌对宿主的侵染，这也使得不同氮水平添加和是否灭菌两种情况下黄顶菊植株在生长和光合等指标上的差异可以用 AM 真菌的侵染加以解释（Shi，2010）。土壤磷量的高低直接影响 AM 真菌的共生状态和菌根效应的发挥。随施磷水平的变化植株根系侵染程度不同。当土壤中磷水平过低（P0）或过高（P4）时菌根侵染率均降低。因为当介质磷水平过低时（P0），菌根就不能大量生长，因而侵染率降低；而当施磷量较高时（P4），根系细胞膜通透性降低，宿主向根外分泌 AM 真菌赖以生存的光合作物数量减少，导致侵染率降低。因此，菌根效应的发挥，在一定程度上受土壤磷营养状况的调控。当土壤养分供应从缺乏到适量，通常可增加植物体养分含量；当从适量到大量时，反而会降低养分含量（Arnold Finek，1982）。本实验也得到类似的结果，在缺磷或较低水平下（P0～P2），AM 真菌能提高黄顶菊株高和各部分生物量等生长指标，而当施磷量较高时（P4），株高、地上和须根生物量反而降低。这主要是一方面 AM 真菌共生促进了植物体对土壤中养分的吸收，从而促进植株生长，体现出其有益效应；而另一方面当土壤磷素水平较高时，能够满足植物生长需要，AM 菌侵染的根比非侵染的根消耗更多的光合同化产物（Pang，1980），影响植株生物量积累。

AM 真菌对黄顶菊净光合速率的作用随磷水平变化而不同，P0～P3 时表现为正效应，即促进作用，P4 时表现为抑制作用。分析认为，光合速率的变化其根本原因是寄主植物与 AM 真菌之间的效益-成本之比决定了二者之间相互依赖程度的高低。AM 真菌的菌丝体可以增加植物根系的表面积，从而提高水分的吸收能力，并进而提高未被杀菌剂处理黄顶菊的净光合速率等指标。适当磷水平下（P1、P2），AM 真菌的存在恰好有利于植物对土壤中水分、磷等矿质元素的吸收，进而增强寄主植物光合作用及水分循环运转。土壤中磷含量高时（P4），AM 真菌对植物的营养吸收贡献减少，净光合速率也有所下降。

磷是许多辅酶的成分，参与光合、呼吸等过程，同时磷还可以促进碳水化合物的合成转化和运输（张继澍，2005）。在各施磷水平下，AM 真菌均能提高黄顶菊植株抗氧化保护酶活性（SOD、POD 和 CAT）和叶片可溶性糖含量。抗氧化保护酶和可溶性糖分别是植物酶促防御系统和非酶促防御系统的重要组成部分，其含量与植株抗逆性密切相关，各施磷水平下，灭菌处理均降低了黄顶菊 SOD、POD、CAT 活性和可溶性糖含量，说明 AM 真菌共生能在一定程度上能提高黄顶菊的抗逆性。AM 真菌通过其菌丝体的直接吸收和改变土壤理化性质，影响根系对土壤养分的摄取能力，进而促进植物对土壤 N、P 等养分的吸收。AM 真菌对黄顶菊植株全磷含量影响显著，而对植株全 N 含量并无显著影响，进一步证明了 AM 真菌对磷素代谢的显著作用。不同件下，丛枝菌根对宿主不同营养元素吸收的影响是不同的，可能是不同营养元素对 AM 真菌生长有不同影响，继而影响各营养元素的吸收。

综上所述，施磷量和 AM 真菌之间有显著交互作用。缺磷或少磷处理会使植物生长不足；过高施磷，也会使植物生长受到抑制。当施磷量为 P2～P3 水平时，黄顶菊 AM 真菌作用较好，植株各部分生物量、光合速率、抗氧化保护酶等均得到提高。AM 真菌的共生可促进黄顶菊在营养贫瘠生境中的定植与生长，提高其对矿质营养元素的吸收利用水平。

第四节　黄顶菊入侵地植物群落和土壤生物群落特征

土壤在植物生长的过程中有着不可替代的作用，土壤养分是维持植物生长的重要条件，不同植物对养分的利用也不尽相同。土壤微生物能够强烈地影响植物群落动态，可能有助于相互竞争的植物物种的共存（负面反馈）或一个植物物种的竞争优势（正面反馈）。外来植物的入侵通常会与入侵地土壤微生物群落形成共生关系，而这种共生关系可以在外来物种的成功建立和入侵中发挥重要作用。除了与土壤微生物群落的相互作用之外，还有许多其他因素促成了外来植物的入侵，包括对非生物资源和食草动物的竞争。了解入侵植物入侵地的环境变化情况，研究黄顶菊对入侵地植物群落和土壤微生物群落的影响，对探求黄顶菊的入侵规律和入侵机制、科学的防控对策具有重要的理论价值。

一、黄顶菊对不同入侵地植物群落及土壤微生物群落的影响

植物群落、土壤养分、土壤微生物有密不可分的关系。土壤微生物是土壤生态系统的重要组成部分，是土壤养分循环和植物对养分利用过程中重要参与者，对维持土壤肥力和植物的生长有重要的作用，植物群落的变化将会影响土壤微生物的群落结构和多样性、土壤理化性质（C、N、P）和其他生物学指标（Chang and Chiu，2015；Lucas-Borja et al.，2012）。

黄顶菊在入侵过程中对入侵地的养分有较强的利用能力，对盐碱和干旱等胁迫条件有较强的适应能力，通过化感作用对入侵地土著植物产生抑制作用，降低入侵地植物群落多样性。黄顶菊入侵还能够改变土壤微生物的群落结构，使入侵地土壤的细菌群落多样性降低，改变入侵地土壤中放线菌和真菌的含量，且随时间的变化而变化，生长前期表现为减少，生长盛期达到峰值后下降，衰老期数量最低（王月等，2016）。以往对黄顶菊入侵地植物群落和土壤微生物群落的研究

只关注同一地点，单一的地上部分或地下部分的研究，对于不同纬度入侵地植物群落和土壤微生物群落的综合影响鲜有报道。外来植物入侵能够改变自然群落生态系统基本生物学特征（Zhang et al.，2015），降低入侵地植物群落的丰富度和多样性，改变入侵地的土壤养分（王月等，2016），外来植物的入侵过程与土壤微生物群落和植物群落的反馈变化密切相关，这一过程可以提高入侵生物在新生态系统中成功定植的可能性，研究土壤微生物群落特征与植物群落和土壤理化因子的相关性是揭示黄顶菊入侵机制的重要途径。因此，通过野外调查试验，通过分析 4 个不同纬度黄顶菊入侵地（Invaded）和非入侵地（Native）的供试土壤（其中静海、沧州、衡水入侵年限 15 年以上，安阳入侵年限 5 年），植物群落多样性、土壤微生物群落结构、土壤理化性质等的变化，以期探求黄顶菊对不同入侵地植物群落和土壤生态系统的影响规律及相关性。黄顶菊入侵改变了入侵地的植物群落特征，减少了入侵地植物群落的多样性指数；改变了入侵地土壤的理化性质；改变了土壤微生物的群落结构特征，但存在地区差异。

1. 不同地区植物群落多样性

“天敌逃逸假说”和“增强竞争力假说”认为入侵植物在新的生境中由于缺少原有生境的竞争对象（病原菌、取食对象），在新的生境中可以不受控制的增长，竞争入侵地光资源和土壤养分，促使入侵植物形成单一优势群落，从而减少入侵地的植物群落多样性。Congyan Wang 在研究加拿大一枝黄花（*Solidago canadensis* L.）的入侵影响中表明（Wang et al.，2018），加拿大一枝黄花对入侵地的植物群落的影响随入侵程度的变化而不同，对中度和重度入侵地的植物群落多样性影响较大，对轻度入侵地植物群落多样性的影响不大；李会娜（2009）等研究表明，黄顶菊分别与马唐和小藜混合种植时，混合种植马唐的生物量是马唐单独种植的 61%，抑制了马唐的生长，且显著抑制了小藜的生长。黄顶菊入侵显著减少了 JH、CZ、HS 三个地区的 Simpson 多样性指数、Shannon-Wiener 多样性指数、Pielou 均匀度指数和 Margalef 丰富度指数（$P<0.05$），HS 地区四个多样性指数的减少程度最大，对 AY 地区的影响没有显著差异（$P>0.05$）。黄顶菊由于在入侵地缺少原生境竞争对象，对资源的利用能力较强，有利于自身的生长发育，从而增强自身对入侵地土著植物的竞争力，黄顶菊出苗期较早，且植株高大，对入侵地土著植株产生荫蔽作用，使土著植物所获得的光资源减少，从而减少入侵地植物群落的多样性；HS 地区入侵地植物群落多样性指数较非入侵地较少程度最大，可能是由于 HS 地区硝态氮含量较高，有利于黄顶菊的生长，因此黄顶菊物种优势度较高，对土著植物的竞争力较强所致；AY 地区由于入侵年限较短，对入侵地植物群落的影响不明显，也可能是安阳地区纬度较低，土著植物可获取的光资源较 JH、CZ、HS 地区更为丰富，物种丰富度较高，对黄顶菊入侵的抵御能力较强所致（表 2. 26）。

表 2. 26　黄顶菊入侵对不同地区土壤微生物群落多样性的影响（平均值±标准误）

地区	样地类型	辛普森多样性指数	香农—维纳多样性指数	均匀度指数	丰富度指数
静海	本地	0. 710±0. 003a	1. 343±0. 019a	0. 834±0. 012a	1. 256±0. 023a
	入侵地	0. 660±0. 021a	1. 390±0. 008a	0. 864±0. 005a	1. 155±0. 031b
沧州	本地	0. 712±0. 028a	1. 353±0. 038a	0. 841±0. 023a	1. 381±0. 023a
	入侵地	0. 673±0. 014a	1. 402±0. 029a	0. 871±0. 018a	1. 279±0. 012b
衡水	本地	0. 648±0. 010a	1. 280±0. 011a	0. 795±0. 007a	1. 253±0. 031a
	入侵地	0. 655±0. 012a	1. 379±0. 017b	0. 857±0. 011b	1. 132±0. 005b
安阳	本地	0. 896±0. 013a	1. 315±0. 024a	0. 817±0. 0145a	1. 210±0. 028a
	入侵地	0. 920±0. 003a	1. 359±0. 006a	0. 844±0. 004a	1. 081±0. 029b

注：同一地区同一列中，不同字母表示差异显著（P<0. 05）。

2. 不同入侵地土壤理化性质

土壤养分是维持植物生长的重要条件，不同植物对养分的利用也不尽相同，入侵植物通过对土壤养分的选择性或化感作用等方式对土壤理化特性产生影响，而这种影响又有利于入侵植物的生长，从而增加入侵植物在入侵地的优势度，有利于入侵植物的进一步入侵，但 Dassonville 等（2011）和 Santoro 等（2011）的研究表明，同种植物对不同地域入侵后，对入侵地营养成分的改变不尽相同。黄顶菊入侵显著增加了 4 个地区的铵态氮和有机质含量（P<0. 05），JH、CZ、AY 3 个地区的硝态氮含量显著高于非入侵地（P<0. 05），而 HS 地区的硝态氮含量显著低于非入侵地（P<0. 05）（表 2. 27），有研究表明（柯展鸿等，2013），入

侵植物通过增加入侵地速效氮、有机质的含量增加入侵植物的相对竞争力，黄顶菊入侵后通过提高铵态氮、硝态氮和有机质的含量，促进自身形成单一优势群落，增加自身的竞争力；而 HS 地区的硝态氮含量减少可能是由于本地土壤硝态氮含量较高，黄顶菊对硝态氮的吸收增强，从而导致硝态氮含量减少。JH、CZ 地区的全氮含量显著增加、pH 值显著降低（$P<0.05$），而 HS、AY 两地区的全氮含量和 pH 值的变化规律与前两个地区相反，全氮含量显著减少、pH 值显著升高（$P<0.05$），说明黄顶菊对土壤养分的利用与土壤本底养分有关（静海和沧州地区的全氮含量较低，pH 值较高），对入侵地养分的利用有均一化的特点（赵晓红等，2015），且有一定的地域特异性。

表 2.27　黄顶菊入侵对不同地区土壤理化性质的影响（平均值±标准误）

地区	土壤类型	铵态氮（mg/kg）	硝态氮（mg/kg）	有机质（g/kg）	全磷（g/kg）	全氮（g/kg）	pH 值
静海	本地	4.10±0.11a	1.02±0.36a	13.24±0.53a	1.00±0.06a	0.70±0.05a	8.63±0.04a
	入侵地	5.07±0.29b	2.47±0.19b	17.13±1.00b	0.82±0.03b	1.15±0.07b	8.38±0.06b
沧州	本地	2.20±0.10a	7.89±0.82a	11.52±0.94a	1.08±0.04a	0.68±0.03a	8.47±0.03a
	入侵地	3.25±0.29b	17.84±2.02b	16.54±1.02b	0.84±0.01b	0.89±0.04b	7.94±0.01b
衡水	本地	2.58±0.10a	33.06±3.63a	11.36±1.52a	1.07±0.03a	1.46±0.07a	7.89±0.03a
	入侵地	3.05±0.17a	12.36±3.34b	15.39±0.44b	0.82±0.04b	0.89±0.12b	8.00±0.04a
安阳	本地	2.29±0.11a	1.24±0.11a	10.03±1.21a	1.59±0.02a	0.89±0.05a	7.83±0.08a
	入侵地	2.93±0.20b	2.52±0.12b	14.83±0.39b	0.73±0.03b	0.64±0.03b	8.53±0.06b

注：同一地区同一列中，不同字母表示差异显著（$P<0.05$）。

3. 不同地区土壤微生物群落结构特征

土壤微生物在植物生长发育过程中有重要的作用，外来植物在入侵过程中会改变原有生境的土壤微生物群落结构和多样性，打破入侵地的土壤生态平衡，影响入侵地植物群落的生长和群落更替，使外来植物实现进一步的入侵（Wolfe and Klironomos，2005；Reinhart and Callaway，2006）。郑洁等（2017）在研究互花米草（*Spartina alterniflora*）的入侵过程中发现，互花米草改变了入侵地的土壤微生物群落特征，显著提高了土壤中革兰氏阳性细菌、真菌的含量，降低了革兰氏阴性细菌、放线菌的含量，降低了土壤微生物群落多样性指数，从而有利于互花米草的生长，进而实现进一步入侵。李会娜等（2009）的研究表明，黄顶菊入侵区域在黄顶菊生长盛期增加了真菌和放线菌的含量，细菌的含量在整个生育期内处于绝对优势地位。黄顶菊显著增加了 JH、CZ、HS、AY 地区的真菌 PLFA 的含量、总 PLFA 的含量、真菌/细菌、革兰氏阴性菌/革兰氏阳性菌（$P<0.05$）（图 2.6），此部分结果和李会娜等的研究结果一致；显著降低了 4 个地区土壤微生物群落的 Margalef 丰富度指数（$P<0.05$）。有研究表明土壤中氮含量的增加可以增加土壤中真菌的数量，因此本研究中四个地区土壤真菌 PLFA 含量的增加可能是由于黄顶菊增加了入侵地土壤氮含量所致，从而导致总 PLFA 含量和真菌/细菌的增加；革兰氏阴性菌/革兰氏阳性菌表征土壤的营养状况，其值越高表征土壤中受到营养胁迫越小，本研究中黄顶菊入侵显著增加了革兰氏阴性菌/革兰氏阳性菌，说明黄顶菊入侵地受到的营养胁迫较小，通过土壤理化性质的变化可知，黄顶菊增加了入侵地的铵态氮含量，而这铵态氮是土壤营养的主要组成部分，因此增加了入侵地的营养成分，从而较少了入侵地的营养胁迫。利用 PLFA 法表征土壤微生物群落多样性指数，Margalef 丰富度指数随总 PLFA 的升高而降低，黄顶菊入侵地土壤微生物群落 Margalef 丰富度指数的减少主要是由于土壤总 PLFA 的升高所致。

4. 土壤理化、土壤微生物群落、植物群落的相关性分析

土壤理化性质与植物群落和土壤微生物群落结构有重要的关系，土壤理化的性质的改变会影响植物的生长状况和土壤微生物群落的结构组成，由冗余分析可知，排序轴 1 明显区分了黄顶菊入侵地和非入侵地的植物群落多样性指数、土壤理化性质、土壤微生物群落结构，说明黄顶菊对入侵地的植物群落多样性指数、土壤理化性质、土壤微生物群落结构产生了较大的影响，对土壤理化性质和植物群落多样性指数进行冗余分析可知（图 2.7A），硝态氮、全氮的含量对植物群落的影响较大；对土壤理化和土壤 PLFAs 进行冗余分析可知（图 2.7B）铵态氮的含量对土壤微生物群落结构的影响较大，而硝态氮、铵态氮、全氮是土壤营养成分的重要组成部分，说明黄顶菊入侵主要改变入侵地土壤的氮营养水平，从而对入侵地的植物群落和土壤微生物群落产生进一步影响；由植物群落多样性与土壤微生物群落多样性的相关性分析可知（表 2.28），植物群落的 Simpson 多样性指

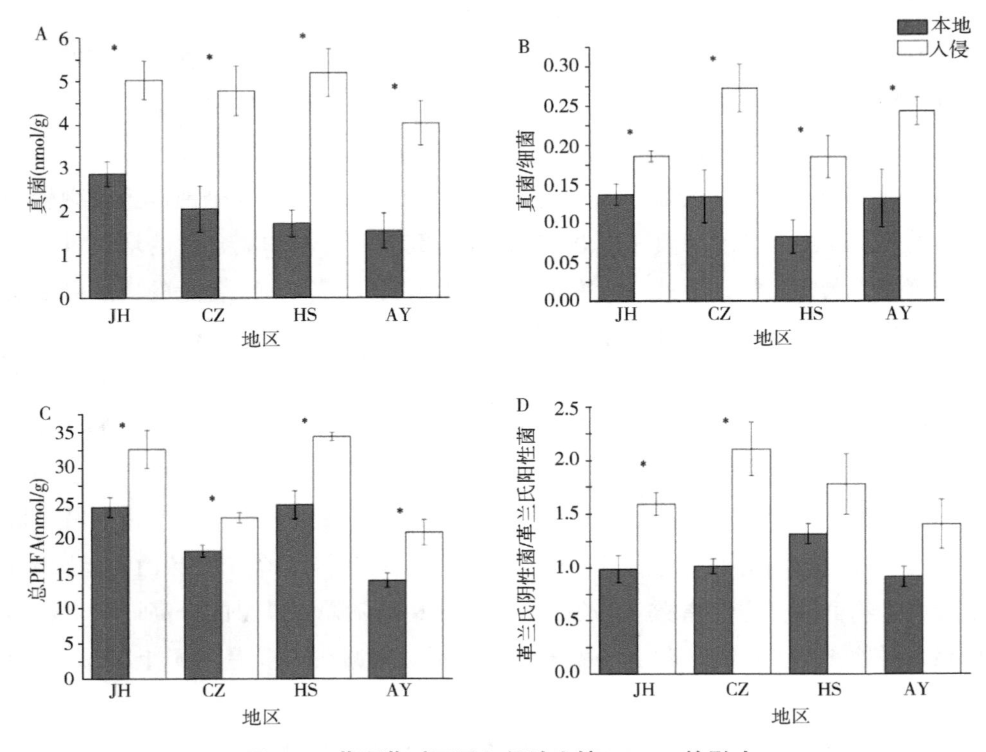

图 2.6　黄顶菊对不同入侵地土壤 PLFAs 的影响

（其中标＊为不同处理达到显著性差异，$P<0.05$）

数、Shannon-Wiener 多样性指数、Pielou 均匀度指数与土壤微生物群落的 Simpson 多样性指数、Shannon-Wiener 多样性指数、Pielou 均匀度指数有显著的负相关关系（$P<0.05$），说明硝态氮、铵态氮、全氮含量的变化，改变了土壤真菌含量和某些细菌含量（革兰氏阴性菌、革兰氏阳性菌等）的变化，影响土壤微生物群落结构和多样性的变化，从而有利于黄顶菊在入侵地的生长，进而影响入侵地植物群落多样性的变化。

黄顶菊显著改变了 4 个入侵地的土壤理化性质，从而改变土壤微生物群落结构和多样性，有利于黄顶菊的生长，促使其形成优势群落，影响入侵地土著植物区的生长，进而影响入侵地植物群落多样性的变化，但对不同地区的影响存在地区差异，丰富了黄顶菊对入侵地土壤生态系统的影响机制，为理解入侵种对群落结构和土壤生态系统的影响提供理论依据。土壤微生物分析方法为 PLFA 法，不能分析土壤微生物的种群和数量，需要采用更为先进的土壤微生物分析方法，如高通量测序、同位素示踪技术等，且本研究为一年的研究，不同年份的环境变化可能对研究结果产生影响，因此要深入研究黄顶菊的入侵机制，还需要做长期的监测研究。

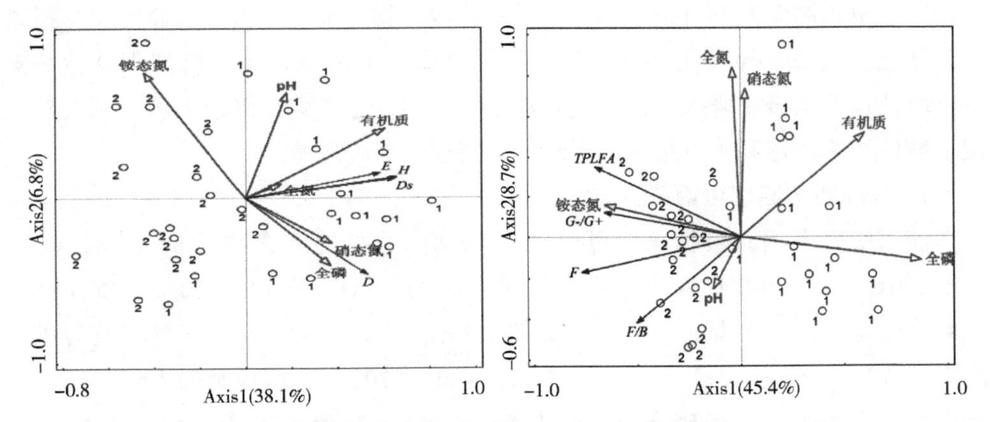

图 2.7 土壤理化与植物群落多样性指数和土壤微生物群落的相关关系

表 2.28 土壤微生物群落多样性与植物群落多样性相关性分析

植物群落多样性	土壤微生物群落多样性			
	辛普森多样性指数	香农—维纳多样性指数	均匀度指数	丰富度指数
辛普森多样性指数	-0.412*	-0.435*	-0.435*	0.024
香农-维纳多样性指数	-0.403*	-0.442*	-0.442*	0.041
均匀度指数	-0.384*	-0.425*	-0.425*	0
丰富度指数	-0.319	-0.325	-0.325	0.268

二、黄顶菊对入侵地群落动态及植物生长生理特征的影响

植物入侵可以改变自然群落生态系统基本生物学特征（Evans et al.，2001），降低入侵地植物群落的丰富度和多样性。黄顶菊对土壤生态系统影响研究表明，

黄顶菊改变了土壤的养分循环（Hawkes et al.，2005），黄顶菊的入侵增加了土壤有机质和全氮的含量，降低了 pH 值和硝态氮的含量（Huangfu et al.，2016），其影响机制主要是改变了微生物群落结构、功能和相关酶活性等（张天瑞等，2010）。黄顶菊入侵土壤氨氧化细菌多样性下降，氨氧化古菌、固氮菌、磷细菌和钾细菌多样性及丰富度升高（李科利等，2017）。尽管如此，目前对黄顶菊研究多侧重其对入侵地土壤生态系统的影响，对其入侵对本土植物群落结构的影响和种间竞争机制研究鲜有报道，尤其是对入侵植物与本土群落动态监测研究报道更为缺乏。通常野外观测和采样研究结果受微环境影响较大，模拟野外生长条件，对黄顶菊入侵和未入侵群落开展整个生育期动态监测，以期探求黄顶菊对入侵地整体植物群落和土著植物的生理生长特征的影响规律。

1. 入侵地土壤理化因子

前人研究表明，植物入侵可以通过对氮素养分的选择性吸收（Huangfu et al.，2016）或凋落物输入和根系分泌物等（Dassonville et al.，2011）方式改变土壤理化特性，而入侵地土壤养分改变又能创造对入侵种有利的条件来实现进一步入侵（Hargreaves et al.，2014；Huang et al.，2014）。黄顶菊的入侵，增加了有机质和全氮含量，而硝态氮、铵态氮、全磷、pH 值呈下降趋势（表 2.29），这和赵晓红等的研究结果一致，与张天瑞等（2011）的研究结果有所不同，可能由于土壤采集时间为植物的生长盛期，养分利用能力更强，因此铵态氮的含量表现下降，而土壤 pH 值下降主要是由于黄顶菊对铵态氮素选择性吸收引起的（Huangfu et al.，2016）。

表 2.29 黄顶菊入侵对土壤理化因子的影响（平均值±标准误）

土壤类型	硝态氮（mg/kg）	铵态氮（mg/kg）	有机质（g/kg）	全磷（g/kg）	全氮（g/kg）	pH 值
本地	8.28±0.23a	5.14±0.22a	18.16±0.43a	0.91±0.02a	0.70±0.02a	8.52±0.03a
入侵地	7.15±0.09b	4.35±0.14b	24.42±0.67b	0.81±0.01b	1.50±0.03b	8.39±0.01b

注：同一列中，相同字母表示差异不显著（$P>0.05$），不同字母表示差异显著（$P<0.05$）。

2. 本地植物群落多样性

“增强竞争力进化假说”认为：外来物种被引入后由于缺少天敌的控制作用

与竞争作用，更多地把资源用于自身的生长发育，增强自身竞争力。例如：互花米草（*Spartina alterniflora*）由于在入侵地竞争力显著高于土著物种，这种不对称竞争导致了土著植物种群分布面积的减少和种群数量明显降低（陈中义等，2004）。在黄顶菊整个生育期内群落 Patrick 丰富度指数、Simpson 多样性指数、Shannon-Wiener 多样性指数和 Pielou 均匀度指数在非入侵土壤高于入侵土壤，说明黄顶菊的入侵降低了入侵地植物群落的多样性；但随时间的推进这种差异逐渐减小，后期（2017 年 7 月 20 日之后）入侵土壤植物群落 Patrick 丰富度指数和 Pielou 均匀度与本地土壤植物群落已无显著差异，马克平等（1995）认为 Simpson 指数对于群落均匀度的敏感性高于 Shannon-Wiener 指数，而 Shannon-Wiener 指数对于不同物种丰富度的敏感性高于 Simpson 指数。本文结果显示：试验前期，Shannon-Wiener 多样性指数高于 Simpson 多样性指数，且差异大于 Simpson 多样性指数，表 2.30 显示 Patrick 丰富度指数随时间变化不显著，而其他 3 个多样性指数随时间变化显著，且 4 种本地植物的丰富度随时间变化显著，不同物种丰富度的变化最终会导致植物群落均匀度的变化，因此可以说明黄顶菊的入侵主要植物群落的均匀度。试验后期 Pielou 均匀度指数已无显著差异，显示入侵土壤植物群落表现恢复趋势。

入侵种对本地物种抑制作用通常认为与其较高郁闭度导致的对本地植物生长遮蔽效应有关（Reynolds and Cooper，2010），黄顶菊由于出苗时间普遍早于其他物种，与其他物种的竞争作用小，可以将更多的资源用到自身的生长发育，当其他物种出苗时，黄顶菊植株已经形成覆盖，这可以从黄顶菊在群落中较高的覆盖度得到证实。加之其株高普遍高于多数共生本地种，能够促使其获得竞争优势的同时形成对后者光资源阻断，抑制后者生长。其次，化感作用可能也是导致入侵群落多样性降低的重要因素。已有研究表明黄顶菊能够通过凋落物分解（Huangfu et al.，2011）和根系分泌次生代谢物质（皇甫超河等，2010；张瑞海等，2016）抑制共生本地植物生长。生长后期入侵群落多样性指数恢复可能是由于耐弱光照环境和对黄顶菊化感作用表现耐受物种增加所致（Hejda and Pyšek.，2006）。因此，可以推测黄顶菊入侵将改变群落物种组成，而对其入侵效应表现耐受的物种得以共存，但需要长期跟踪监测研究证实。此外，凋落物输入也被认为是影响黄顶菊入侵地土著物种生长的重要因素（Li et al.，2017；Li et al.，2016），本研究为一个生长季未考虑凋落物添加影响，因此可能低估了黄顶菊入侵对本地植物群落影响。

表 2.30　黄顶菊入侵对植物群落影响的重复性测量方差分析

变量	因素	df	均方	F	*P*
Patrick 丰富度指数	时间	4	0.117	0.091	0.984
	样地类型	1	36.3	9.388	<0.01
	时间×样地类型	4	2.55	1.987	0.145
Simpson 多样性指数	时间	1.131	0.155	8.663	<0.01
	样地类型	1	1.177	305.495	<0.001
	时间×样地类型	1.131	0.163	9.126	<0.01
Shannon—Wiener 多样性指数	时间	4	0.138	9.532	<0.001
	样地类型	1	4.667	215.236	<0.001
	时间×样地类型	4	0.164	11.298	<0.001
Pielou 均匀度指数	时间	1.555	0.091	6.917	<0.01
	样地类型	1	0.754	85.807	<0.01
	时间×样地类型	1.555	0.082	6.219	<0.01

3. 本地物种生长指标

株高、生物量、株数、重要值是植物生长的重要生长指标，表征植物的生长状况。入侵植物与本地植物竞争光照等资源，抑制本地植物的生长，影响本地植物的株高、覆盖度、生物量，但对于本地植物优势种的株数没有显著影响，有研究结果表明，凤仙菊（*Impatiens parviflora*）的入侵减少了入侵地土著植物的株高和覆盖度，对丰富度的影响不大（Hejda et al.，2009）。4 种植物在本地土壤生长的株数、生物量显著高于入侵土壤（$P<0.05$），随生育期的推进差异逐渐变大，但不同物种之间表现差异。株高是影响植物获取光资源的主要因素，株高越高，植物获得光资源越丰富，可以合成更多利于自身生长的物质，因此可以积累更多的生物量。结果显示入侵地 4 种植物的株高显著低于非入侵地，且差异逐渐增大，说明土著植物与黄顶菊的竞争过程中由于光资源的获得减少，因此在入侵地所积累的生物量显著低于非入侵地（$P<0.05$）。有研究表明黄顶菊分泌的化感

物质可以抑制其伴生物种种子的萌发，因此在入侵地鬼针草和灰绿藜的丰富度显著小于非入侵地，可能是由于化感作用对本地植物种子萌发的影响，但其内部影响机制还需要进一步研究。黄顶菊对本地植物生长指标的影响，可能导致植物群落中喜光物种逐渐消失，耐弱光物种逐渐增多，因此改变了植物群落的物种组成，使群落多样性指标随时间的变化差异逐渐减小（图 2.8）。重要值是由相对高度、相对丰度、相对盖度计算的表征植物优势度的综合指标，狗尾草、羽叶鬼针草、灰绿藜在入侵土壤的重要值显著小于本地土壤（$P<0.05$），地肤的重要值在两种土壤中没有显著差异（$P>0.05$）。因此，入侵植物对本地植物的主要影响为对光资源的竞争，支持增强竞争力假说。

4. 本地植物生理指标

植物的光合作用影响了植物在生长过程中的竞争能力（张教林和曹坤芳，2002），净光合速率则是植物光合机构功能效率和初级生产力高低的指标（冯玉龙等，2002）。入侵植物与本地土著植物相比具有较高的资源利用能力，加之黄顶菊在群落中有较高的覆盖度，能够促使其获得竞争优势的同时形成对本地种光资源阻断，形成遮蔽效应，抑制本地物种生长（Huangfu et al.，2015）。本研究结果表明（图 2.9）4 种植物的净光合速率、气孔导度、蒸腾速率在本地土壤生长显著高于入侵土壤。可以说明 4 种本地物种在入侵地由于有黄顶菊的遮蔽作用，所获得的光资源受到抑制，因此光合作用受到抑制，因此气孔导度、蒸腾速率在入侵土壤生长显著低于本地土壤，导致植物的净光合速率显著低于非入侵土壤（$P<0.05$）。在入侵地 4 种植物的光合作用受到显著抑制，所合成的碳水化合物显著低于非入侵土壤，因此 4 种本地植物在入侵地所积累的生物量显著低于非入侵土壤。

SLA 是重要的叶片功能性状之一，叶片较薄的植物一般具有较高叶片 SLA，在合成纤维素、半纤维素、果胶等自身结构性碳水化合物时可以投入较少碳，叶片建成成本较低（De et al.，1974）。植物根的形态特征如比根长（SRL）、比根面积（SRA）能够反映土壤营养的变化（Hertel et al.，2010），表征植物与其他植物的竞争能力，因此可作为植物生长状况的参考指标。最优分配理论认为，植物在受到土壤内胁迫时，会增加根系资源的分配，在有限的空间和资源水平下获

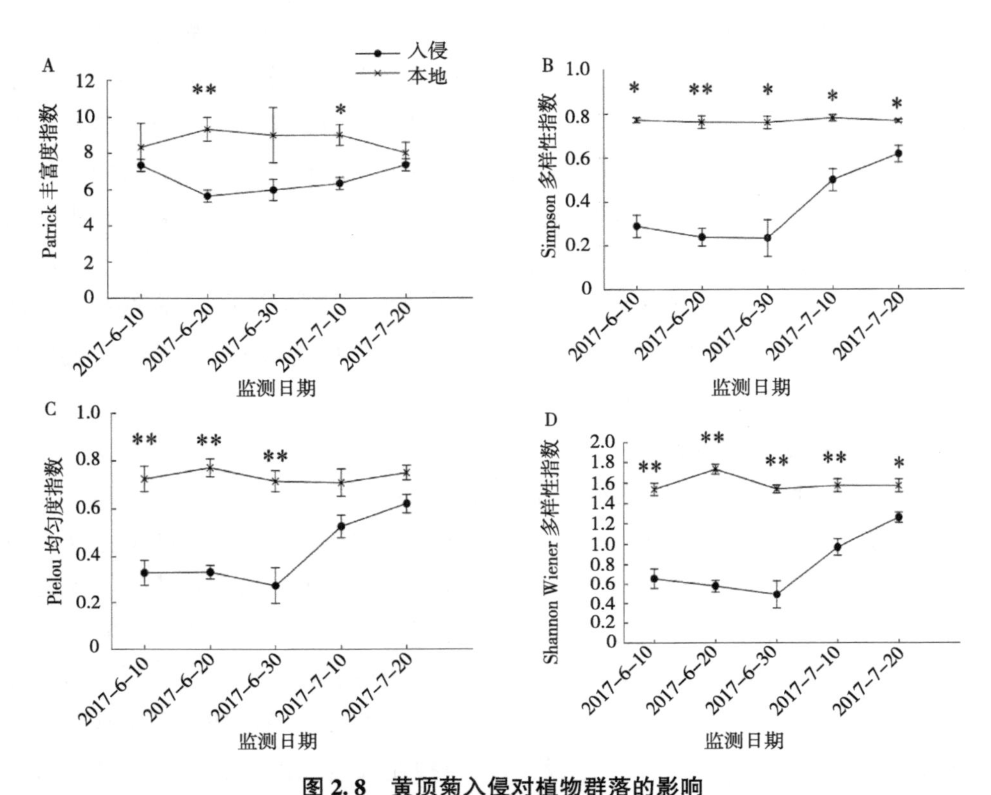

图 2.8　黄顶菊入侵对植物群落的影响

（注：数值为平均值±标准误，其中标 * 为不同处理达到显著性差异，$P<0.05$，

标 ** 为不同处理达到极显著性差异，$P<0.01$）

得了更多的土壤养分和水分，应对这种胁迫。周雨露等认为本地植物为了应对入侵胁迫，利用自身特性即根部形态和叶部形态增加了资源利用效率，缓解抑制作用（周雨露等，2016），表明入侵土壤的 SLA 显著高于本地土壤（$P<0.05$）（图 2.10），由于黄顶菊的入侵胁迫，本地植物在入侵地可获得的光资源减少，影响本地植物进行光合作用，而高 SLA 会极显著增强植物净光合速率（陈新微等，2016），因此本地植物为了减缓这种胁迫，进而将叶部形态向高 SLA 转化，提高光能利用效率，进而合成更多的有机物质用于自身的生长发育减缓黄顶菊的入侵胁迫。狗尾草、羽叶鬼针草、灰绿藜、地肤的 SRL 和 SRA 在入侵土壤高于本地土壤（图 2.10），显然是由于其为应对黄顶菊入侵这种胁迫因素，增加了根系资

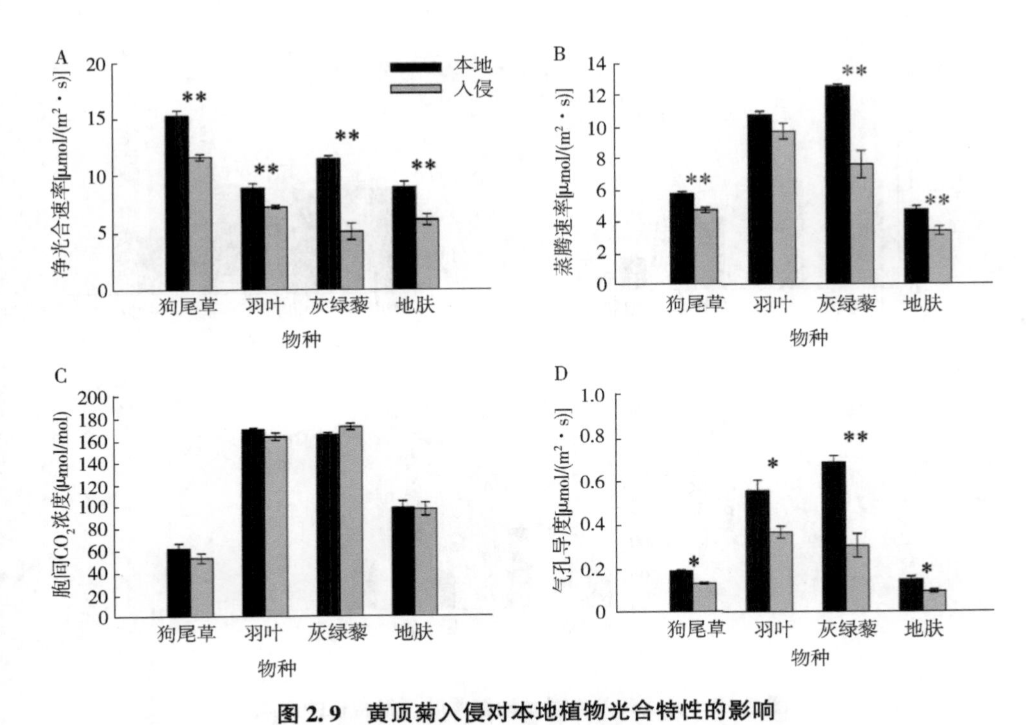

图 2.9　黄顶菊入侵对本地植物光合特性的影响

（注：数值为平均值±标准误，其中标 * 为不同处理达到显著性差异，P<0.05，

标 ** 为不同处理达到极显著性差异，P<0.01）

源的分配，使本地植物在这种胁迫作用下利用有限的空间和资源最大限度地吸收更多的养分和水分，维持自身的生长发育，缓解抑制作用。

从植物生理和生长方面研究了黄顶菊入侵对本地植物生长的影响，4 种本地物种在入侵地由于有黄顶菊的遮蔽作用，所获得的光资源受到抑制，气孔导度、蒸腾速率在入侵土壤生长显著低于本地土壤，导致植物的净光合速率显著低于非入侵土壤（P<0.05），在入侵地 4 种植物的光合作用受到显著抑制，所合成的碳水化合物显著低于非入侵土壤，因此 4 种本地植物在入侵地所积累的生物量显著低于非入侵土壤，减少了本地植株的株数、株高、生物量，最终影响本地植物群落的丰富度和生物多样性。但黄顶菊入侵对本地植物的影响存在物种差异。本研究丰富了黄顶菊入侵对土著植物的影响机制，为理解入侵种对群落结构影响和实

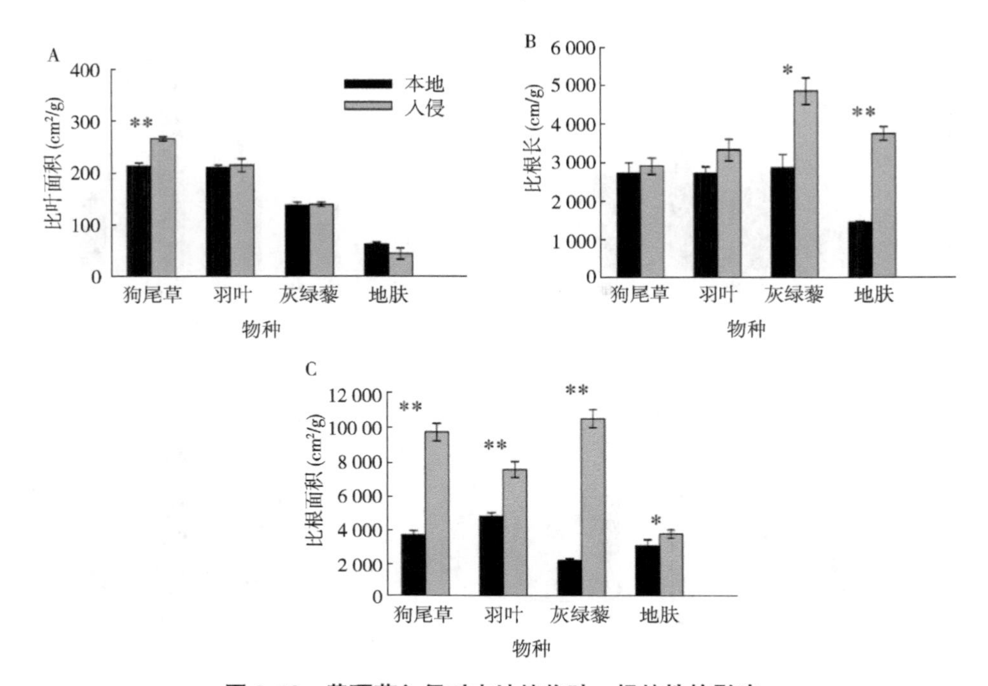

图 2.10　黄顶菊入侵对本地植物叶、根特性的影响

（注：数值为平均值±标准误。其中标 * 为不同处理达到显著性差异，$P<0.05$，标 ** 为不同处理达到极显著性差异，$P<0.01$）

现入侵生境恢复提供理论依据。同质园试验与野外试验的条件不完全相同，因此要深入研究黄顶菊的入侵机制，还需要做长期的野外监测研究。

三、黄顶菊对入侵地土壤线虫的影响

土壤线虫在土壤生态系统中是重要的组成部分，土壤线虫在土壤中由于其庞大的丰富度、丰富的物种数量、较强的适应能力、丰富的营养类群对土壤生态系统的健康运行和土壤生物量的贡献有着重要作用（Laakso and setala，1999；Neher and Campbell，1996）。土壤线虫对于栖息地环境的变化十分敏感，栖息地土壤微环境和食物资源的扰动会导致土壤线虫多样性的变化（Freckman and ettema，1993）。因此将土壤线虫作为地球生态系统中环境扰动的生物学指标（Baxter et al.，2013；Ito et al.，2015）。

外来植物入侵能够改变自然群落生态系统基本生物学特征，如改变植物群落组成，改变入侵地土壤理化性质，土壤微生物群落等（Zhang et al.，2015），地上植物群落的改变会影响土壤生态系统的变化，栖息地土壤微环境和食物资源的扰动会导致土壤线虫多样性的变化（Freckman and Ettema，1993）。各种研究表明，当土壤生态系统受到扰动时，线虫丰度往往会显著下降（Zhao and Neher，2013），研究土壤线虫群落特征与土壤微生物群落的相关性能够丰富黄顶菊入侵机制。外来入侵植物通常会改变入侵地植物群落的物种组成，而植物物种的组成又会影响土壤线虫的群落结构，然而鲜有研究关于植物入侵对入侵地线虫群落结构的影响，而黄顶菊生长后期是黄顶菊重要的结实期，且黄顶菊种子小而多，易扩散，因此连续两年监测黄顶菊对入侵地土壤微生物和土壤线虫群落特征的影响能够揭示黄顶菊生长后期对入侵地土壤生态系统的影响规律，有助于揭示外来物种的入侵机制。

土壤养分是维持植物生长的重要条件，不同植物对养分的利用也不尽相同，有研究表明（Huangfu et al.，2016；Yang et al.，2009），入侵植物通过对土壤养分的选择性或化感作用等方式对土壤理化特性产生影响，而这种影响又有利于入侵植物的生长，从而增加入侵植物在入侵地的优势度，有利于入侵植物的进一步入侵。入侵地土壤中有机质含量和全氮含量显著高于非入侵地即本地土壤；而入侵地土壤中硝态氮、铵态氮、全磷、pH 值显著低于非入侵土壤（表 2.31）；且入侵土壤的含水量低于非入侵土壤。这和赵晓红等（赵晓红等，2014）的研究结果一致，可能是由于黄顶菊处于结实期，对养分的需求量较大，因此导致土壤养分的减少，而土壤 pH 值下降主要是由于黄顶菊对铵态氮素选择性吸收引起的（Huangfu et al.，2016）。

表 2.31　黄顶菊对入侵地土壤理化性质的影响（均值±标准误）

年份	土壤类型	含水量（%）	铵态氮（mg/kg）	硝态氮（mg/kg）	有机质（g/kg）	全磷（g/kg）	全氮（g/kg）	pH 值
2017	本地	24.33±0.88a	2.16±0.10a	8.36±0.39a	18.4±0.43a	0.86±0.02a	0.90±0.02a	8.69±0.04a
	入侵地	21.67±0.33b	1.62±0.12b	5.06±0.2b	21.8±0.23b	0.78±0.02b	1.10±0.02b	8.46±0.04b

（续表）

年份	土壤类型	含水量（%）	铵态氮（mg/kg）	硝态氮（mg/kg）	有机质（g/kg）	全磷（g/kg）	全氮（g/kg）	pH 值
2018	本地	10. 33±0. 67a	1. 89±0. 16a	12. 07±1. 37a	15. 31±0. 65a	0. 97±0. 03a	0. 85±0. 03a	8. 44±0. 02a
	入侵地	10. 00±0. 58a	1. 29±0. 03b	6. 68±1. 1b	18. 97±0. 71b	0. 83±0. 03b	1. 18±0. 06b	8. 34±0. 01b

注：同一年同一列中，相同字母表示差异不显著（$P>0.05$），不同字母表示差异显著（$P<0.05$）。

土壤微生物在植物生长发育过程中有重要的作用，外来植物在入侵过程中会改变原有生境的土壤微生物群落结构和多样性，打破入侵地的土壤生态平衡，影响入侵地植物群落的生长和群落更替，使外来植物实现进一步的入侵（Wolfe and Klironomos，2005；Reinhart and Callaway，2006）。黄顶菊对入侵地土壤微生物群落特征产生了显著的影响（图 2. 11），但是在不同年份黄顶菊对入侵地的影响程度不同。入侵地土壤的细菌含量、总 PLFA 含量、真菌含量、真菌/细菌均显著高于非入侵土壤（$P<0.05$），且细菌的数量处于绝对优势地位，入侵土壤中放线菌含量、革兰氏阳性菌/革兰氏阴性菌在两年内均高于与非入侵土壤，但 2018 年差异没有达到显著水平（$P>0.05$）。李会娜（2009）等的研究表明，黄顶菊入侵区域增加了真菌和放线菌的含量，细菌的含量在整个生育期内处于绝对优势地位，此结果与本研究结果一致。革兰氏阳性菌/革兰氏阴性菌表征土壤的营养状况，其值越高表征土壤中受到营养胁迫越大，本研究中黄顶菊入侵显著增加了革兰氏阳性菌/革兰氏阴性菌，说明黄顶菊入侵地受到的营养胁迫较大，通过土壤理化性质的变化硝态氮、铵态氮、全磷等的含量降低。

本研究发现黄顶菊入侵地土壤线虫数量显著减少，群落结构发生改变，并且线虫属数表现增加，黄顶菊对入侵地土壤线虫营养类群的组成发生了变化，2017、2018 年内入侵地土壤中食真菌线虫数量显著增加（$P<0.05$），而入侵地土壤中植物寄生性线虫显著低于非入侵土壤（$P<0.05$）（图 2. 12）；对比入侵地和非入侵地土壤线虫的 c-p 类群变化（图 2. 13），可以看出：c-p3 线虫类群明显减少，而 c-p4 和 c-p5 线虫类群明显增加，同时群落的稳定性显著提高（图 2. 12 和图 2. 13）。地上植物群落和土壤环境因子的改变都会影响土壤线虫群落组成，土壤线虫群落的变化与地上植物具有极大的相关性，黄顶菊显著改变了入侵地地上植物群落和土壤微生物群落特征（李会娜，2009），因此通过地下根系生

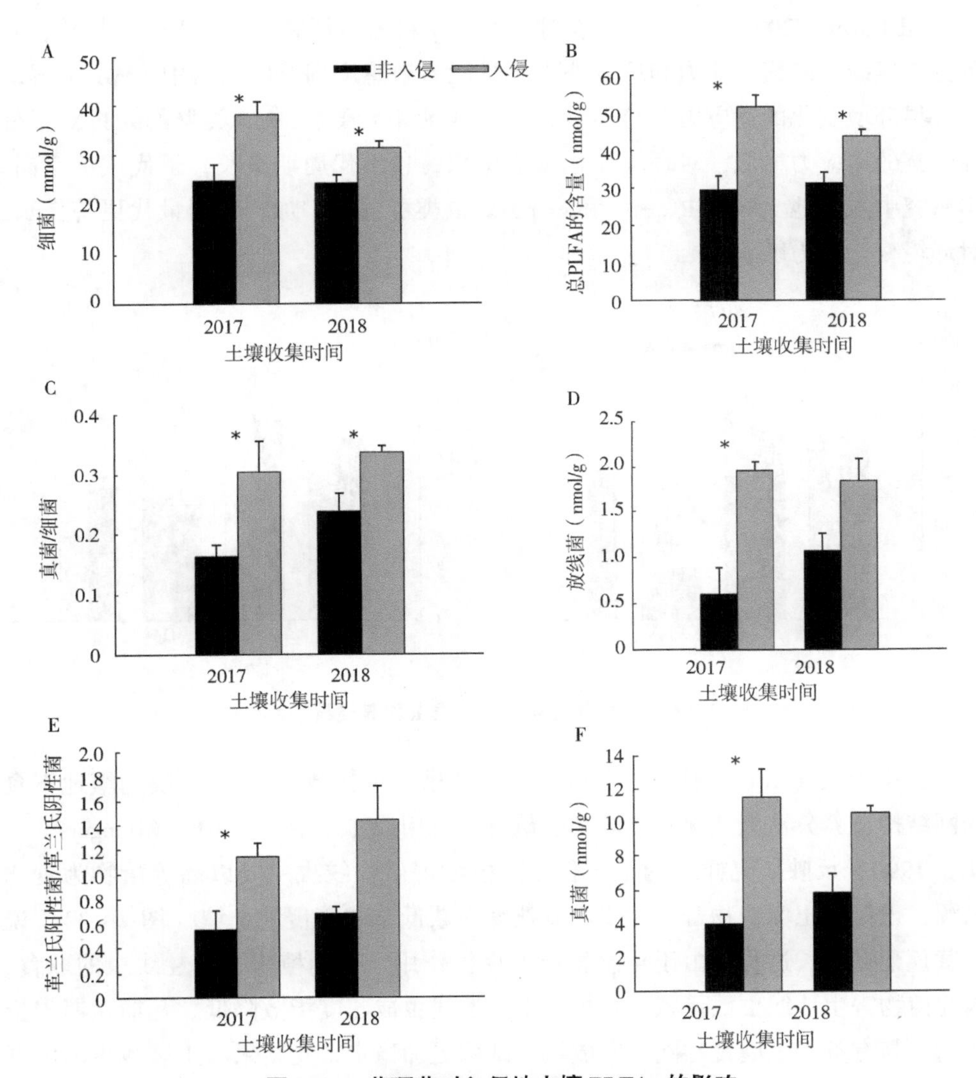

图 2.11 黄顶菊对入侵地土壤 PLFAs 的影响

（注：其中标 * 为不同处理达到显著性差异，$P<0.05$）

物量和分泌物改变土壤环境，作为初级消费者的植物寄生线虫和食微线虫数量发生相应改变，而捕食/杂食线虫作为次级消费者也随之改变。土壤中各种营养成分的改变会对土壤食物网的复杂程度以及土壤线虫群落结构造成显著影响（Neher and Darby，2009）。c-p 值是描述土壤线虫群落特征和生活史策略的指数，是依据土壤线虫的繁殖能力和反应外界干扰能力敏感度划分的，其中 c-p1 类群对于外界环境变化的适应力和抗压性最强，成活率较低，c-p5 类群的线虫对于外界干扰的适应力最低，对环境变化反应敏感，且世代周期最长，子代成活率高。本研究中入侵地土壤线虫 c-p4 和 c-p5 线虫类群明显增加，说明世代更替变长，对环境变化更为敏感。

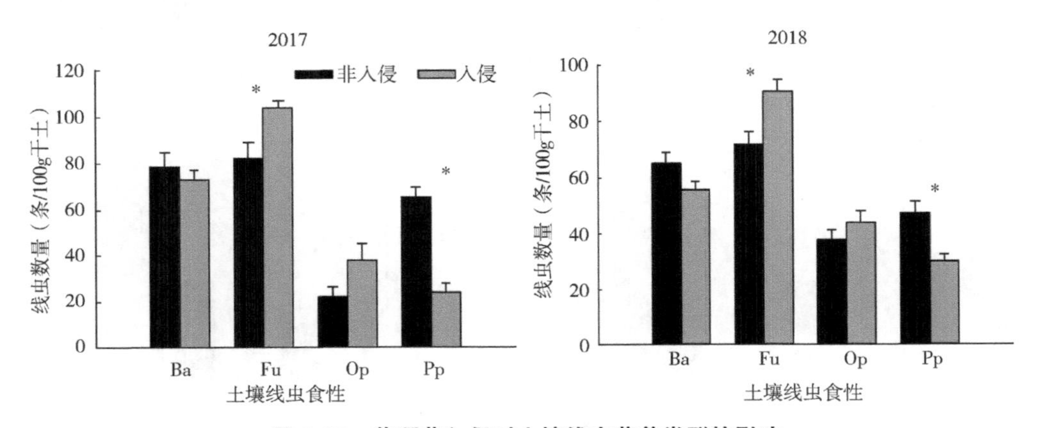

图 2.12　黄顶菊入侵对土壤线虫营养类群的影响

富集指数（EI）、通路指数（CI）、瓦斯乐斯卡指数（WI）反映土壤地下食物网结构、养分富集状况及分解途径信息。采用成熟度指数（MI）（Bongers T et al.，1990）反映研究样地受干扰程度。植物寄生性线虫主要以高等植物为食物来源，入侵地土壤植物寄生性线虫成熟度指数低于非入侵地土壤（图 2.13），说明黄顶菊在生长过程中由于化感物质的保护作用，抑制植物寄生性线虫的取食，因此植物寄生性线虫数量减少且植物寄生性线虫成熟度指数降低。瓦斯乐斯卡指数的升高有益于土壤食物网趋向成熟，结构更加稳定，此结果与土壤线虫的区系图中入侵地土壤线虫食物网更加成熟相一致。

黄顶菊入侵改变了入侵地的土壤微生物群落结构，增加了入侵地土壤的细菌含量、总 PLFA 含量、真菌含量、真菌/细菌、放线菌含量、革兰氏阳性菌/革兰氏阴性菌等，氮不同年份的影响程度不同；改变了入侵地土壤微生物群落结构特征，降低了入侵地土壤线虫丰度，改变了土壤线虫的物种组成，改变了土壤线虫

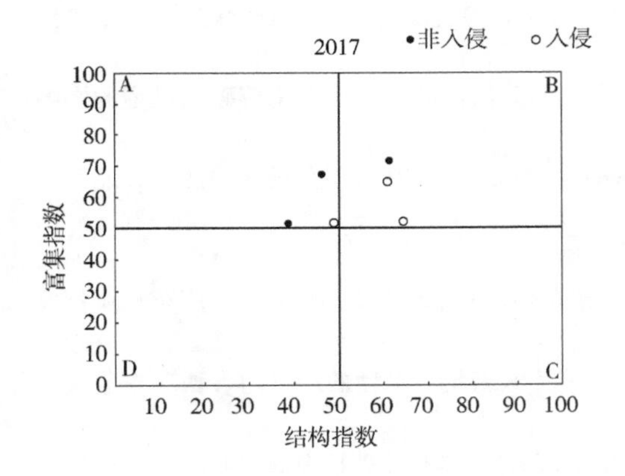

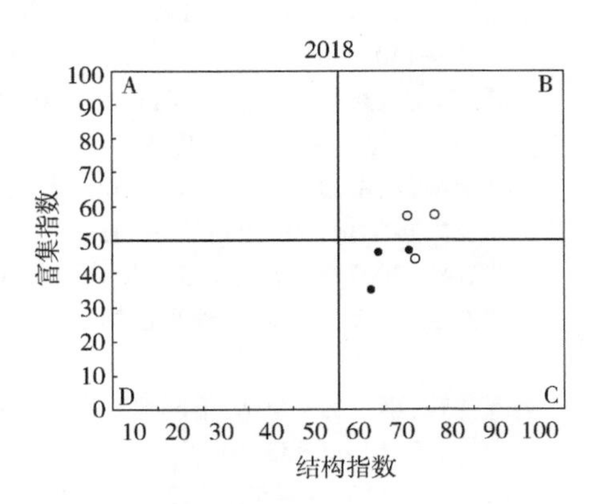

图 2.13　黄顶菊对入侵地土壤线虫区系的影响

的营养类群和世代变化，使入侵地土壤线虫食物网趋于成熟，从而更加有利于黄顶菊在入侵地的生长。丰富了黄顶菊的入侵机制，为理解入侵种对土壤生态系统的影响和实现入侵生境恢复提供了理论依据。

参考文献

曹莉，秦舒浩，张俊莲，等，2013. 轮作豆科牧草对连作马铃薯田土壤微生物菌群及酶活性的影响[J]. 草业学报，22(3)：139-145.

陈华，2011. 外来植物与土壤微生物的关系研究[D]. 济南：山东大学.

陈新微，魏子上，刘红梅，等，2016. 云南菊科入侵物种与本地共生物种光合特性比较[J]. 环境科学研究，29(4)：538-546.

陈中义，李博，陈家宽，2004. 米草属植物入侵的生态后果及管理对策[J]. 生物多样性，12(2)：280-289.

戴莲，李会娜，蒋智林，等，2012. 外来植物紫茎泽兰入侵对根际土壤有益功能细菌群、酶活性和肥力的影响[J]. 生态环境学报，21(2)：237-242.

樊翠芹，王贵启，李秉华，等，2008. 黄顶菊生育特性研究[J]. 杂草科学(3)：37-39.

冯海艳，冯固，王敬国，等，2003. 植物磷营养状况对丛枝菌根真菌生长及代谢活性的调控[J]. 菌物系统，22(4)：589-598.

冯玉龙，曹坤芳，冯志立，等，2002. 四种热带雨林树种幼苗比叶重，光合特性和暗呼吸对生长光环境的适应[J]. 生态学报，22(6)：901-910.

傅丽君，赵士熙，王海等，2005. 四种农药对土壤微生物呼吸及 CAT 酶活性的影响[J]. 福建农林大学学报：自然科学版，34(4)：441.

盖京苹,蒋家慧,刘培利,1998. AM 菌资源及生态学研究进展[J]. 莱阳农学院学报,15(2):135-140.
高志亮,过燕琴,邹建文,2011. 外来植物水花生和苏门白酒草入侵对土壤碳氮过程的影响[J]. 农业环境科学学报,30(4):797-805.
耿玉清,白翠霞,赵广亮,等,2008. 土壤磷酸酶活性及其与有机磷组分的相关性[J]. 北京林业大学学报,30(S2):139-143.
关春彦,2007. 中微量元素与作物[J]. 土壤肥料(8):28-29.
贺握权,黄忠良,2004. 外来植物种对鼎湖山自然保护区的入侵及其影响[J]. 广东林业科技(3):42-45.
贺学礼,李生秀,1999. 不同 VA 菌根真菌对玉米生长及抗干旱性的影响[J]. 西北农业大学报,27(6):49-53.
胡飞,孔垂华,陈雄辉,等,2003. 不同水肥和光照条件对水稻化感特性的影响[J]. 应用生态学报,14(12):2265-2268
皇甫超河,王楠楠,陈冬青,等,2010. 增施氮肥对黄顶菊与高丹草苗期竞争的影响[J]. 生态环境学报,19(3):672-678.
黄京华,骆世明,曾任森,2003. 丛枝菌根菌诱导植物抗病的内在机制[J]. 应用生态学报,14(5):819-822.
黄乔乔,许慧,范志伟,等,2013. 火炬树入侵黑松幼林过程中对土壤化学性质的影响[J]. 生态环境学报,22(7):1119-1123.
黄台明,薛进军,方中斌,2007. 铁肥及其不同施用方法对缺铁失绿芒果叶片铁素含量的影响[J]. 热带农业科技,30(2):17-18.
冀永生,高辉,顾泳洁等, 2008. 不同生境条件下苦槠丛枝菌根对根际土壤磷酸酶活性的影响[J]. 生态环境,17(4):1586-1589
蒋智林,刘万学,万方浩,等,2009. 马缨丹入侵对草坪土壤养分特征的影响[J]. 云南农业大学学报,24(2):159-163.
蒋智林,刘万学,万方浩,等,2008. 紫茎泽兰与本地植物群落根际土壤酶活性和土壤肥力的差异[J]. 农业环境科学学报,27(2):660-664.
金樑,2004. 外来入侵种加拿大一枝黄花的菌根生态学研究[D]. 上海:复旦大学.
柯展鸿,邱佩霞,胡东雄,等,2013. 三裂叶蟛蜞菊入侵对土壤酶活性和理化性质的影响[J]. 生态环境学报,22(3):432-436.
孔维栋,刘可星,廖宗文,等,2005. 不同腐熟程度有机物料对土壤微生物群落功能多样性的影响[J]. 生态学报,25(9):2291-2296.
李博,徐炳声,陈家宽,2001. 从上海外来杂草区系剖析植物入侵的一般特征[J]. 生物多样性,9(4):446-457.
李国庆,2009. 入侵植物加拿大一枝黄花对根际土壤微生物群落多样性的影响研究[D]. 福州:福建农林大学.
李会娜,2009. 三种入侵菊科植物(紫茎泽兰、豚草、黄顶菊)与土壤微生物的互作关系

[D]. 沈阳:沈阳农业大学.
李科利,赵晓红,刘红梅,等,2017. 黄顶菊入侵对土壤氨氧化古菌群落多样性的影响[J]. 土壤,49(5):1053-1057
李伟华,张崇邦,林洁筠,等,2008a. 外来入侵植物的氮代谢及其土壤氮特征[J]. 热带亚热带植物学报,16(4):321-327.
李伟华,韩瑞宏,高桂娟,2008b. 薇甘菊入侵对土壤微生物生物量和土壤呼吸的影响[J]. 华南师范大学学报,3(3):95-102.
李香菊,王贵启,张朝贤,等,2006. 外来植物黄顶菊的分布、特征特性及化学防除[J]. 杂草科学 (4):58-61.
李香兰,刘玉民,1991. 黄土高原不同林型与土壤有效态微量元素关系的研究[J]. 土壤通报,22(5):231-234.
李肖肖,2011. 内蒙古锡林郭勒草原土壤中氨氧化微生物对氨和 pH 的响应[D]. 南昌:江西农业大学.
李晓林,姚青,2000. VA 菌根与植物的矿质营养[J]. 自然科学进展,10(6):524-531.
刘润进,陈应龙,2007. 菌根学[M]. 北京:科学出版社.
刘润进,李晓林,2000. 丛枝菌根及其应用[M]. 北京:科学出版社.
刘小文,周益林,齐成媚,等,2012. 入侵植物薇甘菊对土壤养分和酶活性的影响[J]. 生态环境学报,21(12):1960-1965.
鲁海燕,2010. 秦岭西部油松和日本落叶松人工林土壤微生物多样性及其生态功能的变化特征[D]. 兰州:兰州大学.
陆建忠,裘伟,陈家宽,等,2005. 入侵种加拿大一枝黄花对土壤特性的影响[J]. 生物多样性,13(4):347-356.
鹿金颖,毛永民,申连英,2003. VA 菌根真菌对酸枣实生苗抗旱性的影响[J]. 园艺学报,30(1):29-33.
马扶林,宋理明,王建民,2009. 土壤微量元素的研究概述[J]. 青海科技 (3):32-36
马克平,黄健辉,于顺利,等,1995. 北京东灵山地区植物群落多样性的研究:Ⅱ丰富度、均匀度和物种多样性指数[J]. 生态学报,15(3):268-277.
苏友波,林春,张福锁,等,2003. 不同 AM 菌根菌分泌的磷酸酶对根际土壤有机磷的影响[J]. 土壤,35(4):334-338
唐明,陈辉,商鸿生,1999. 丛枝菌根真菌(AMF)对沙棘抗旱性的影响[J]. 林业科学,35(3):48-52.
王进闯,潘开文,李富华,2004. 分子水平和土壤系统化感作用研究现状与展望[J]. 生态学杂志,23(6):125-130.
王文杰,张衷华,祖元刚,等,2009. 薇甘菊非同化器官光合特征及其生态学意义[J]. 生态学报,29(1):28-36.
王月,张玉曼,李乔,等,2016. 黄顶菊入侵域不同土层土壤微生物群落结构的比较[J]. 河北农业大学学报,39(1):35-42.

吴强盛,邹英宁,夏仁学,2007. 水分胁迫下丛枝菌根真菌对红橘叶片活性氧代谢的影响[J]. 应用生态学报,18(4):825-830.
席琳乔,王静芳,马金萍,等,2007. 棉花根际解磷菌的解磷能力和分泌有机酸的初步测定[J]. 微生物学杂志,27(5):70-74.
肖辉林,彭少麟,郑煜基,等,2006. 植物化感物质及化感潜力与土壤养分的相互影响[J]. 应用生态学报,17(9):1747-1750.
邢礼军,王幼珊,张美庆,1998. VA 真菌与解磷细菌双接种促进植物对磷素吸收作用[J]. 北京农业科学,16(3):33-34.
薛萐,刘国彬,戴全厚,等,2008. 黄土丘陵区人工灌木林恢复过程中的土壤微生物生物量演变[J]. 应用生态学报,19(3):517-523.
阎秀峰,王琴,2002. 接种外生菌根对辽东栎幼苗生长的影响[J]. 植物生态学报,26(6):701-707.
杨玲,王国华,任立成,等,2002. 苋科植物的丛枝菌根[J]. 云南植物研究,24(1):37-40.
杨永华,姚健,华晓梅,2000. 农药污染对土壤微生物群落功能多样性的影响[J]. 微生物学杂志,20(2):23-25,47.
杨之为,1999. 植物生态病理学[M]. 杨陵:西北农林科技大学.
曾波,钟章成,1997. 四川大头茶黄酮类化合物的聚酰胺薄膜层析分析[J]. 植物生态学报,21(1):90-96.
曾任森,骆世明,石本标,2003. 营养和环境条件对日本曲霉化感作用的影响[J]. 华南农业大学学报:自然科学版,24(1):42-46.
曾咏梅,毛昆明,李永梅,2005. 土壤中镉污染的危害及其防治对策[J]. 云南农业大学学报,20(3):360-365.
张贵启,王晓娟,金樑,等,2009. AM 真菌与植物种内竞争的互作效应[J]. 草业科学,26(7):115-121.
张桂花,文少白,李光义,等,2010. 不同生育期的胜红蓟对土壤理化性状的影响[J]. 热带作物学报,31(7):1206-1211.
张继澍,2005. 植物生理学[M]. 北京:世界图书出版社.
张教林,曹坤芳,2002. 光照对两种热带雨林树种幼苗光合能力、热耗散和抗氧化系统的影响[J]. 植物生态学报,26(6):639-646.
张瑞海,宋振,付卫东,等,2016. 紫云英苷在黄顶菊适生土壤中的迁移及降解[J]. 生态环境学报,25(10):1644-1652.
张天瑞,皇甫超河,杨殿林,白小明,2011. 外来植物黄顶菊的入侵机制及生态调控技术研究进展[J]. 草业学报,20(3):268-278.
张天瑞,皇甫超河,白小明,等,2010. 黄顶菊入侵对土壤养分和酶活性的影响[J]. 生态学杂志,29(7):1353-1358.
张永娥,王瑞良,靳绍菊,2005. 土壤微量元素含量及其影响因素的研究[J]. 土壤肥料(5):35-37

赵金莉,贺学礼,2007. AM 真菌对油蒿生长和抗旱性的影响[J]. 华北农学报,22(5):184-188.

赵晓红,皇甫超河,曲波,等,2014. 黄顶菊(*Flaveria bidentis*)入侵对土壤微生物功能多样性的影响[J]. 农业资源与环境学报,31(2):182-189.

赵晓红,杨殿林,王慧,等,2015. 黄顶菊入侵对不同地区土壤氮循环及微生物量的影响[J]. 草业学报,24(2):62-69.

郑洁,刘金福,吴则焰,等,2017. 闽江河口红树林土壤微生物群落对互花米草入侵的响应[J]. 生态学报,37(21):7293-7303.

周雨露,李凌云,高俊琴,等,2016. 种间竞争对入侵植物和本地植物生长的影响[J]. 生态学杂志,35(6):1504-1510.

周志红,骆世明,牟子平,1997. 番茄(*Ly copersicon*)的化感作用研究[J]. 应用生态学报,8(4):445-449.

朱慧,马瑞君,吴双桃,等,2012. 杂草五爪金龙对其入侵地土壤酶活性与微生物群落的影响[J]. 韩山师范学院学报,33(3):34-39.

邹雨坤,张静妮,陈秀蓉,等,2012. 三种利用方式对羊草草原土壤氨氧化细菌群落结构的影响[J]. 生态学报,32(10):3118-3127.

Arnold F, 1982. Fertilization and quality of vegetable food[J]. Fertilizers and Fertilization: 277-408.

Bais H P, Park S W, Weir T L, et al. ,2004. How plants communicate using the underground information superhighway[J]. Trends in Plant Science,9(1):26-32.

Baxter C, Rowan J S, McKenzie B M, et al. ,2013. Understandingsoil erosion impacts intemperate agroecosystems bridging the gap betweengeomorphology and soil ecology using nematodes as a model organism[J]. Biogeosciences (10):7133-7145.

Bongers T, Bongers M, 1998. Functional diversity of nematodes[J]. Applied Soil Ecology, 10(3): 239-251.

Cai X M, 2000. Ecosystem Ecology[M]. Beijing: Science Press.

Carey E V, Marler M J, Callaway R M, 2004. Mycorrhizal transfercarbon from a native grass to an invasive weed: Evidencefrom stable isotopes and physiology[J]. Plant Ecology (172): 133-141.

Chang E H, Chiu C Y, 2015. Changes in soil microbial community structure and activity in a cedar plantation invaded by moso bamboo[J]. Applied Soil Ecology (91): 1-7.

Cooper K M, 1984. Physiology of VA mycorhizal associations[M]. Florida: CRC Press: 155-156.

Dassonville N, Guillaumaud N, Piola F, et al. , 2011. Niche construction by the invasive Asian knotweeds(species complex *Fallopia*): impact on activity, abundance and community structure of denitrifiers and nitrifiers[J]. Biological Invasions, 13(5): 1115-1133.

De Vries F W T P, Brunsting A H M, Van Laar H H, 1974. Products, requirements and efficiency of biosynthesis a quantitative approach[J]. Journal of Theoretical Biology, 45(2): 339-377.

Di H J, Cameron K C, Shen J P, et al. , 2009. Alysimeter study of nitrate leaching from grazed grassland as affected by anitrification inhibitor, dicyandiamide, and relationships with ammonia oxidizing bacteria and archaea[J]. Soil Useand Management (25):454-461.

Duda J J, Freeman D C, Emlen J M, et al. , 2003. Differences in native soil ecology associated with invasion of the exotic annual chenopod, *Halogeton glomeratus*[J]. Biology and Fertility of Soils, 38(2):72-77.

Evans R D, Rimer R, Sperty L, et al. , 2001. Exotic plant invasion alters nitrogen dynamics in an arid grassland[J]. Ecological Applications, 11(5):1301-1310.

Fortin J A, Bcard G, Declerck S, et al. , 2002. Arbuscular mycorrhiza on root organ cultures [J]. Canadian Journal of Botany (80):1-20.

Freckman D W, Ettema C H, 1993. Assessing nematode communitiesin agroecosystems of varying human intervention[J]. Agriculture, Ecosystemsand Environment(45):239-261.

Grubb P J, 1994. Root competition in soils of different fertility: a paradox resolved? [J]. Phytocoenologia, 24(1-4):495-505.

Hargreaves S K, Hofmockel K S, 2014. Physiological shifts in the microbial community drive changes in enzyme activity in a perennial agroecosystem[J]. Biogeochemistry, 117(1):67-79.

Hatzenpichler R, Lebedeva E V, Spieck E, et al. , 2008. A moderately thermophilic ammonia oxidizing crenarchaeote from a hot spring[J]. Proceedings of the National Academy of Sciences, 105 (6):2134-2139.

Hawkes C V, Wren I F, Herman D J, et al. , 2005. Plant invasion alters nitrogen cycling by modifying the soil nitrifying community[J]. Ecology Letters, 8(9):976-985.

Hejda M, Pyšek P, Jarošík V, 2009. Impact of invasive plants on the species richness, diversity and composition of invaded communities[J]. Ecology, 97(3):393-403.

Hejda M, Pyšek P, 2006. What is the impact of *Impatiens glandulifera* on species diversity of invaded riparian vegetation? [J]. Biological Conservation, 132(2):143-152.

Hertel D, Leuschner C, Hölscher D, 2010. Size and structure of fine root systems in old growth and secondary tropical montane forests(Costa Rica)[J]. Biotropica, 35(2):143-153.

Hodge A, 2003. Plant nitrogen capture from organic matter as affected by spatial dispersion, interspecific competition and mycorrhizal colonization[J]. New Phytologsit (157):303-314.

Huang X M, Liu S R, Wang H, et al. , 2014. Changes of soil microbial biomass carbon and community composition through mixing nitrogen-fixing species with *Eucalyptus urophylla* in subtropical China[J]. Soil Biology and Biochemistry (73):42-48.

Huangfu C H, Li H Y, Yang D L, et al. , 2015. The effects of exotic weed *Flaveria bidentis* with different invasion stages on soil bacterial community structures[J]. African Journal of Biotechnology, 14(35):2636-2643.

Huangfu C H, Zhang T R, Chen D Q, et al. , 2011. Residual effects of invasive weed Yellowtop (*Flaveria bidentis*) on forage plants for ecological restoration[J]. Allelopathy Journal, 27(1):

55-64

Inderjit, Duke S O, 2003. Ecophysiological aspects of allelopathy[J]. Planta, 217(4): 529-539

Isserant, Gianinazzi Pearson V, Gianinazzi S, 1993. *In planta* histochemical staining of fungal alkaline phosphatase activity for analysis of efficient arbuscular mycorrhizal infection[J]. Mycological. Research, (97): 245-250.

Ito T, Araki M, Higashi T, et al., 2015. Responses of soil nematode community structure to soil carbon changes due to different tillage and cover crop management practices over a nine-year period in Kanto, Japan[J]. Applied Soil Ecology, 89(2015): 50-58.

James J J, 2008. Leaf nitrogen productivity as a mechanism driving the success of invasive annual grasses under low and high nitrogen supply[J]. Journal of Arid Environments, 72(10): 1775-1784.

Jeffries P, Gianinazzi S, Sperotto S, et al., 2003. The contribution of arbuscular mycorrhizal fongii sustainable maintenance of plant health and fertility[J]. Biology and Fertility of soils (37): 1-16.

Jia Z J, Conrad R, 2009. *Bacteria* rather than *Arehaea* dominate microbial ammonia oxidationin an agricultural soil[J]. Environmental Microbiology, 11(7): 2931-2941.

Kamimura Y, Hayano K, 2000. Properties of protease extracted from teafield soil[J]. Biology and Fertility of Soils, 30(4): 351-355.

Kourtev P S, Ehrenfeld J G, Haeggblom M, 2002. Exotic plant species alter the microbial community structure and function in the soil[J]. Ecology, 83(11): 3152-3166.

Kytoviita M M, Vestberg M, Tuomi J, 2003. A test of mutual aid in common mycorrhizal networks: established vegetation negates benefit in seedlings[J]. Ecology (84): 898-906.

Laakso J, Setälä, H, 1999. Population-and ecosystem-level effects ofpredation on microbial-feeding nematodes[J]. Oecologia(120): 279-286.

Lankau R A, 2012. Coevolution between invasive and native plants driven by chemical competition [J]. Proceedings of the National Academy of Sciences, USA (109): 11240-11245.

Li K L, Li H Y, Huangfu C H, et al., 2016. Species-specific effects of leaf litter on seedling emergence and growth of the invasive *Flaveria bidentis* and its co-occurring native species: a common garden test[J]. Plant Ecology, 217(12): 1457-1465.

Li W H, Zhang C B, Jiang H B, et al., 2006. Changes in soil microbial community associated with invasion of the exotic weed, *Mikania micrantha* H. B. K[J]. Plant and Soil, 281(1): 309-324.

Lucas Borja M E, Candel D, Jindo K, et al., 2012. Soilmicrobial community structure and activity in monospecific and mixed foreststands, under Mediterranean humid conditions[J]. Plant and Soil (354): 359-370.

Lynch J P, Deikman J, 1998. Phosphorus in plant biology: regulatory roles in molecula, cellular, organismic, and ecosystem processes[C]. Maryland: American Society of Plant Physiologists Rockville, USA, 157.

Marler M J, Zabinski C A, Callaway R M, 1999b. Mycorrhizae indirectly enhance competitive effects of an invasive on a native bunchgrass[J]. Ecology (80):1180-1186.

McHugh J M, Dighton J, 2004. Influence of mycorrhizal inoculation, inundation period, salinity and phosphorusavailability on the growth of two salt marsh grasses, *Spartina alterniflora* Lois. and *Spartina cynosuroides*(L.) Rothin nursery systems[J]. Restoration Ecology (12):533-545

Neher A D, Darby J B, 2009. Nematodes as environmental indicators[M]. London: Cabi Publishing: 107-123.

Neher D A, Campbell C L, 1996. Sampling for regional monitoringof nematode communities in agricultural soils[J]. Journal of Nematology (28):196-208.

Pang P C, 1980. Effects of vesicular-arbuscular mycorrhizal on ^{14}C and ^{15}N distribution in nodulated faba beans[J]. Canadian Journal of Soil Science (60):241-245.

Pereira E, Silva M C, Poly F, et al., 2012. Fluctuations in ammonia oxidizing communities across agricultural soils are driven by soil structure and pH[J]. Frontiers in Microbiology, 77(3): 1-22.

Phillips R P, Fahey T J, 2008. The influence of soil fertility on rhizosphere effects in Northern Hardwood forest soils[J]. Soil Science Society of America, 72(2):453-461.

Qin Z, Xie J F, Quan G M, et al., 2014. Impacts of the invasive annual herb *Ambrosia artemisiifolia* L. on soil microbial carbon source utilization and enzymatic activities[J]. European Journal of Soil Biology (60):58-66.

Read D J, 1991. Mycorrhizas in ecosystems[J]. Experientia (47):311-400.

Reinhart K O, Callaway R M, 2006. Soil biota and invasive plants[J]. New Phytologist, 170(3): 445-457.

Reynolds L V, Cooper D J, 2010. Environmental tolerance of an invasive riparian tree and its potential for continued spread in the southwestern US[J]. Journal of Vegetation Science, 21(4): 733-743.

Saggar S, McIntosh P, Hedley C, et al., 1999. Changes in soil microbial biomass, metabolic quotient and organic matter turnover under Hieracium(*H. pilosella* L.)[J]. Biology and Fertility of Soils, 30(3):232-238.

Santoro, R Jucker, T Carranza, et al., 2011. Assessing the effects of Carpobrotus invasion on coastal dune soils[J]. Community Ecology, 12(2):234-240.

Shen J P, Zhang L M, Zhu Y G, et al., 2008. Abundance and composition of ammonia-oxidizing bacteria and ammonia-oxidizing archaea communities of an alkaline sandy loam[J]. Environmental Microbiology, 10(6):1601-1611.

Shi W Q, 2010. The effects of arbuscular mycorrhizal fungi on Stipa grandis community in Inner Mongolia grassland[J]. Ecology and Environmental Sciences, 19(2):344-349.

Taylor J P, Wilson B, Mills M S, et al., 2002. Comparison of microbial numbers and enzymatic activities in surface and subsoils using various techniques[J]. Soil Biology and Biochemistry, 34

(3):387-401.

Thorpe A S, Thelen G C, Diaconu A, et al., 2009. Root exudate is allelopathic in invaded community but not in native community: field evidence for the novel weapons hypothesis[J]. Journal of Ecology, 97(4):641-645.

Vogelsang K M, Reynolds H L, Bever J D, 2006. Mycorrhizal fungal identity and richness determine the diversity and prodtuctivity of a tallgrass prairie system[J]. New Phytologist, 172(3):554-562.

Wang G M, Stribley D P, Tinker P B, et al., 1993. Effects of pH on arbuscular mycorrhiza I. Field observations on the long-term liming experiments at Rothamsted and Woburn[J]. New Phytologist, 124(3):465-472.

Wang C Y, Jiang K, Liu J, et al., 2018. Moderate and heavy *Solidago canadensis* L. invasion are associated with decreased taxonomic diversity but increased functional diversity of plant communities in East China[J]. Ecological Engineering, 112:55-64.

Weijers J W H, Schouten S, Spaargaren O C, et al., 2006. Occurrence and distribution of tetraether membrane lipids in soils: Implications for the use of the Tex86 proxy and the BIT index [J]. Organic Geochemistry, 37(12):1680-1693.

West J B, Bowe G J, Cerling T E, et al., 2006. Stable isotopes as one of nature's ecological recorders[J]. Trends in Ecology and Evolution, 21(7):408-414.

Westover K M, Kennedy A C, Kelley S E, 1997. Patterns of rhizosphere microbial community structure associated with co-occurring plant species[J]. Journal of Ecology, 85(6):863-873.

Wilson I G, 1997. Inhibition and facilitation of nucleic acid amplification[J]. Applied and Environmental Microbiology, 63(10):3741-3751.

Wolfe B, Klironomos J, 2005. Breaking new ground: soil communities and exotic plant invasion [J]. Bioscience, 55(6):477-487.

Zabinski C A, Quinn L, Callaway R M, 2002. Phosphorus uptake, not carbon transfer, explains arbuscular mycorrhizal enhancement of *Centaurea maculosa* in the presenceof native grassland species[J]. Functional Ecology, 16(6):758-765.

Zhang F J, Chen F X, Li Q, et al., 2015. Effects of nitrogen addition on the competition between the invasive species *Flaveria bidentis* and two native species[J]. Russian Journal of Ecology, 46(4):325-331.

Zhao J, Neher D A, 2013. Soil nematode genera that predict specific types of disturbance[J]. Applied Soil Ecology, 64:135-141.

第三章　入侵植物黄顶菊 DNA 表观遗传多样性及其生态适应性

表观遗传学作为分子生物学领域的一个分支，是研究基因与决定表型性状的基因之间关系的科学分支，指在 DNA 序列没有发生变化的情况下，基因功能表达层面发生可遗传的变化，最终导致表型发生变化的过程。DNA 甲基化是重要的表观遗传修饰方式，也是目前研究较为透彻的表观遗传修饰过程，因此通过 DNA 甲基化变异情况可以充分探究某物种的表观遗传变异情况（蔡志翔等，2016）。DNA 甲基化是甲基（CH_3）被添加到胞嘧啶核苷酸的 5′-点，产生 5′-甲基胞嘧啶的过程，这种特殊的机制可以较好地理解和研究表观遗传过程（Jaenisch and Bird，2003），在植物基因表达、基因组防御以及系统生长发育中起着重要的调节作用（Feng et al.，2012），是许多真核生物中基因表达的表观遗传控制的重要机制（Martienssen and Richards，1995）。DNA 甲基化参与植物生长发育及组织分化等重要的生命过程，且土壤性质和气候条件等环境因素会诱导甲基化发生变异来适应新生境，从而控制表型发生变化可能是其抗逆性机制之一。MSAP（Methylation sensitive amplified polymorphism），甲基化敏感扩增多态性技术是研究甲基化的一个主要方法，它的优点在于可以在 DNA 序列未知的情况下探究甲基化位点的变异情况，简单易操作便于统计分析。表观遗传学在入侵植物的研究中已有报道，但是入侵植物黄顶菊的表观遗传变异特征尚不清楚，应用表观遗传学方法探究入侵植物黄顶菊将进一步对外来植物入侵的防控提供理论基础。本章将从黄顶菊 DNA 表观遗传多样性变化特征、对生物和非生物压力胁迫生境的表观遗传响应规律角度来概述黄顶菊生态适应性获得的表观遗传机制。

第一节　黄顶菊DNA表观遗传多样性变化特征

表观遗传变异与植物环境适应性的获得密切相关，表观基因组是环境修饰的重要对象，在DNA序列稳定不变的情况下，表观基因组能随发育进程和环境动荡发生动态变化，因而基因组表观遗传变异是适应性反应和表型可塑性变异发生的重要基础，外来植物能够快速适应新入侵环境的各种非生物和生物条件变化是其实现成功入侵的前提，前人对入侵植物黄顶菊的研究多集中在化感作用及其生理生态学在生物入侵中的重要作用，然而从表观遗传学角度对其进行探究，了解其各组织器官之间的甲基化变异情况，种子萌发及不同环境下的变异将从一个新的角度为黄顶菊的防控提供理论基础。

一、黄顶菊种子萌发过程中DNA表观遗传多样性

检测DNA甲基化常用方法有亚硫酸氢盐转化法（刘洋洋和崔恒宓，2015）、MSAP技术（More et al.，2016）、亲和层析与免疫沉淀、基因芯片（田筱青等，2008）和高通量测序（Klughammer et al.，2015）。MSAP技术是在扩增片段长度多态性（amplified fragment length polymorphism，AFLP）技术（Emidio and Gianpiero，2014）的基础上建立的，该技术优点在于设计引物简单，操作方便，成本低，不需要知道被检测样品的DNA序列便可以检测出样品中大量的甲基化位点。李卫国和陈文波（2010）建立了入侵植物喜旱莲子草（*Alternanthera philoxeroides*）DNA甲基化的MSAP分析体系；池春玉等（2014）利用MSAP技术研究不同氮水平对原产地和入侵地飞机草（*Chromolaena odorata*）DNA甲基化的影响。而MSAP方法只能检测CCGG位点的胞嘧啶甲基化变化，对非CCGG位点的双链内外胞嘧啶甲基化无法检测。通常高等植物基因组DNA被甲基化修饰的碱基是胞嘧啶，且不同植物或不同组织器官的DNA甲基化也不完全一致。在植物基因组中，CTG、CAG和CCG位点也经常发生甲基化，因此在黄顶菊整个基因组中胞嘧啶的实际甲基化率可能高于本试验的结果。由于全基因组的胞嘧啶甲基化检测需要被测物种完整的序列信

息，在黄顶菊的全基因序列未知的情况下，MSAP 技术无疑是进行黄顶菊 DNA 甲基化分析的最优手段。

采集河北省邯郸市黄顶菊种子，对其进行萌发培养，用滤纸覆盖直径为 10cm 的培养皿底部，采用双层滤纸覆盖，用蒸馏水将其润湿，撒上 100 粒黄顶菊成熟种子，撒种的过程中尽可能保证种子在培养皿中分布均匀。让黄顶菊在 25℃恒温箱，光照处理：黑暗处理=12h：12h 的条件下进行发芽。定时检查黄顶菊种子的发芽情况，当种子幼根长度大于种子直径，将其认为是正常萌发的种子。种子萌发第 8d，萌发概率为 94.7%（>90%），在其萌发过程中，黄顶菊幼苗长势良好，认为该成熟种子具有较强的生活力，满足黄顶菊种子萌发试验要求。

应用 MSAP 扩增技术对黄顶菊种子萌发过程中 DNA 甲基化检测，利用 12 对引物共扩增出 998 条 MSAP 条带，平均每对引物扩增 83 条。其中 EeHM11 引物仅扩增出 71 条，EaHM8 引物扩增出 95 条，满足对相关种群分化的研究。其中多态性条带为 951 条，多态性百分比为 95.29%。EeHM11 多态百分比最高为 98.87%，该引物对表观遗传多样性贡献率最大。EaHM7 和 EbHM5 多态百分比最低仅 92.78%，相应的引物贡献率小。

MSAP 条带变化类型主要有两种，单态性：黄顶菊种子萌发全过程中 MSAP 条带保持不变，见图 3.1 中 a，b 类型条带；多态性：是指黄顶菊种子萌发过程中 MSAP 条带发生一定变化。这种条带变化又可分为两种：①在黄顶菊种子萌发前可以检测出 MSAP 条带，萌发后检测不到条带，为图 3.1 中 c 类型条带；②在种子萌发前没有，萌发后出现 MSAP 条带，为图 3.1 中的 d，e，f，g 类型条带。表 3.1 按照 5′-CCGG-3′位点有无将甲基化分为 3 类。从表 3.2 中可知 12 对引物单态性位点最低为 8，最高为 27 个，总单态性位点为 194 个；多态性位点数最低为 4 个，最高可达 25 个，多态性位点总数为 186 个，占总位点数的 49%；双链甲基化位点数为 94 个，单链甲基化位点数为 50 个，在黄顶菊种子萌发过程中胞嘧啶发生甲基化主要以双链甲基化形式，接近一半的位点发生了 DNA 甲基化和去甲基化的变化。

表 3.1　MSAP 甲基化模式类型

酶	无甲基化	双链甲基化			单链甲基化		
	CCGG GGCC	CmCGG GGmCC	mCCGG GGCCm	mCmCGG GGCmCm	mCCGG GGCC	CmCGG GGCC	m CmCGG GGCC
HpaⅡ	1	0	0	0	1	0	0
MspⅠ	1	1	0	0	0	1	0

表 3.2　黄顶菊种子萌发过程 DNA 甲基化类型统计表

引物	单态性位点数	多态性位点数	双链甲基化位点数	单链甲基化位点数	条带数
EaHM7	27	21	10	7	91
EaHM8	24	20	8	5	95
EaHM11	22	18	9	7	90
EaHM12	21	17	10	5	91
EbHM1	17	16	9	6	87
EbHM2	18	25	12	4	82
EbHM5	16	20	11	4	77
EcHM6	12	14	8	6	86
EdHM9	8	4	3	0	75
EeHM3	10	9	5	2	77
EeHM4	11	10	3	2	76
EeHM11	8	12	6	2	71
Total	194	186	94	50	998

表 3.3 中种子萌发过程中可能出现的甲基化状态变化有 10 种。A-E 类型为 DNA 去甲基化类型，F-J 类型为 DNA 甲基化类型。黄顶菊种子萌发过程中有 94 个多态性片段，其中发生去甲基化的有 73 个多态性片段，发生甲基化的有 21 个多态性片段，认为种子萌发过程中基因组 DNA 的甲基化的变化以去甲基化形式为主。A 类型条带在去甲基化类型中所占数目最多，有 26 个片段，有 35.6%的片段发生了 A 类型的去甲基化；G 类型条带在甲基化中所占数目最多，有 6 个片段，有 28.5%的片段发生了 G 类型的甲基化。种子萌发过程，其 DNA 甲基化状态变化趋势见图 3.3。DNA 的甲基化与 DNA 去甲基化现象在黄顶菊种子萌发中

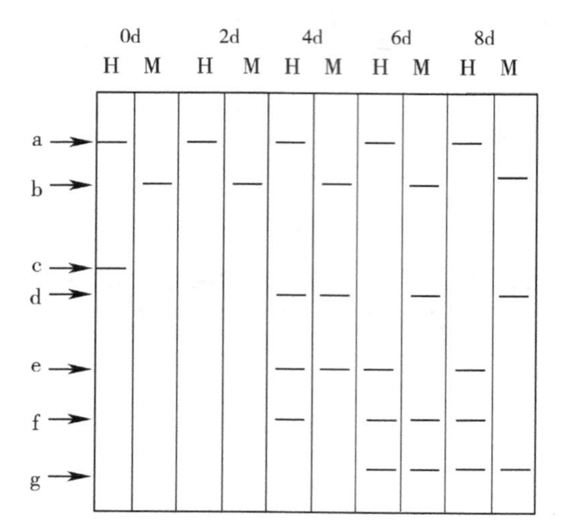

图 3.1 黄顶菊种子萌发阶段 MSAP 条带分析模拟图

均同时存在，种子萌发的前 4d，发生 DNA 甲基化与 DNA 去甲基化的数量相近，两者呈现缓慢上升的趋势，种子萌发 4d 后，发生甲基化的位点数开始下降，而发生去甲基化的位点数大幅度上升，导致黄顶菊种子萌发过程其基因组发生 DNA 去甲基化的位点数增加（图 3.2）。

表 3.3 黄顶菊种子萌发阶段甲基化状态变化

类型		未萌发		萌发		CCGG 位点变化		Number
		H	M	H	M	未萌发	萌发	
去甲基化类型	A	0	0	1	1	mCCGG mCmCGG GGCCm GGCC	CCGG GGCC	26
	B	0	0	1	0	mCCGG m CmCGG GGCCm GGCC	mCCGG GGCC	11
	C	0	0	0	1	mCCGG m CmCGG GGCCm GGCC	CmCGG CmCGG GGmCC GGCC	14
	D	1	0	1	1	mCCGG GGCC	CCGG GGCC	12
	E	0	1	1	1	CmCGG CmCGG GGmCC GGCC	CCGG GGCC	10

（续表）

类型		未萌发		萌发		CCGG 位点变化		Number
		H	M	H	M	未萌发	萌发	
甲基化类型	F	0	1	0	0	CmCGG　CmCGG GGmCC　GGCC	mCCGG　m CmCGG GGCCm　GGCC	5
	G	1	0	0	0	mCCGG GGCC	mCCGG　m CmCGG GGCCm　GGCC	6
	H	1	1	0	1	CCGG GGCC	CmCGG　CmCGG GGmCC　GGCC	3
	I	1	1	1	0	CCGG GGCC	mCCGG GGCC	4
	J	1	1	0	0	CCGG GGCC	mCCGG　m CmCGG GGCCm　GGCC	3

注：EcoR Ⅰ/Hpa Ⅱ 酶切组合；M：EcoR Ⅰ/ Msp Ⅰ 酶切组合；1：有条带；0：没有条带。

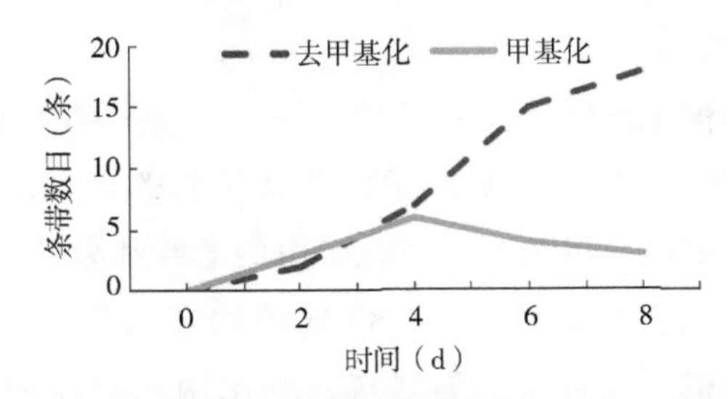

图 3.2　黄顶菊种子萌发阶段甲基化与去甲基化趋势

黄顶菊种子萌发过程中同时存在 DNA 的甲基化和去甲基化变化类型，且发生去甲基化的数目显著高于 DNA 甲基化的数目，这与油菜、水稻、辣椒种子的萌发过程是一致的（Ezio et al.，2004；陆光远等，2005；郑鑫等，2009）。DNA 甲基化的变化是一个复杂的过程，植株可能利用甲基化和去甲基化的方式调控基因的表达，在基因组某些基因的内部或附近区域发生甲基化能够抑制这些基因的表达，而当胞嘧啶发生去甲基化以后又可以重新激活这些基因的表达，进而参与植物的生长发育、器官分化等重要的生命过程。因此，推测在黄顶菊种子萌发过程中发生的大量去甲基化变化，与种子萌发过程中大量基因表达的开启相一致，而存在少量的 DNA 甲基化，是因为随着种子萌发时间的变化，一些不需要表达的基因发生失活。总之，甲基化与去甲基化两者共同调控黄顶菊种子萌发过程中基因的表达，来参与完成黄顶菊生命初期的生长发育。

二、黄顶菊不同器官和不同发育阶段 DNA 表观遗传多样性

黄顶菊是入侵我国华北地区最严重的杂草之一，为控制其蔓延发生，国内外学者对其入侵机制进行了广泛探究，但已有研究多集中在对不同环境条件下黄顶菊的种子萌发特性、形态、化感效应强弱及生理生化指标变化规律方面，很少从表观遗传学角度研究其生态适应性机理（全志星等，2017）。非生物胁迫下植物可以通过甲基化水平及模式的改变调节其基因表达，从而提高其适应性，DNA 甲基化变异很可能是调控入侵植物新生境适应能力的重要途径之一，但黄顶菊各器官组织基因组 DNA 甲基化的相关研究报道还很少。DNA 甲基化在植物体内随植物生长发育发生时空的变化，包括同一植物的不同器官和同一器官的不同发育阶段（唐晓梅等，2015）。

由天津静海团泊洼水库附近采集长势均一且生长旺盛的黄顶菊植株，移栽至网室（北纬 39°05′80″，东经 117°08′80″）花盆（规格为 28cm×18cm×24cm）中，对 3 种不同器官根、茎和叶以及不同发育阶段的老叶和嫩叶进行采集，DNA 提取后琼脂糖凝胶电泳进行检测，OD260/280 比值均在 1.7～1.9，电泳图中基因组 DNA（图 3.3）条带亮、无杂质、无降解。利用甲基化敏感扩增多态性技术对 150～800bp 片段大小进行扩增，聚丙烯酰胺凝胶电泳如图 3.4，基因组扩增条带清晰且均匀。选用 13 对引物通过 MSAP 体系对黄顶菊不同器官进行甲基化检测，共扩增出 536 条条带，平均每对引物扩增 41 条，其中 EhHM7 引物扩增获得的条带数最多，为 52 条；而 EkHM5 引物扩增的条带数最少，仅获得 31 条条带。选用 14 对引物对黄顶菊不同发育阶段组织进行甲基化检测，共扩增出 407 条 MSAP 条带，平均每对引物扩增 29 条，其中 EjHM7 引物扩增获得的条带数最多，而 EdHM7 引物获得的条带数最少，分别为 41 条和 16 条。

黄顶菊不同器官（根、茎和叶）间以及同一器官不同发育阶段（老叶和嫩叶）组织间的甲基化水平不同（图 3.5）。各甲基化变异类型中，茎组织的甲基化发生率最高。半甲基化变异类型中，半甲基化发生率在各组织器官中从高到低依次为茎>根>叶。全甲基化变异类型中，茎组织甲基化发生率为 19.37%，分别

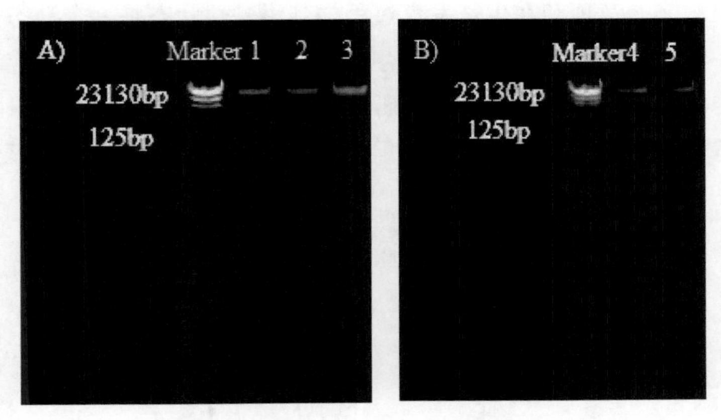

图 3.3　黄顶菊不同器官及不同发育阶段基因组 DNA 提取

（1：根；2：茎；3：叶；4：嫩叶；5：老叶）

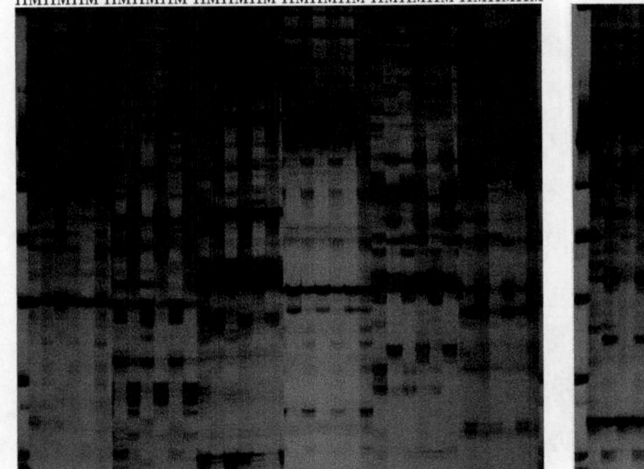

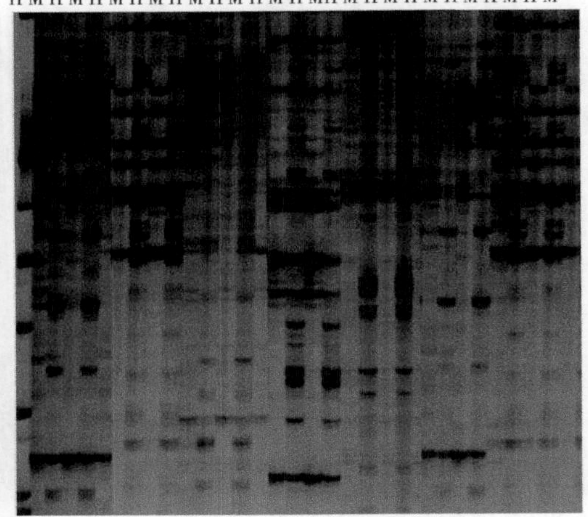

图 3.4　黄顶菊不同器官及不同发育阶段 DNA MSAP 检测结果

较根组织和叶组织高 9.11%和 11.00%；整体甲基化变异类型中，茎组织甲基化发生率为 49.66%，其次是根和叶；老叶组织的全甲基化和整体甲基化的发生率分别为 33.29%和 52.77%，分别较嫩叶组织的全甲基化和整体甲基化的发生率高

13.59%和13.96。黄顶菊在生长发育过程中其甲基化状态是一个动态过程，不同器官和同一器官不同发育阶段甲基化存在时空特异性，可能是其适应环境的不同于传统遗传学的一种内在机制。这与研究者最早对拟南芥的研究结果类似，成熟叶片的甲基化水平较嫩叶高出20%，但成熟叶片的甲基化水平又显著低于种子。

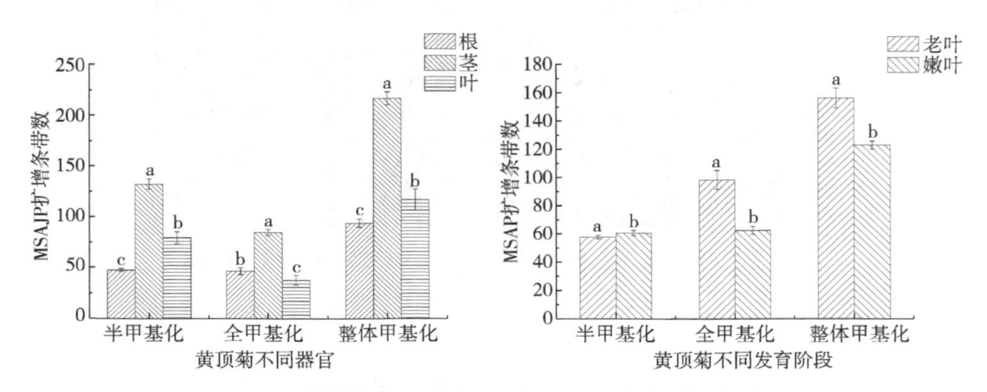

图3.5　黄顶菊不同器官和不同发育阶段的甲基化状态

不同器官的主成分分析有且只有一个特征值3.469（>1），可见半甲基化模式在甲基化水平中起主导作用。黄顶菊不同器官根、茎、叶各组织10个个体分别聚集在一起，形成了3个较为集中的区域，每个区域中个体间距离较近，其亲缘关系和甲基化变异类型都相近（图3.6）。根、茎和叶各个区域之间分布存在一定距离，也表明不同器官间的甲基化模式有差异。黄顶菊相同器官个体间相互比较，叶片分布较根、茎器官的个体分布更为密集，意味着根、茎器官间的个体差异大于黄顶菊叶片个体间差异。黄顶菊叶片不同发育阶段主成分分析只有一个特征值3.279（>1），嫩叶和老叶聚集区域显著，但两者分布距离较远，且各自聚集程度并不紧密，说明存在明显的个体间差异，这种个体间差异不可忽视。因此在进行DNA甲基化相关研究时，为得出缜密且可靠的实验结果，必须制定科学的采样方案，将植物不同器官以及相同器官不同发育阶段之间的甲基化特异性考虑在内。施雯（2012）对喜旱莲子草和刺花莲子草的叶和茎两种器官DNA甲基化的研究中同样发现两种莲子草的DNA甲基化具有器官特异性，且两种莲子草的器官差异性均大于个体间差异。喜旱莲子草的不同发育阶段甲基化差异大于个体间差异，而刺花莲子草两者差异相当。陆光远等（2015）研究油菜的不同器官胚根、下胚轴和子叶的甲基化水平依次呈现显著升高的趋势，且种子在萌发过程中甲基化模式也会发生变化，这说明植物在生长发育过程中甲基化模式及水平是一个动态的过程。由此可见，研究植物的表观遗传变化特征需要考虑器官的特异性差异及同一器官个体间的差异性，这种差异不可忽视。

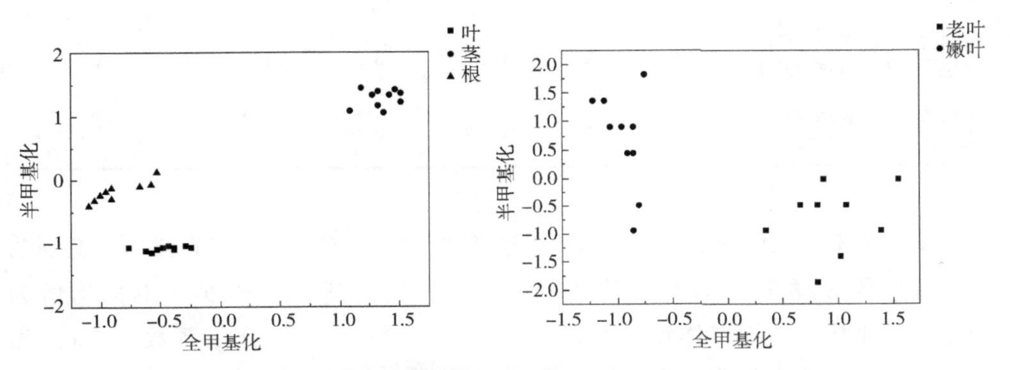

图3.6 黄顶菊不同器官和不同发育阶段主成分分析图

三、不同入侵地区黄顶菊DNA表观遗传多样性及影响因素

以往研究入侵植物与环境的相互作用以及物种的适应性进化都特别强调遗传变异的作用，但事实上植物面对环境条件的变化也可以通过表型可塑性方式做出相应的变化来维持其适合度，使其更好地适应环境。基因组表观遗传变异是环境适应性和表型可塑性发生的重要基础。Grativol等（2012）发现遗传背景差异小的情况下，环境变化能够引起植物有机体DNA甲基化的变异，且这些DNA甲基化变异影响表型形成。基因组DNA甲基化的改变很有可能是调控入侵植物生境适应能力的重要机制之一。在4个典型的黄顶菊入侵地区河北省邯郸市永年区（HDY）、河北省沧州市献区（CZX）、河北省衡水市衡水湖（HSH）和天津市静海区（TJJ），采集黄顶菊植株及各地土壤样本，并检测土壤各项理化指标（表3.4）。通过研究黄顶菊的甲基化水平及甲基化水平与环境理化因子相关性来探究黄顶菊DNA表观遗传多样性是否受地理分布区域及入侵生境条件的影响。

表 3.4 黄顶菊采集地区基本概况

地区	经纬度	pH 值	有机质	全氮（mg/g）	全磷	铵态氮	硝态氮	全钾（mg/g）
天津市静海区	北纬 38°58′28″ 东经 117°5′15″	8.36	22.32	0.88	0.78	10.10	8.11	11.80
衡水市衡水湖	北纬 37°33′29″ 东经 115°34′49″	8.62	10.40	1.09	0.70	11.20	2.38	12.99
沧州市献县	北纬 38°15′2″ 东经 115°58′17″	8.33	11.42	0.37	0.57	12.19	1.74	12.63
邯郸市永年区	北纬 36°48′3″ 东经 114°58′17″	8.14	14.65	0.30	0.60	11.24	8.00	11.90

从 4 个不同入侵地的黄顶菊 Nei 氏遗传多样度（H）（表 3.5）来看，黄顶菊种群总遗传多样度（HT）均值为 0.1378，种群内遗传多样度（Hs）均值为 0.1281，种群间遗传多样度（Dst）均值为 0.0097，遗传分化系数（Gst）为 0.070，4 个不同入侵地区黄顶菊种群间的遗传变异占种群总遗传变异的 7%，表明遗传变异是以相同入侵地区黄顶菊种群内变异为主。基因流（Nm）均值为 3.321>1，则说明 4 个入侵地的黄顶菊种群间存在广泛的基因交流，这与不同入侵地区黄顶菊种群间遗传变异不显著的结论一致。TJJ、HSH、HDY、CZX 之间数值接近，认为没有明显的种群间遗传分化，但 4 个不同入侵地区黄顶菊种群间甲基化模式差异较大。可能是由于采样地生境的不同，天津静海区与衡水市衡水湖为水生境，而沧州市献县、邯郸市永年区为陆生境。陈冬青等（2012）研究不同生境下黄顶菊浸提液对多年生黑麦草萌发与生长的影响，发现黄顶菊自身化感潜力是水边生境大于路边生境。采样地生境的不同可能是导致黄顶菊自身甲基化模式差异原因。李红岩（2009）对于河北省黄顶菊遗传分化的研究，采用 AFLP 分析河北省 7 个种群、4 种生境下的黄顶菊遗传多样性，也证实了黄顶菊物种水平具有丰富的遗传多样性。黄顶菊在适宜环境下的遗传多样性维持在较高水平。比较采样的 4 个典型的黄顶菊入侵地，发现 4 个采样地在地理位置上临近，环境气候偏差不显著，但存在一定生境差异，土壤理化因子也不尽相同。黄顶菊甲基化状态与土壤因子相关性强弱：黄顶菊整体甲基化（半甲基化）与土壤全氮浓

度、土壤全磷浓度、土壤pH值最为相关；黄顶菊全甲基化水平则与土壤铵态氮浓度、硝态氮浓度、全磷浓度最为相关，其中全甲基化与土壤铵态氮呈负相关。经T检验发现，黄顶菊甲基化状态与土壤主要因子不存在显著相关（$P>0.01$）。推测不同环境对黄顶菊表观遗传多样性的影响是受多重因素共同作用的结果，而非某个单一因子的作用。入侵环境土壤因子理化差异也可能对黄顶菊甲基化模式产生一定的影响。在种群间遗传分化不显著情况下，土壤理化因子差异对黄顶菊甲基化模式有一定诱导作用。在黄顶菊入侵新环境的过程中，借助甲基化修饰手段改变自身甲基化水平，以便更好地适应新环境。

表3.5　4个入侵地区黄顶菊种群遗传分化

引物	总基因多样性	种群内基因多样性	遗传分化系数	基因流
EbHM2	0.0957	0.0875	0.085	2.691
EbHM5	0.2042	0.1939	0.050	4.750
EcHM1	0.1124	0.1107	0.015	16.41
EcHM6	0.2215	0.2047	0.075	3.083
EdHM2	0.1054	0.0967	0.082	2.780
EdHM6	0.1087	0.1021	0.061	3.848
EeHM1	0.1680	0.1552	0.076	3.039
EeHM5	0.1078	0.1027	0.047	5.069
EeHM12	0.1556	0.1446	0.071	3.271
EfHM6	0.1551	0.1472	0.070	3.321
EhHM2	0.1004	0.0945	0.058	4.060
EhHM7	0.1230	0.1164	0.055	4.295
EiHM2	0.1019	0.0978	0.040	6.000
Mean	0.1378	0.1281	0.070	3.321

图3.7中HSH与TJJ黄顶菊甲基化状态类型相近，CZX与HDY甲基化状态类型相近，而四个不同入侵地区黄顶菊种群间的半甲基化和全甲基化状态类型存在显著差异。黄顶菊种子萌发过程中，同时存在DNA的甲基化和DNA去甲基化现象，去甲基化的数量远高于DNA甲基化的数量，整个过程中的甲基化水平明显降低。这与油菜、水稻、辣椒种子的萌发过程是一致的（陆光远等，2005；郑鑫等，2009；Ezio P et al.，2004）。种子萌发过程十分复杂，植物通过甲基化修

饰手段改变整体甲基化水平，从而调控目的基因相应的表达，维持植物正常生长发育。被甲基化的基因，相应功能将受到抑制，发生去甲基化后又可以正常的表达，通过这种方式参与植物的生长发育、器官分化等过程。认为种子萌发过程中大量的位点发生去甲基化，这与种子萌发中需要大量基因表达原理一致，而少量存在的 DNA 甲基化，是由于随着种子萌发时间的变化，一些不需要表达的基因发生失活。总之，甲基化与去甲基化两者共同调控黄顶菊种子萌发过程中基因的表达，来参与完成黄顶菊生命初期的生长发育。4 个不同入侵地区黄顶菊按照各自地理位置聚类在一起（图 3.8 和图 3.9）。黄顶菊种群个体间遗传距离越小，则彼此亲缘关系越近。其中 TJJ 黄顶菊与 HDY 黄顶菊最先聚类在一起，说明这 TJJ 与 HDY 两入侵地区黄顶菊种群间亲缘关系最为相近。TJJ 与 HDY 黄顶菊种群作同一分支随后与 HSH 黄顶菊聚类在一起。TJJ、HDY、HSH 作为一大分支最后与 CZX 黄顶菊聚类在一起。说明 CZX 黄顶菊种群与其他入侵地区黄顶菊种群在亲缘关系上存在一定距离。4 个不同入侵地区黄顶菊 MSP 与 MISP 的聚类先后顺序大致相同，则说明在黄顶菊整个的种群遗传过程中，4 个不同入侵地区黄顶菊种群间没有较大的遗传分化。但不同入侵地区黄顶菊种群间甲基化模式存在显著差异，推测黄顶菊通过自身甲基化修饰来改变自身甲基化模式，以便能更好地适应不同环境。

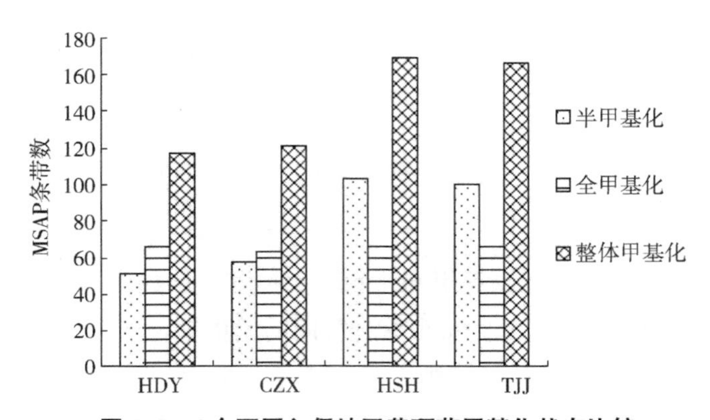

图 3.7　4 个不同入侵地区黄顶菊甲基化状态比较

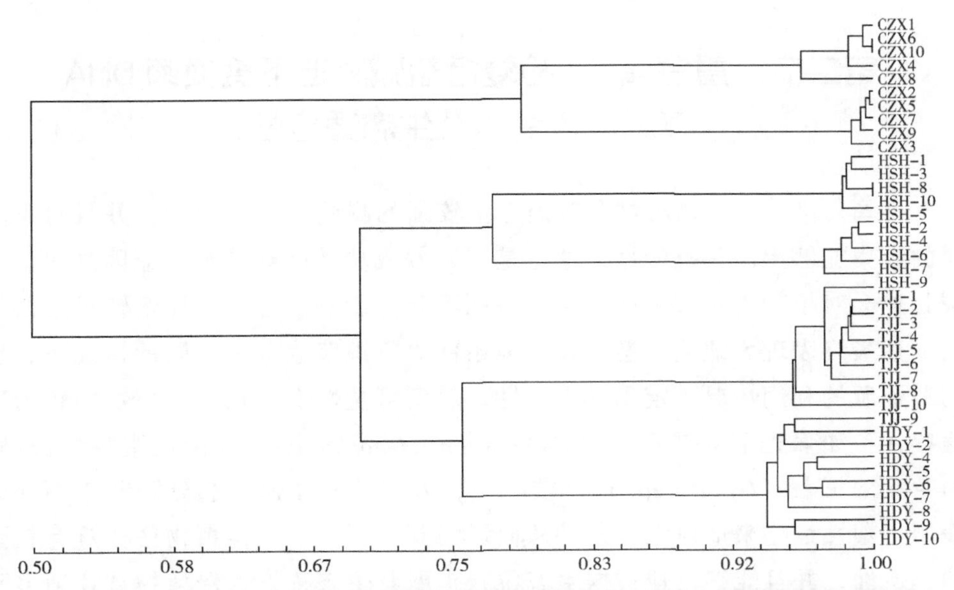

图 3.8　4个不同入侵地40个黄顶菊个体甲基化敏感（MSP）位点的聚类分析

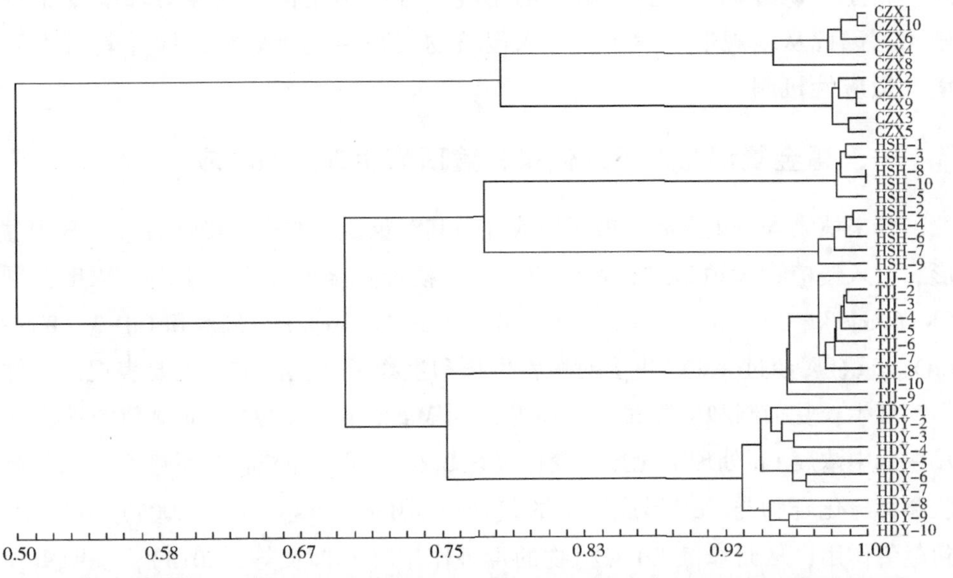

图 3.9　4个不同入侵地区40个黄顶菊个体甲基化不敏感（MISP）位点的聚类分析

第二节　重金属 Cd 和复合盐碱胁迫下黄顶菊 DNA 表观遗传变异及生态适应性

一些菊科入侵植物对重金属镉产生较强的耐受性与富集性，并且对重金属的富集能够提高其抗病性，这也是其入侵成功并能够扩散的原因之一。盐碱胁迫会对植物生长和生产产生一系列不利的影响，通常会导致转录组的错误表达最终表现为缺陷表型。在环境条件等资源背景条件相同的情况下，生物对资源的利用情况决定了其入侵性。表型可塑性变异在入侵植物中较为普遍存在，如强光下紫茎泽兰（*Eupatorium adenophorum*）叶生长指数均偏高，而兰花菊三七（*Gynura* sp.）分枝旺盛，入侵性的增强它们分别利用不同的表型可塑性策略来适应强光条件从而增强其入侵性。入侵植物往往具有较强的抗逆性，并且能够迅速占据生态位，扩展其生态幅，入侵植物黄顶菊多喜欢生长于厂矿迹地及一些被破坏的生境，且甲基化位点变异对环境变化较为敏感，因此从表观遗传学角度对入侵植物黄顶菊进行研究，探究其对不同生境的适应性机制。

一、重金属镉胁迫下入侵植物黄顶菊生理生态响应

外来植物入侵重金属污染区域或许与其对重金属的高耐受性有关。采用盆栽形式对入侵植物黄顶菊进行镉胁迫处理，模拟重金属镉污染生境，浓度分别为 CK（0mg/kg Cd）、Cd-1（2mg/kg Cd）、Cd-2（4mg/kg Cd）和 Cd-3（8mg/kg Cd）。重金属超过一定浓度会对植物生长和生物量产生影响，主要表现出植株矮小、根生长受抑制和生物量下降等症状（Maathuis，2009）。黄顶菊的株高和根长在低中浓度 Cd 处理下无显著变化（表 3.6），可能是植物根系细胞中的谷胱甘肽和含硫化合物与 Cd^{2+} 形成稳定的螯合物（Benavides et al.，2005），对 Cd^{2+} 起到截留作用，从而降低 Cd 对植物的毒害作用（刘柿良等，2013），说明黄顶菊对重金属 Cd 具有一定的解毒作用；而在高浓度 Cd 处理下黄顶菊株高与根长较对照组显著降低，这与简敏非等（2017）的研究结果一致，可能是由于 Cd 为植物

体内非必需元素，不参与植物的代谢与物质合成，因此过量积累会对植物产生毒害作用（杨雪艳等，2016）。生物量是判定植物耐性大小的指标之一，且生物量减少 20%是植物耐性的上限标准（李云等，2012）。高浓度 Cd 胁迫处理下黄顶菊根生物量、叶生物量和总生物量降低量均大于 20%（表 3.6），而在中浓度处理下只有叶生物量的降低量大于 20%，黄顶菊在低中浓度 Cd 生境下有较高的耐受性，而高浓度 Cd 胁迫才显著限制其生长，植物能够对 Cd 产生抗逆性，而达到一定的浓度才会影响其生长发育（Liu et al.，2008），可能是一定程度的逆境胁迫植物开启保护系统（王晓娟等，2015）。

表 3.6　重金属处理对黄顶菊生长特性的影响

指　标	CK	Cd-1	Cd-2	Cd-3
株高（cm）	150.30±2.88a	150.67±5.03a	144.33±2.08a	106.40±4.35b
根长（cm）	23.40±1.21a	23.63±3.90a	20.73±0.75a	16.63±0.74b
根生物量（g/株）	20.14±0.56a	22.08±1.73a	18.58±1.02a	13.39±2.23b
茎生物量（g/株）	36.61±2.08a	36.15±3.98a	32.99±1.78ab	31.98±8.47ab
叶生物量（g/株）	11.91±0.96a	10.32±1.00ab	9.03±1.51b	8.66±1.91bc
总生物量（g/株）	68.66±2.40a	68.55±5.46a	60.60±1.01ab	54.03±4.79b

注：表中值均为平均数±标准误，同列不同字母表明差异达到显著水平（$P<0.05$）

当植物的生长环境受到逆境胁迫时会产生活性氧，导致脂膜过氧化和离子外渗等情况出现（Esmaeilzadeh et al.，2017）。植物体内存在的酶促防御系统在遭受逆境胁迫后启动其保护机制，防止脂膜过氧化发生（Rahoui et al.，2010）。丙二醛是植物体内活性氧增加后导致细胞膜不饱和脂肪酸氧化的产物，其含量可以直接反映出脂膜过氧化程度（黄运湘等，2005），黄顶菊叶片的丙二醛含量在胁迫处理下含量较对照组显著升高，黄顶菊保护酶系统调节能力下降，细胞膜受损严重（图 3.10）。植物细胞内的活性氧可以将无荧光的 DCFH 氧化成有荧光的 DCF，观察黄顶菊根部 DCF 的荧光强度来检测细胞内活性氧的水平，DCFH-DA 染色显示中高浓度下黄顶菊根尖活性氧积累较多（图 3.11），而 SOD 的主要功能是清除超氧阴离子自由基，POD 和 CAT 的主要作用是分解过氧化氢，SOD、POD

和 CAT 活性均随 Cd 浓度的升高呈现先升高后降低的趋势，但均显著高于对照组，这可能是环境在一定程度上能够促进抗氧化酶活性的升高（Fangfang et al.，2011），随着胁迫剂量的增加，抗氧化酶活性反而会受到抑制（黄亚萍等，2017）。

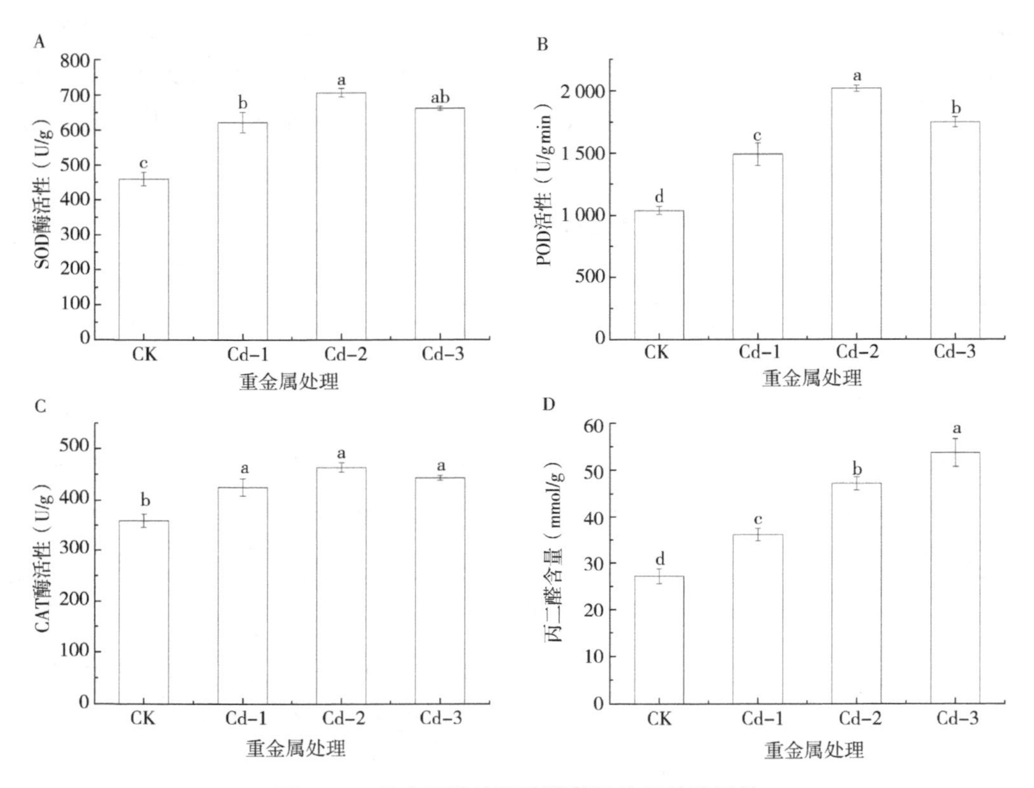

图 3.10 重金属胁迫下黄顶菊植物保护酶活性

由表 3.7 可知，在重金属 Cd 处理下，Cd 含量在黄顶菊各组织中整体呈现出根>叶>茎的规律，且黄顶菊各组织中 Cd 含量随着胁迫浓度的升高也呈现显著增加的趋势。其中，Cd-3、Cd-2 和 Cd-1 处理下黄顶菊根组织中 Cd 含量分别较对照组显著升高了 7.90 倍、15.97 倍和 26.19 倍；对各处理下黄顶菊 Cd 的富集系数、转移系数和耐性指数进行分析，可知黄顶菊的地上富集系数、根

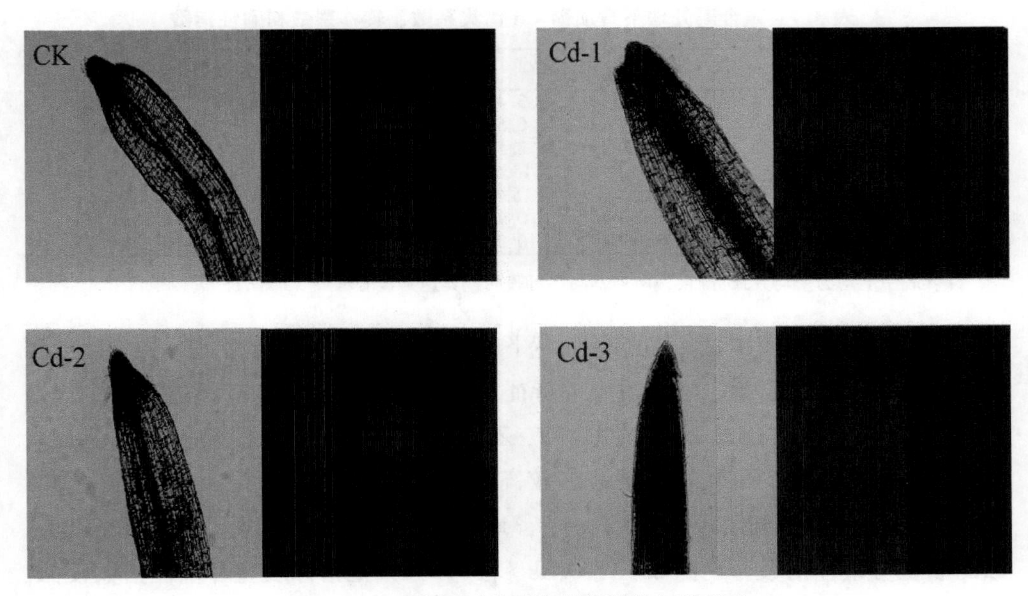

图3.11　重金属对黄顶菊根部活性氧的影响

部富集系数和转移系数均随着Cd浓度的升高呈现先升高后降低的趋势，说明在高浓度Cd胁迫下黄顶菊对重金属Cd的吸收与转移能力变弱，黄顶菊对Cd的耐性指数随着重金属浓度的升高呈现逐渐降低的趋势，但其变化不显著（$P>0.05$）。本研究中，重金属Cd在黄顶菊各组织内的含量表现为根>叶>茎的规律，说明重金属Cd主要积累在黄顶菊的根部，根部富集系数大于地上部对重金属镉的富集系数，且转移系数均<1（李铭红等，2006），这可能是由于根系是植物与土壤直接接触的器官，根部大量的微生物有利于吸收并固定重金属离子，从而增强根部对重金属的富集能力（Zurayk et al.，2001），这也是黄顶菊适应重金属生境的一种表现形式，可能是将大部分金属积累在植物根部阻止了Cd^{2+}向地上部分的运输从而降低对地上部分光合作用以及代谢酶活性的影响（黄白飞和辛俊亮，2013），也说明黄顶菊对重金属Cd的转移能力较差。黄顶菊对重金属Cd的耐性指数在各处理下变化不显著，也表明其对Cd有一定的耐受性。

表 3.7　重金属处理下黄顶菊 Cd 富集系数、转移系数和耐性指数

指　标	CK	Cd-1	Cd-2	Cd-3
根组织 Cd 含量（mg/kg）	0.38±0.03d	3.44±0.26c	6.56±0.25b	10.51±0.29a
茎组织 Cd 含量（mg/kg）	0.05±0.01d	0.50±0.11c	0.88±0.03b	1.58±0.05a
叶组织 Cd 含量（mg/kg）	0.26±0.01c	2.58±0.26b	3.49±0.57a	4.21±0.06a
地上部富集系数	2.50±0.09c	13.82±0.82a	14.78±0.23a	9.93±0.70b
根部富集系数	3.03±0.17d	15.44±0.81c	22.17±0.60a	18.00±0.35b
转移系数	0.83±0.02a	0.90±0.04a	0.67±0.01b	0.55±0.05c
耐性指数	1.00±0.06a	0.96±0.10a	0.87±0.01a	0.84±0.14a

注：表中值均为平均数±标准误，同列不同字母表明差异达到显著水平（$P<0.05$）

表型可塑性指相同基因在不同环境下的不同表现型，即生物可以在不同的环境中表达出不同的行为、形态或生理特征，从而在不同空间和时间的环境中提高其耐受性（Esmaeilzadeh et al.，2017）。不同浓度重金属处理下，黄顶菊生物量和重金属富集特征的可塑性指数普遍较高（表 3.8），其中根生物量和叶生物量的表型可塑性指数分别为 0.95 和 0.65，地上富集系数、根部富集系数和转移系数的表型可塑性指数分别为 0.93、0.88 和 0.73，其他指标表型可塑性指数较低，黄顶菊在受到重金属胁迫时，可能主要通过根和叶生物量积累营养物质，并通过调节重金属在体内的积累适应重金属污染生境。说明在适应重金属环境的过程中，黄顶菊的根生物量、叶生物量、地上部富集、根部富集和重金属转移可能起着重要作用，入侵植物的根生物量在入侵过程中起重要作用（Wang et al.，2018a）。也有研究认为逆境条件下植物生长指标较高的可塑性水平可能对生理指标可塑性起补偿作用（Delagrange et al.，2004），这也可能是黄顶菊在低中浓度 Cd 胁迫下可以正常生长的原因。

表 3.8　重金属处理对黄顶菊可塑性指数的影响

指标		可塑性指数	指标		可塑性指数
生长指标	株高	0.44	植物保护酶	过氧化氢酶	0.30
	根长	0.67		过氧化物酶	0.52
生物量	根生物量	0.95		丙二醛	0.64
	茎生物量	0.61	重金属富集特征	地上部富集系数	0.93
	叶生物量	0.65		根部富集系数	0.88
	总生物量	0.57		转移系数	0.73
植物保护酶	超氧化物歧化酶	0.42		耐性指数	0.58

二、重金属镉胁迫下黄顶菊 DNA 表观遗传多样性分析

在外界环境的刺激下植物会产生表观遗传上的变异（陈昂等，2017），DNA 甲基化是表观遗传的一种作用方式，它可以在不改变基因组序列的情况下调节植物的生长发育。而植物发生甲基化的方式有两种，一种是通过体内的甲基转移酶控制其甲基化发生情况，进而调节植物正常生长发育，在逆境条件下起到一定的保护作用，另一种方式是植物体在逆境条件下，发生氧化胁迫产生大量甲基自由基对胞嘧啶进行取代，对 DNA 造成损伤形成甲基化。基因的表达与甲基化水平有关，基因处于表达状态时甲基化水平相对较低，而当其受到逆境胁迫或者生长发育需要时，其启动子区域或者编码区发生重新甲基化来终止基因表达（Wassenegger，2000）。葛才林等研究发现 0.025～0.1mmol/L 的重金属 Cd^{2+}、Cu^{2+} 和 Hg^{2+} 会提高小麦或者水稻叶片 DNA 中的 5-甲基胞嘧啶百分含量；过量的 Cd^{2+} 会抑制种子萌发及幼苗生长，而且会导致植物膜脂过氧化，产生大量活性氧，进而改变整体甲基化水平；重金属 Cr^{6+} 会提高小麦根部 DNA 胞嘧啶甲基化水平，从而影响其生长发育。利用 4 个不同 Cd 浓度胁迫［0（CK）、2mg/kg（Cd-1）、4mg/kg（Cd-2）和 8mg/kg（Cd-3）］，模拟黄顶菊入侵生境。黄顶菊在不同浓度镉胁迫下其半甲基化水平、全甲基化水平及整体甲基化水平均随镉浓度的升高呈现逐渐增加的趋势，且全甲基化和整体甲基化水平呈显著性增加（图 3.12）。而植物发生甲基化的方式有两种，一种是通过体内的甲基转移酶控制其甲基化发生情况，进而调节植物正常生长发育，在逆境条件下起到一定的保护作用，另一种方式是植物体在逆境条件下，发生氧化胁迫产生大量甲基自由基对胞嘧啶进行取代，对 DNA 造成损伤形成甲基化。

植物体内甲基化模式的改变也是适应逆境的一种方式，主要通过重新甲基化和去甲基化两种模式调节其基因表达（Tariq and Paszkowski，2004）。大豆在重金属镉处理下，其 DNA 甲基化模式的改变主要以发生重新甲基化为主，基因组 DNA 可能通过甲基化关闭某些相关基因的表达和抑制转录，从而增强机体对不良环境的抵抗（殷欣，2016）；在重金属镉的胁迫下萝卜主要通过重新甲基化模式产生或启动对重金属镉胁迫的能动应激机制，降低镉的毒害作用（杨金兰等，

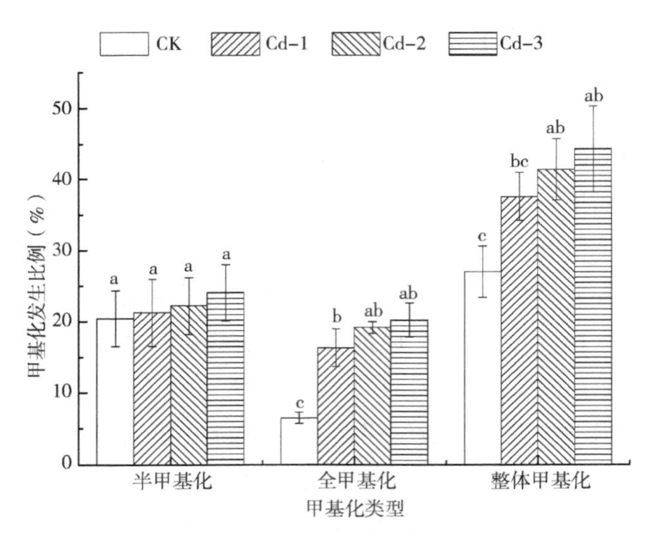

图 3.12　不同浓度重金属 Cd 胁迫下黄顶菊叶片各甲基化类型发生比例

{注：不同小写字母表示在 0.05 水平差异显著。半甲基化条带(%)=[(Ⅱ)/(Ⅰ+Ⅱ+Ⅲ+Ⅳ)]×100;全甲基化条带(%)=[(Ⅲ+Ⅳ)/(Ⅰ+Ⅱ+Ⅲ+Ⅳ)]×100；整体甲基化条带(%)=[(Ⅱ+Ⅲ+Ⅳ)/(Ⅰ+Ⅱ+Ⅲ+Ⅳ)]×100。}

2007)。利用 MSAP 方法分析重金属 Cd 处理下黄顶菊叶片基因组 DNA 可能出现的甲基化状态变化共有 13 种（表 3.9）。其中 A、B、C、D 类均为与重金属胁迫相关的甲基化条带类型，而 E 类为无变化带型。Cd-1、Cd-2、Cd-3 处理下黄顶菊去甲基化类型位点数分别为 91、87 和 92，分别占基因组 DNA 总扩增位点的 14.15%、13.16%和 13.65%；重新甲基化类型位点数分别为 158、169 和 165，分别占基因组 DNA 总扩增位点的 24.57%、25.57%和 24.48%；不定类型位点数分别为 63、74 和 74，分别占基因总扩增位点的 9.80%、11.20%和 10.98%。在不同 Cd 浓度胁迫下黄顶菊叶片基因组 DNA 发生甲基化变异位点占总扩增位点均依次表现为重新甲基化类型>去甲基化类型>不定类型的规律，且均以重新甲基化为主要变异类型。黄顶菊在 2mg/kg、4mg/kg 和 8mg/kg 重金属镉的胁迫下其 DNA 重新甲基化的发生位点数分别占基因总扩增位点的 24.57%、25.57% 和 24.48%，而去甲基化类型位点数仅占基因组 DNA 总扩增位点的 14.15%、

13.16%和13.65%，重新甲基化位点比例高于去甲基化类型位点，以发生重新甲基化类型为主（表3.9），黄顶菊在重金属胁迫下通过发生DNA重新甲基化关闭某些基因的表达，这可能是重金属镉对黄顶菊造成了氧化胁迫，使其特定位点发生甲基化。

表3.9　不同浓度重金属Cd胁迫下黄顶菊叶片甲基化状态变化

类型	条带类型	对照		处理		CCGG位点改变		CCGG位点数		
		H	M	H	M	Cd处理前	Cd处理后	Cd-1	Cd-2	Cd-3
去甲基化类型	A1	0	0	1	1	mCCGG GGCCm　mCmCGG GGCC	CCGG GGCC	12	15	15
	A2	1	0	1	1	mCCGG GGCC	CCGG GGCC	57	55	60
	A3	0	1	1	1	CmCGG GGmCC　CmCGG GGCC	CCGG GGCC	22	17	17
重新甲基化类型	B1	1	1	0	1	CCGG GGCC	CmCGG GGmCC　CmCGG GGCC	48	67	55
	B2	1	1	0	0	CCGG GGCC　mCCGG GGCCm	mCmCGG GGCC	50	46	48
	B3	1	1	1	0	CCGG GGCC	mCCGG GGCC	60	56	62
不定型	C1	0	0	1	0	mCCGG GGCCm　mCmCGG GGCC	mCCGG GGCC	8	15	12
	C2	1	0	0	0	mCCGG GGCC	mCCGG GGCCm　mCmCGG GGCC	42	44	36
	D1	0	1	0	0	CmCGG GGmCC　CmCGG GGCC	mCCGG GGCCm　mCmCGG GGCC	6	9	8
	D2	0	0	0	1	mCCGG GGCCm　mCmCGG GGCC	CmCGG GGmCC　CmCGG GGCC	7	6	18
不变型	E1	1	1	1	1	CCGG GGCC	CCGG GGCC	303	293	296
	E2	0	1	0	1	CmCGG GGmCC　CmCGG GGCC	CmCGG GGmCC　CmCGG GGCC	6	9	9
	E3	1	0	1	0	mCCGG GGCC	mCCGG GGCC	22	29	38

表型可塑性能影响外来入侵植物的形态和地理分布特征，这也是其蔓延扩张的重要机制，是表观遗传学研究重要的一部分。表型可塑性越强，其资源获得性越强，是植物适应新环境的重要机制。镉胁迫下黄顶菊各生长指标和地上部耐受性指数的表型可塑性指数与叶片全甲基化水平和整体甲基化水平呈负相关，甲基化水平的增强关闭某些基因的表达从而抑制黄顶菊的生长；抗氧化酶活性、植株各组织内镉含量及富集系数与转移系数的表型可塑性与甲基化水平呈正相关，基

因组甲基化水平发生变化的同时也会伴随其他的调节机制，甲基化水平的增强可能减弱逆转录转座子修饰或转录因子的调控作用，从而增强其调控的抗氧化酶活性及对镉的转移能力。有研究发现芦苇［*Phragmites australis*（Cav.）Trin. ex Steud.］随着盐胁迫浓度的增加，其分株高度及各构件生物量呈现先升高后降低的变化趋势，而随着碱浓度的升高呈现逐渐降低的趋势，可见在逆境胁迫环境下，植物的表型可塑性调节能力有一定的局限性。

三、盐碱胁迫下入侵植物黄顶菊生理生态响应

盐胁迫主要通过渗透作用与离子伤害两个途径影响植物生长发育，复合盐碱胁迫则在此基础上又增加了 pH 值的伤害作用（Tabatabaei and Ehsanzadeh，2016）。高浓度的盐胁迫能够抑制植物生长甚至导致植物死亡（Munns and Tester，2008）。盐碱胁迫环境主要通过离子和高 pH 值对植物产生毒害作用，而在低盐环境中 pH 值起决定性作用（Shi and Sheng，2005）。将 NaCl、Na_2SO_4、Na_2CO_3 和 $NaHCO_3$ 按不同比例混合，模拟天津主要的 4 种盐碱地组成成分。处理总盐度均为 150mmol/L，碱度按由小到大的顺序设置 A、B、C 和 D 4 个处理组，分别为 7.00、7.50、8.22、8.96 和 9.63。黄顶菊株高在 A 处理组下无显著变化，而在 B、C 和 D 处理组下显著减小，且随 pH 值升高而降低（表 3.10），这与张强等研究发现草地早熟禾在中性盐和碱性盐条件下生长均受到抑制，但后者的影响作用大于前者的结果相似（张强等，2017）。黄顶菊的根长在 C 和 D 处理组下较对照组显著降低，这与苍耳在盐碱胁迫下的变化趋势一致（刘强等，2017），可能是由于高 pH 值抑制了植物根系的呼吸作用。植物生物量的变化情况直接反映了该植物对环境的耐受能力（张潭等，2017），盐胁迫下植物主要受到渗透胁迫和离子毒害作用，而碱胁迫在此基础上还受到高 pH 值的影响（Vicente et al.，2004），黄顶菊的生物量均较对照组显著降低，且随着 pH 值的升高降低效果更为显著。植物在低盐胁迫下光合作用增强（赵福庚等，2004），而在高盐胁迫下抑制植物的光合作用，黄顶菊净光合速率、气孔导度和蒸腾速率均随 pH 值升高呈现降低的趋势，而水分利用效率则在 pH 值达到 8.22 时较对照组显著升高（表 3.11），这可能是由于植物在盐碱环境下将大部分能量维持自身水势

平衡，而用于营养生长的能量相对较低。

表 3.10 复合盐碱胁迫对黄顶菊生长指标和生物量的影响

处理	CK	A	B	C	D
株高（cm）	151.63±0.38a	150.63±0.64ab	144.13±1.81b	132.63±0.94c	123.20±4.40d
根长（cm）	24.57±0.47a	23.40±0.70ab	22.60±0.31bc	21.43±0.53c	19.00±0.31d
根生物量（g）	20.14±0.56a	15.17±4.51ab	12.73±1.09bc	9.39±1.98cd	6.37±1.40d
茎生物量（g）	36.61±2.08a	30.13±2.34b	28.14±2.44bc	23.91±1.66cd	20.48±1.50d
叶生物量（g）	11.91±0.96a	10.25±0.41a	9.53±0.97a	5.97±0.91b	5.71±1.69b
总生物量（g）	68.66±2.40a	55.56±3.04b	50.40±4.26b	39.27±2.55c	32.56±3.29c

注：表中数据基于 ANOVAs 分析均为平均数±标准误，不同字母表明在 $P=0.05$ 水平差异达到显著。

表 3.11 不同盐碱胁迫处理下黄顶菊叶片光和特征影响

处理	净光合速率 [$\mu molCO_2/(m^2 \cdot s)$]	气孔导度 [$molH_2O/(m^2 \cdot s)$]	蒸腾速率 [$mmolH_2O/(m^2 \cdot s)$]	水分利用效率 ($\mu mol/mmol$)
CK	15.549±0.869a	0.098±0.005ab	3.966±0.139a	4.919±0.117bc
A	13.768±2.253ab	0.100±0.031a	3.883±1.015a	4.662±0.453c
B	10.578±1.546bc	0.051±0.009abc	2.138±0.335b	5.966±0.243a
C	9.573±0.885bc	0.049±0.003bc	2.122±0.119b	5.506±0.275abc
D	7.980±1.416c	0.038±0.007c	1.656±0.23b	5.794±0.173ab

注：表中数据基于 Duncan 分析均为平均数±标准误，不同字母表明在 $P=0.01$ 水平差异达到显著。

抗氧化酶在植物受到盐碱胁迫时主要起清除植物体内多余的活性氧自由基的作用，当植物体内活性氧增多时，抗氧化酶含量增多维持活性氧代谢的平衡，从而使植物可以对盐碱环境产生一定的抵抗能力，但当活性氧自由基超出了抗氧化酶对其清除能力范围，抗氧化酶的量也会减少，植物生长也会受到一定的影响(闫永庆等，2010)。黄顶菊随着盐碱胁迫时间的增加，对照组和 A 处理组的丙二醛含量变化不显著，而 B、C 和 D 处理组丙二醛含量呈现逐渐增加的趋势，在高 pH 值和较长时间胁迫下 MDA 含量显著增加，说明此种情况下细胞脂膜过氧化程度高（图 3.13）。胁迫 24h 内，黄顶菊体内的活性氧和过氧化物等物质的积累促进了 SOD、POD 和 CAT 活性的增加，胁迫 24 时后，CAT 活性增加，但 MDA 含量持续增加，说明虽然酶系统活性增强但其调节能力有限，活性氧含量仍然会积累。

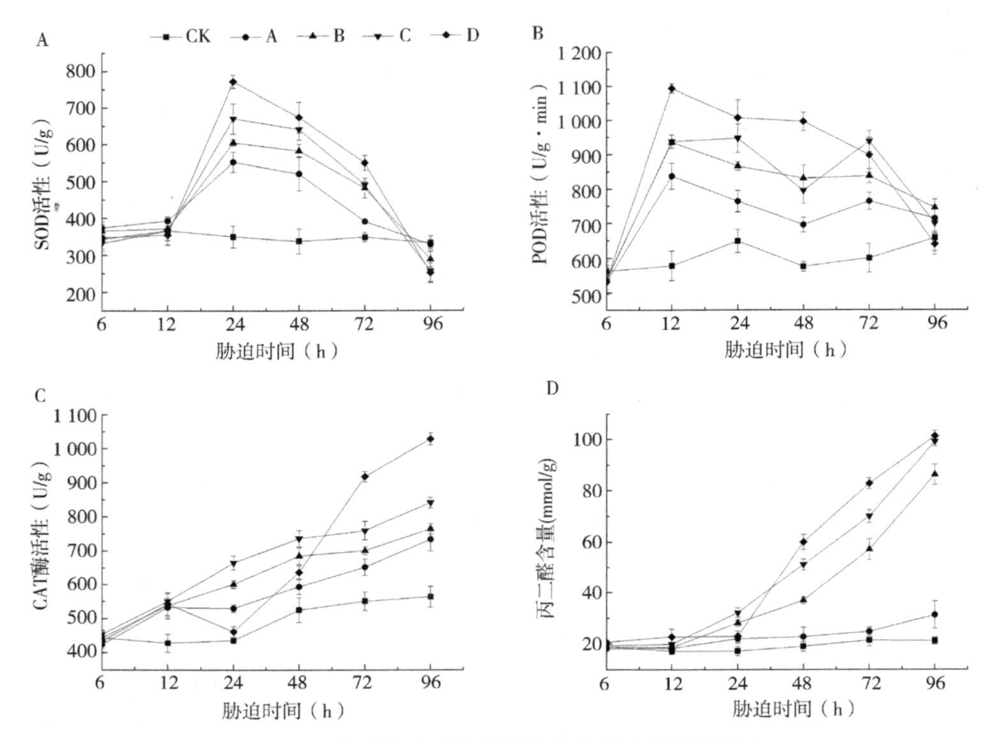

图 3.13　盐碱处理对黄顶菊植物保护酶活性的影响

植物为防止自身在盐碱胁迫下细胞不出现渗透失水而萎蔫甚至死亡的现象，植物细胞会在周围环境吸收 Na^+维持渗透压，此外植物还会将大部分能量应用到渗透调节物质的合成上，从而维持细胞与外界环境的渗透平衡来适应盐碱环境（柴民伟，2013）。黄顶菊的电解质外渗率随盐碱浓度的升高逐渐增强，可能是由于植物细胞膜上大量的 Ca^{2+}被 Na^+替代，从而改变细胞膜结构导致电解质大量流失（颜宏等，2006）。其游离脯胺酸和可溶性糖含量随着胁迫时间的增加呈现先升高后降低的趋势，可溶性蛋白的含量呈现逐渐升高到趋势，且 3 种渗透调节物质的含量与盐碱胁迫浓度呈正比，表明在 24h 内起主要调节作用的是游离脯氨酸和可溶性糖，在 24h 以后它们的调节作用减弱，起主要调节作用的是可溶性蛋白（图 3.14）。在抗盐碱植物中，游离脯胺酸、可溶性蛋白和可溶性糖均是重要的渗透调节物质，游离脯氨酸被认为是平衡植物渗透压最快速的渗透调节物质(Yang et al.，2007)，盐碱胁迫下紫花苜蓿的游离脯胺酸和可溶性糖的也有相同的变化趋势（郝凤等，2015）。

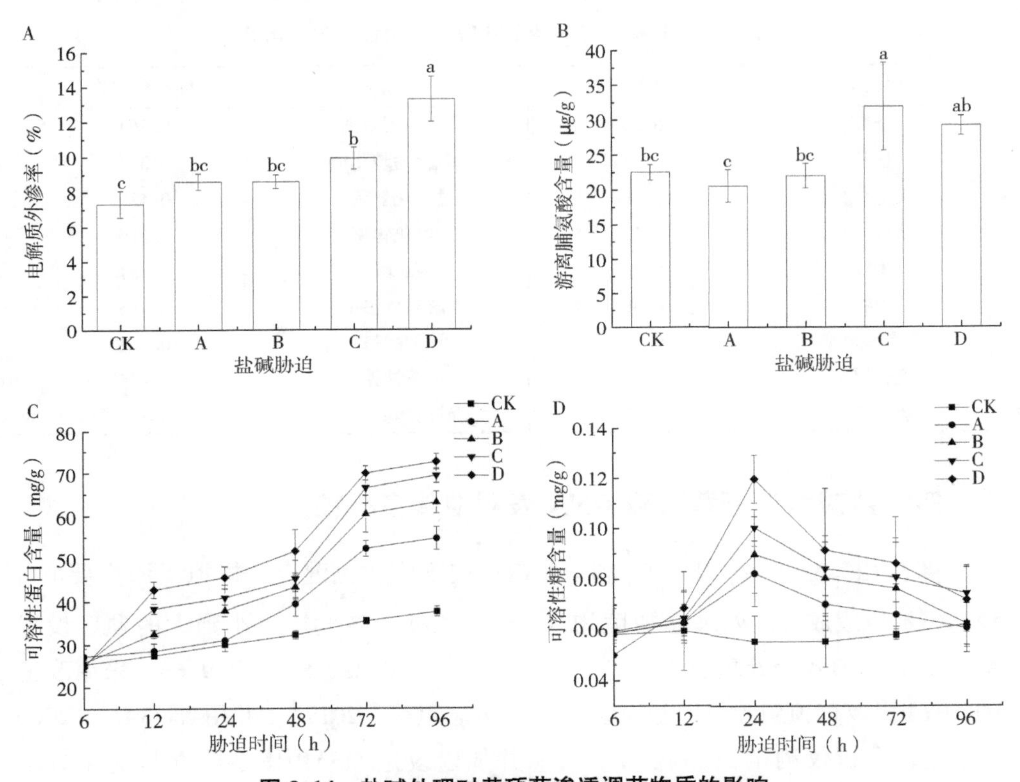

图 3.14　盐碱处理对黄顶菊渗透调节物质的影响

表型可塑性指同一基因型对不同环境应答产生不同表型的特性，同时在生物适应异质环境的过程中发挥了重要作用（Huey et al.，2000）（陆霞梅等，2007）。黄顶菊根生物量的表型可塑性指数较高（表3.12），这可能是植物为适应盐碱环境通过改变根系表面积大小吸收无机盐（张晓磊等，2013）。黄顶菊叶片气孔导度表型可塑性指数较高可能是其通过减小或者关闭气孔开度降低其蒸腾速率，从而减少水分的散失。黄顶菊在盐碱环境下，其电解质外渗率表型可塑性指数较高，说明黄顶菊细胞膜透性受盐碱的影响较大，这与冯建永对黄顶菊的研究结果相一致（冯建永等，2010）。在高 pH 值环境下，黄顶菊细胞膜通透性改变，可能首先会通过积累脯氨酸维持细胞渗透压，这也是其适应盐碱环境的一种反应。

表 3.12　盐碱处理对黄顶菊表型可塑性指数的影响

指标	可塑性指数	指标	可塑性指数
株高	0.249	水分利用效率	0.264
根长	0.271	超氧化物歧化酶	0.335
根生物量	0.788	过氧化氢酶	0.489
茎生物量	0.526	过氧化物酶	0.216
叶生物量	0.728	丙二醛	0.851
总生物量	0.585	电解质外渗率	0.586
净光合速率	0.628	可溶性蛋白	0.507
气孔导度	0.769	可溶性糖	0.444
蒸腾速率	0.722	游离脯氨酸	0.576

四、盐碱胁迫下黄顶菊 DNA 表观遗传多样性

将 NaCl、Na_2SO_4、Na_2CO_3 和 $NaHCO_3$ 按不同比例混合，模拟天津主要的 4 种盐碱地组成成分。处理总盐度均为 150mmol/L，碱度按由小到大的顺序设置 A、B、C 和 D 4 个处理组，分别为 7.00、7.50、8.22、8.96 和 9.63。采用改良 CTAB 法提取黄顶菊叶组织基因组 DNA（全志星等，2017），并用 Nano Drop 2000 核酸蛋白分析仪测定 DNA 浓度。参照并加以改进 MSAP 体系建立与优化方法（全志星等，2017）。样品前处理：取 8μL 选择性扩增产物于 95℃ 变性 7min，取 5μL 变性产物与 2μL10×Loading buffer 混匀离心，置于冰上冷却 5min；5% PAGE 凝胶制备：尿素（分析纯）33.6g，5×TBE 16mL，40% 丙烯酰胺贮液（19∶1）10mL，超纯水 20.4mL，TEMED 75μL 和 10% APS 320μL 于灌胶前加入，均匀搅拌并迅速灌胶，约 2h 后胶完全凝固进行垂直电泳；垂直电泳：55W 恒定功率下预电泳 30min 使胶面温度达 55℃，取样品 6μL 点样，继续电泳 2h 对选择性扩增产物进一步分离；银染：电泳结束后剥离两块玻璃板，将带有凝胶的长玻璃板置于染液（4g $AgHNO_3$，30mL 37% 甲醛溶于 1L 去离子水）中染色 2min，再放入

30% NaOH 溶液中进行显色至条带完全显现，用清水缓慢冲洗晾干用于后续条带分析。用 Quantity One 软件统计甲基化敏感扩增多态性图谱在 100~800bp 区间的条带（图 3.15），并转换成表型数据 0/1 矩阵，用 POP Gene 软件分析引物组合的多态性，使用 Origin 9.1 绘图，并使用 SPSS17.0 统计软件用 Tukey test 法进行差异显著性检验，Pearson 法进行表型可塑性与甲基化水平的相关性分析。

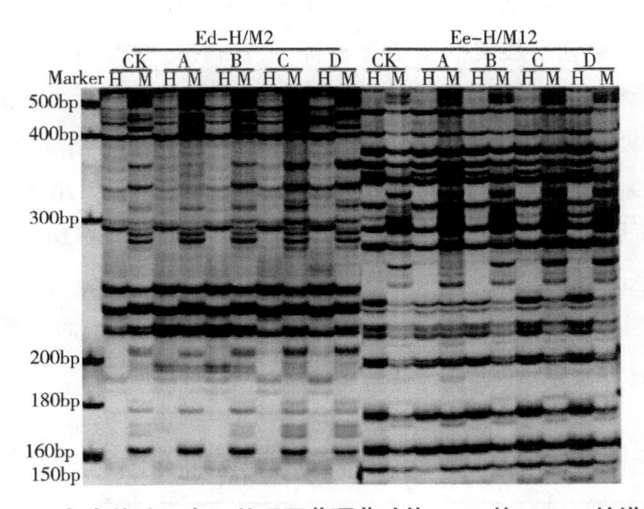

图 3.15　复合盐碱（右）处理下黄顶菊叶片 DNA 的 MSAP 扩增图谱

（注：左图 Marker 为 50bp ladder；右图 Marker 为 20bp ladder；H：Hpa Ⅱ 酶切后的基因组进行 MSAP 分析。）

植物体内普遍存在胞嘧啶甲基化现象，植物体内 6%~25%的胞嘧啶发生甲基化修饰的现象，且同一植物的不同器官及同一器官的不同发育阶段胞嘧啶甲基化水平也不尽相同（Steward et al.，2002）。逆境胁迫也会影响植物的甲基化水平，环境刺激会诱导植物的甲基化多态性，盐碱胁迫也是较为常见的胁迫环境，冯奇志（2008）利用 ISSR 和 Southern blot 对盐碱胁迫下水稻叶片的甲基化状态进行检测，发现其 DNA 甲基化水平均发生变化，有升高也有降低，但是耐盐基因型的甲基化水平以升高为主。利用 MSAP 技术对耐盐性较强的狗尾草（*Setaria italic* L.）和敏感品种进行检测发现耐抗性品种的 DNA 甲基化水平显著降低，且多态性片段检测发现盐碱胁迫诱导了ABC转运体、WRKY转录因子、丝氨酸-苏氨酸蛋白酶磷酸酶、抗病性、氧化还原酶、细胞壁相关酶和转座子和转座子样蛋白基因的甲基化，对基因表达进行调控。盐碱胁迫下黄顶菊叶片半甲基化水平显著升高（表3.13），对照组半甲基化条带百分比14.36%，A、B、C和D处理组的半甲基化条带百分比分别为11.79%、15.73%、15.73%和16.41%，其中A处理组黄顶菊叶片半甲基化发生率较对照组显著降低了17.90%，B、C和D处理组的半甲基化发生率分别较对照组显著升高了9.54%、9.54%和14.28%，可能是盐碱胁迫下黄顶菊DNA某些功能基因位点发生甲基化，进而调节基因表达。黄顶菊在复合盐碱胁迫下去甲基化变异发生概率较甲基化变异发生概率要高（表3.14），去甲基化变异类型的发生率分别为17.15%、20.54%、28.69%和25.13%，重新甲基化变异类型的发生率分别为18.17%、18.34%、19.86%和20.54%。与上述结果相反，去甲基化的发生表明黄顶菊通过开启某些基因的表达提高其在该生境下的抗逆性，增强某些基因的表达效果进而增强其对盐碱的耐受性，而具体是哪些基因位点发生变化还有待进一步探究。

表3.13 复合盐碱胁迫下黄顶菊叶片DNA甲基化条带类型比例

MSAP条带类型		CK	A	B	C	D
Ⅰ	（1，1）	203	215	204	220	207
Ⅱ	（1，0）	84	69	92	92	96
Ⅲ	（0，1）	119	103	118	126	117
Ⅳ	（0，0）	179	198	171	147	165
总扩增条带数		585	585	585	585	585
全甲基化条带（%）		50.94	51.45	49.40	46.67	48.21
半甲基化条带（%）		14.36	11.79	15.73	15.73	16.41
整体甲基化（%）		65.30	63.25	65.13	62.39	64.62

注：半甲基化条带(%)=[(Ⅱ)/(Ⅰ+Ⅱ+Ⅲ+Ⅳ)]×100，全甲基化条带(%)=[(Ⅲ+Ⅳ)/(Ⅰ+Ⅱ+Ⅲ+Ⅳ)]×100，整体甲基化条带(%)=[(Ⅱ+Ⅲ+Ⅳ)/(Ⅰ+Ⅱ+Ⅲ+Ⅳ)]×100。

表3.14 复合盐碱胁迫下黄顶菊叶片甲基化模式变异类型

MSAP条带类型	分类	HpaⅡ	MspⅠ	HpaⅡ	MspⅠ	A	B	C	D
不变型	A1	1	0	1	0	30	39	26	32
	B1	0	1	0	1	63	58	55	53
	C1	1	1	1	1	154	143	132	127
	D1	0	0	0	0	134	120	89	107
	Total					381 (64.69%)	360 (61.12%)	302 (51.27%)	319 (54.16%)
去甲基化类型	E	1	0	1	1	25	19	34	27
	F	0	1	1	1	28	33	36	36
	G	0	0	1	1	11	11	19	18
	H	0	1	1	0	2	9	8	12
	I	0	0	1	0	23	28	38	26
	J	0	0	0	1	12	21	34	29
	Total					101 (17.15%)	121 (20.54%)	169 (28.69%)	148 (25.13%)
重新甲基化类型	K	1	1	1	0	14	17	21	26
	L	1	1	0	1	24	33	32	29
	M	1	1	0	0	14	13	20	23
	N	1	0	0	1	4	6	6	7
	O	1	0	0	0	25	20	18	18
	P	0	1	0	0	26	19	20	18
	Total					107 (18.17%)	108 (18.34%)	117 (19.86%)	121 (20.54%)

注：1表示该位点有条带，0表示该位点无条带。

邱天等（2013）研究发现芦苇［*Phragmites australis*（Cav.）Trin. ex Steud.］随着盐胁迫浓度的增加，其分株高度及各构件生物量呈现先升高后降低的变化趋势，而随着碱浓度的升高呈现逐渐降低的趋势，可见在逆境胁迫环境下，植物的表型可塑性调节能力有一定的局限性。复合盐碱胁迫下植物的株高、根长、根生物量、茎生物量、叶生物量、总生物量、净光合速率（*Pn*）、气孔导度（Cond）、蒸腾速率（*Tr*）和超氧化物歧化酶（SOD）的表型可塑性与全甲基化呈正相关关系（表3.15），黄顶菊在复合盐碱胁迫下主要通过发生5′-CCGG-3′胞嘧啶内侧全甲基化与5′-CCGG-3′胞嘧啶内侧外侧全甲基化，控制相关基因表达，促进黄顶菊生长及生物量合成，并增强净光合速率和控制气孔导度与蒸腾速率促进有机物质的合成，提高超氧化物歧化酶活性对活性氧含量进行调节。5′-CCGG-3′胞嘧啶外侧半甲基化在复合盐碱胁迫下调节电解质外渗率和可溶性蛋白含量变化增强渗透调节能力，进而调节细胞渗透平衡。

表 3.15　复合盐碱胁迫下黄顶菊 MSAP 条带数与各生理指标表型可塑性的相关性分析

指标	整体甲基化条带（%）	半甲基化条带（%）	全甲基化条带（%）
株高	0.162	-0.711**	0.788**
根长	0.212	-0.565*	0.685**
根生物量	0.385	-0.488	0.731**
茎生物量	0.326	-0.531*	0.731**
叶生物量	0.433	-0.547*	0.821**
总生物量	0.393	-0.550*	0.796**
净光合速率	0.119	-0.676**	0.725**
气孔导度	-0.030	-0.796**	0.736**
蒸腾速率	-0.020	-0.792**	0.738**
水分利用效率	0.0257	0.804**	-0.585*
超氧化物歧化酶	0.133	-0.748**	0.804**
过氧化物酶	-0.065	-0.154	0.101
过氧化氢酶	-0.356	0.243	-0.479
丙二醛	-0.065	0.505	-0.526*
电解质外渗率	0.052	0.674**	-0.604*
可溶性糖	-0.229	0.400	-0.540*
可溶性蛋白	-0.356	0.552*	-0.772**
游离脯氨酸	0.000	-0.374	0.355

第三节　不同施氮梯度下黄顶菊表观遗传变异与表型可塑性响应特征

黄顶菊中后期生长快且其植株高大，所以一旦黄顶菊入侵农田就会与作物争夺养分如光、水、肥等，从而抑制农作物生长造成减产，同时其根部分泌化感物质影响其他植物生长，不仅给农田带来巨大的经济损失，还会对当地生态系统产生影响。氮素是植物生长必需的三大营养元素之一，同时也是影响作物产量的主要营养元素，而土壤中氮素主要来源于人为添加，作物生长过程中添加的营养元素对黄顶菊的入侵过程产生怎样的影响，同时入侵植物对营养元素的利用情况将怎样影响作物的生长均是外来植物扩张过程中产生的一系列问题，从表型可塑性及表观遗传学角度进行探讨将进一步为黄顶菊的入侵做补充。

一、不同施氮量梯度下黄顶菊生理特性及表型可塑性分析

氮是影响植物生长、生物量和光合作用的重要环境资源之一。研究表明（Tyler A C et al.，2007），氮素资源投入过剩会降低生态系统抵御外来植物入侵的能力，使生态系统功能面临破坏性威胁。Gilliam F S 等（2006）的研究指出，当可利用的氮素含量升高时，入侵植物会加速入侵。黄顶菊是典型的 C_4 植物，其 C_4 结构及其代谢途径使它能够适应干旱、盐碱恶劣条件及强光条件，且具有很高的氮素利用能力。以尿素［$CO(NH_2)_2$］为有效氮源，设置玉米和黄顶菊4种不同混植比例，在每种混植比例下分别设置4种不同施氮梯度，具体设置情况见表3.16，处理共计16个，每个处理重复3次探究黄顶菊对氮素的利用情况。

表3.16　试验处理设计　　单位：kg/hm^2

处　理	CK	T1	T2	T3
玉米单种（A1）	0	175	275	375
玉米/黄顶菊2：1混植（A2）	0	175	275	375
玉米/黄顶菊4：3混植（A3）	0	175	275	375
玉米/黄顶菊1：1混植（A4）	0	175	275	375

施氮处理明显增加了黄顶菊植株各部分的生物量。黄顶菊的叶生物量、茎生物量、根生物量、总生物量均随着施氮量的增加而增大，在高氮（T3）处理下达到最大值。其中叶生物量和茎生物量在低氮（T1）和正常施氮（T2）处理下差异不显著，但是与无氮（CK）和高氮（T3）处理差异显著（$P<0.05$）；根生物量和总生物量在各施氮处理下差异显著。与无氮（CK）处理相比低氮（T1）、正常施氮（T2）和高氮（T3）处理下叶生物量、茎生物量、根生物量和总生物量均增加（表3.17）。

表 3.17　不同施氮量处理对黄顶菊生物量的影响

施氮处理	叶生物量（g/株）	茎生物量（g/株）	根生物量（g/株）	总生物量（g/株）
CK	32.60±2.42c	79.59±5.44c	15.70±1.05d	127.88±6.92d
T1	38.12±1.35b	87.88±3.28b	20.39±0.88c	146.39±3.68c
T2	41.51±1.32ab	91.97±2.17ab	26.45±0.88b	159.93±3.63b
T3	44.27±2.80a	96.53±2.10a	30.60±0.85a	171.40±3.77a

注：a、b、c、d 是同一列内，一个指标在不同施氮处理下的相关分析结果比较，下同。

不同施氮处理下黄顶菊的生物量分配也有明显差异（表 3.18）。支持结构生物量比在正常施氮（T2）和高氮（T3）处理下差异不显著，但是在正常施氮（T2）和高氮（T3）处理下的支持结构比显著高于无氮（CK）和低氮（T1）处理下的支持结构比；根生物量比与根冠比在无氮（CK）和低氮（T1）处理下差异不显著，但是无氮（CK）和低氮（T1）处理下的根生物量比与根冠比显著低于正常施氮（T2）和高氮（T3）处理下的根生物量比与根冠比，这可能与此时植株把较多的生物量分配到根部有关。黄顶菊的生物量随施氮梯度的增加而增加，施氮明显促进了黄顶菊的生长，说明农田中施氮量越高，越利于黄顶菊生长，所以黄顶菊的入侵风险越大。

表 3.18　不同施氮量处理对黄顶菊生物量分配的影响

施氮处理	叶生物量比	支持结构生物量比	根生物量比	根冠比
CK	0.25±0.01a	0.62±0.01a	0.12±0.02b	0.14±0.02b
T1	0.26±0.01a	0.60±0.01b	0.14±0.01b	0.16±0.01b
T2	0.26±0.01a	0.58±0.01c	0.17±0.01a	0.20±0.01a
T3	0.26±0.02a	0.56±0.02c	0.18±0.01a	0.22±0.01a

施氮处理明显改变了黄顶菊的营养生长。黄顶菊的株高、茎粗、叶面积指数和分枝数在各施氮处理下差异明显，除分枝数外，其他指标均随施氮量的增加而增大，在 T3 施氮梯度下达到最大值；黄顶菊分枝数在 T2 施氮梯度下达到最大值。如图 3.16A 至 D 所示，黄顶菊株高在各施氮梯度下差异显著（$P<0.05$）；黄顶菊茎粗在 CK 和 T1 施氮梯度下差不显著，与 T2 和 T3 施氮梯度相比差异显著；黄顶菊叶面积指数在 T1 和 T2 施氮梯度下差异不显著，与 CK 和 T3 施氮梯度相

比差异显著。黄顶菊分枝数在T2和T3施氮梯度下差异不显著，与CK和T1施氮梯度相比差异显著。由此可知，施氮可以促进黄顶菊的营养生长，施氮越多促进效果越明显，说明施氮量多的农田中更适合黄顶菊生长，黄顶菊的入侵风险也就越大。

施氮处理也明显改变了黄顶菊的生殖生长，如图3.16E所示，随施氮量的增加黄顶菊的花序数增加，且各施氮处理下差异显著（$P<0.05$）；与CK施氮梯度相比，T1、T2和T3施氮处理下花序数分别增加了116.2%、195.1%和214.7%。黄顶菊结实量大，一株黄顶菊可结12万粒种子，花序数的增加无疑增加了黄顶

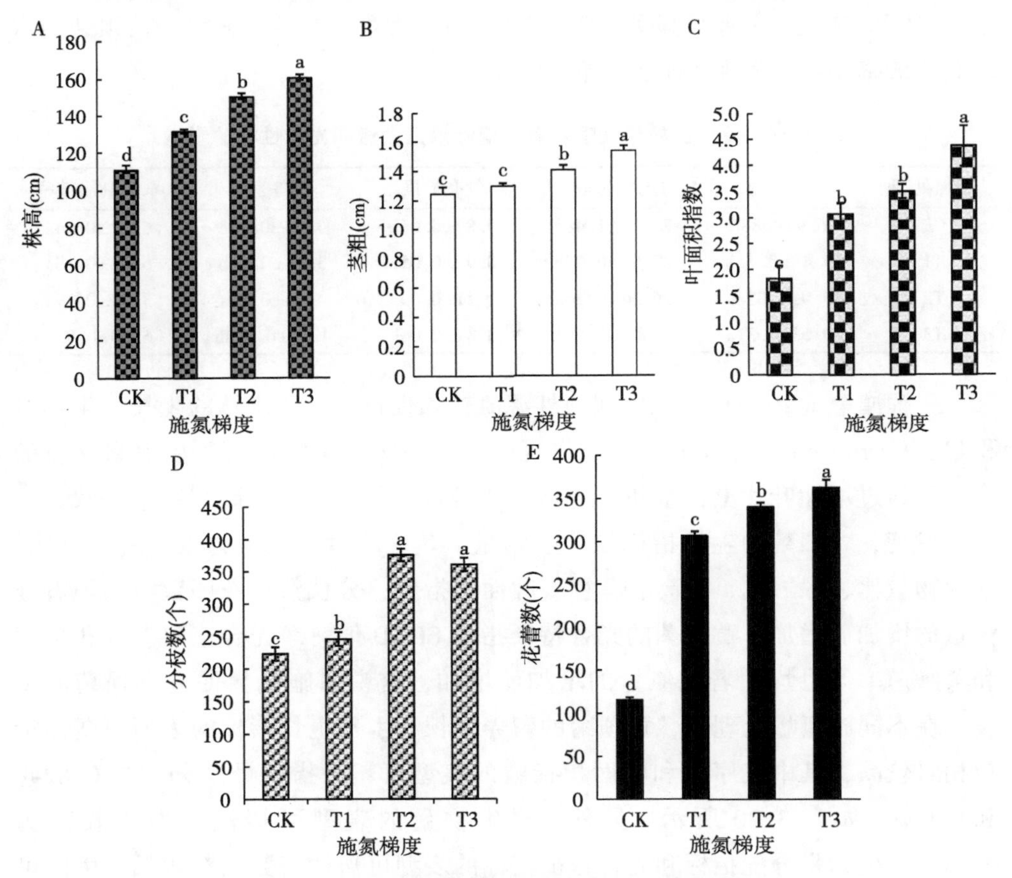

图3.16 不同施氮量处理对黄顶菊生长特征的影响

菊的种子数量，同时加大其入侵风险，施氮量的增加不仅促进黄顶菊的营养生长，更促进其生殖生长，增加结实量，增加入侵风险。

如表 3.19 所示，黄顶菊 SPAD 值随施氮梯度的增加而增大，在 T3 施氮梯度下达到最大值，T2 处理下黄顶菊 SPAD 值与 T1 和 T3 处理下 SPAD 值差异不显著，但是与 CK 处理比较差异显著（P<0.05）；黄顶菊净光合速率随施氮梯度增加而增大，但在 T3 施氮梯度下出现下降趋势，且在 T1 和 T3 施氮梯度下差异不显著；黄顶菊蒸腾速率在各施氮处理下与黄顶菊净光合速率变化趋势相同；黄顶菊气孔导度虽然也随施氮量的增加而增加，但是只有 T2 施氮处理下气孔导度和 CK、T1 和 T3 处理下差异显著，CK、T1 和 T3 处理下差异不显著；黄顶菊的水分利用效率在不同施氮处理下差异不显著。

表 3.19　不同施氮量处理对黄顶菊叶绿素含量和光合性状的影响

施氮处理	SPAD 值	净光合速率	气孔导度	蒸腾速率	水分利用效率
CK	36.9±4.88c	21.75±1.48c	0.82±0.06b	3.45±0.19c	6.32±0.54a
T1	44.43±3.75b	23.65±0.07b	0.95±0.05b	3.84±0.06b	6.34±0.18a
T2	49.0±1.82ab	26.14±0.26a	1.11±0.09a	4.44±0.30a	5.90±0.39a
T3	50.63±1.31a	24.84±0.32ab	0.84±0.06b	4.14±0.06ab	6.00±0.02a

张耀鸿等（2010）研究发现，外源氮输入促进了互花米草的生长、生物量积累；Harrington 等（2004）研究发现，入侵植物刺檗随着可利用氮素含量的升高，通过增加叶片氮含量和叶生物量来提高产量。与本文研究结果一致，本研究发现，黄顶菊的生长指标如叶生物量、茎生物量、根生物量、总生物量、根生物量比、根冠比、株高、茎粗、叶面积指数、分枝数和花序数等均随着施氮量的增加而增加；黄顶菊的光合特征指标 SPAD 值、净光合速率、气孔导度和蒸腾速率等也均随着施氮量的增加而增加，这说明施氮会促进黄顶菊的生长。在不同施氮量处理下，黄顶菊的营养生长和生殖生长指标的表型可塑性指数相对较高，其中花序数和叶面积指数的表型可塑性指数最高分别是 0.8247 和 0.666，如表 3.20 所示；另外，根生物量的表型可塑性指数也较高为 0.5311；生物量分配指标和光合特征指标的表型可塑性指数相对较低。由此可以看出，黄顶菊是通过调节自身的营养生长和生殖生长等指标来适应施氮处

理，通过增加根生物量来吸收土壤中的养分，从黄顶菊的各项指标的表型可塑性指数来看，黄顶菊的适应能力很强，可以很好地适应环境的变化。

表3.20 黄顶菊的各项指标在不同施氮处理下的表型可塑性指数

指标		可塑性指数	指标		可塑性指数
营养生长&生殖生长	株高	0.4545	生物量分配指标	叶生物量比	0.3583
	茎粗	0.3173		支持结构生物量比	0.3583
	分枝数	0.4401		根生物量比	0.3087
	花序数	0.8247		根冠比	0.3087
	叶面积指数	0.6660	光合特征指标	SPAD值	0.3551
生物量	叶生物量	0.3583		净光合速率	0.2383
	茎生物量	0.2306		气孔导度	0.3500
	根生物量	0.5311		蒸腾速率	0.3121
	总生物量	0.3087		水分利用效率	0.1801

二、不同施氮梯度下黄顶菊DNA表观遗传变异

外来生物入侵已成为威胁我国生态安全与生物安全的重要问题，在我国每年由外来入侵物种造成的经济损失高达2 000亿元。目前，有效预防和控制外来物种的危害已经成为学术界关注的重点。在以往研究入侵植物与环境的相互作用以及物种的适应性进化中，多是强调遗传变异的作用，但事实上，植物面对环境条件的变化可以通过表型可塑性的改变来做出相应变化从而适应环境，而基因组表观遗传变异是环境适应性和表型可塑性发生的机理。表观遗传学研究显示，生物的适应性增强往往是表型变化而不是基因型的变化。曾有人利用MSAP技术，研究了低氮处理对水稻DNA甲基化的影响，结果表明水稻在低氮和无氮处理后，DNA甲基化水平降低幅度较大，降低的模式以CNG甲基化水平的降低为主。有研究结果表明，低氮处理的飞机草去甲基化比例高于高氮处理的飞机草，而甲基化增强的比例又低于高氮处理。本研究也显示T2施氮处理下获得甲基化类型Ⅰ的条带数最多；甲基化类型Ⅱ的条带数随施氮量的增加而增加；类型Ⅲ的条带数在T2施氮梯度下达到最大值。T2和T3处理下甲基化的变化趋势相似，差异不显著；半甲基化和总甲基化在T2和T3处理下差异不显著但是与CK和T1处理

差异显著，说明施氮梯度会对黄顶菊甲基化状态产生影响。

按照DNA甲基化模式类型分类，统计不同施氮处理下黄顶菊DNA甲基化水平变化情况，如表3.21所示，各处理下扩增条带总数为690条，其中半甲基化（Ⅱ）和全甲基化（Ⅲ）条带数随施氮量的增加而增加，但是超甲基化（Ⅳ）条带数随施氮量的增加而减少。总甲基化条带数为72～79条，占比为10.44%～11.45%。由图3.17可知，T2和T3施氮处理下各甲基化水平的变化趋势相似，差异不显著，但是半甲基化和总甲基化水平与CK和T1处理比较差异显著；全甲基化水平在T1、T2和T3处理下差异不显著但是与CK处理差异显著。以上结果表明，施氮梯度会对黄顶菊甲基化状态产生影响。

表3.21　各施氮处理下DNA甲基化水平变化情况

MSAP扩增带谱类型	CK	T1	T2	T3
Ⅰ	529	532	534	533
Ⅱ	32	34	34	36
Ⅲ	40	42	43	43
Ⅳ	89	81	80	78
扩增条带总数	690	690	690	690
总甲基化带数①	72	76	77	79
甲基化条带比率（%）	10.44	11.03	11.14	11.45

①总甲基化条带数=Ⅱ+Ⅲ。

表观遗传变异可能是表型可塑性形成的重要分子基础，为研究不同氮素水平下黄顶菊DNA甲基化与表型可塑性的响应特征，本文进一步分析了各甲基化状态与不同生理指标表型可塑性指数之间的相关性（表3.22）。结果表明，黄顶菊DNA半甲基化水平与花序数和根生物量呈显著负相关，黄顶菊全甲基化水平与株高和叶面积指数呈显著负相关，黄顶菊总甲基化水平与根生物量呈显著负相关，与叶生物量比呈极显著正相关。这是由于植物可能通过在某些基因的内部或附近区域发生甲基化或去甲基化来抑制或激活这些基因的表达，从而参与植物生长发育的重要生命过程。随不同氮素水平的变化，黄顶菊可能主要通过调节5′-CCGG-3′胞嘧啶外侧发生半甲基化或内侧发生全甲基化的水平，来开启花序数、根生物量、株高和叶面积指数相关基因的表达；而通过整体调节5′-CCGG-3′胞

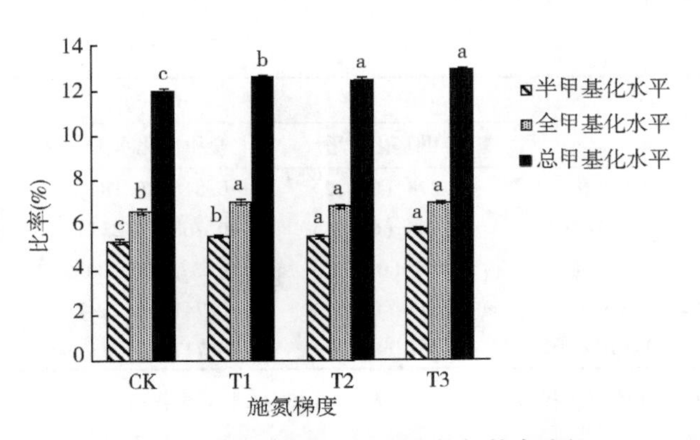

图 3.17　四种施氮处理下甲基化状态比较

{注：半甲基化水平：Ⅱ/(Ⅰ+Ⅱ+Ⅲ)×100%；全甲基化水平：Ⅲ/(Ⅰ+Ⅱ+Ⅲ)×100%；总甲基化水平：(Ⅱ+Ⅲ)/(Ⅰ+Ⅱ+Ⅲ)×100%；其中Ⅰ、Ⅱ、Ⅲ分别代表Ⅰ、Ⅱ、Ⅲ类型的条带数量；字母表示不同施氮梯度下同一甲基化水平间的差异性。}

嘧啶内外侧发生半甲基化和全甲基化的总甲基化水平，开启根生物量相关基因的表达而关闭叶生物量比相关基因的表达。

表 3.22　黄顶菊各生理指标的表型可塑性指数与甲基化水平相关性分析

指　标		R（P）		
		半甲基化水平	全甲基化水平	总甲基化水平
营养生长&生殖生长	株高	-0.795（0.205）	-0.987（0.013）*	-0.925（0.075）
	茎粗	-0.495（0.505）	-0.897（0.103）	-0.708（0.292）
	叶面积指数	-0.643（0.357）	-0.974（0.026）*	-0.833（0.167）
	分枝数	0.182（0.818）	-0.353（0.647）	-0.058（0.942）
	花序数	-0.968（0.032）*	-0.643（0.364）	-0.866（0.136）
生物量	叶生物量	-0.295（0.705）	-0.781（0.219）	-0.537（0.463）
	茎生物量	-0.869（0.131）	-0.811（0.189）	-0.887（0.113）
	根生物量	-0.920（0.08）*	-0.937（0.630）	-0.977（0.023）*
	总生物量	-0.806（0.194）	-0.811（0.199）	-0.882（0.118）
生物量分配指标	叶生物量比	0.949（0.051）	0.951（0.049）*	0.999（0.001）**
	支持结构生物量比	-0.661（0.339）	-0.267（0.733）	-0.512（0.488）
	根生物量比	-0.884（0.116）	-0.825（0.175）	-0.902（0.098）
	根冠比	-0.843（0.157）	-0.862（0.138）	-0.895（0.105）

（续表）

指标		R（P）		
		半甲基化水平	全甲基化水平	总甲基化水平
光合特征	SPAD 值	−0.878（0.122）	−0.816（0.184）	−0.894（0.106）
	净光合速率	−0.805（0.195）	−0.768（0.232）	−0.829（0.171）
	气孔导度	0.748（0.252）	0.637（0.363）	−0.735（0.265）
	蒸腾速率	−0.643（0.357）	−0.741（0.259）	−0.722（0.278）
	水分利用效率	−0.767（0.233）	−0.717（0.283）	−0.783（0.217）

注：** 表示在 0.01 水平上极显著相关，* 表示在 0.05 水平上显著相关。

参考文献

蔡志翔，沈志军，严娟，等，2016. 桃甲基化敏感扩增多态性（MSAP）技术体系的建立[J]. 江苏农业科学，44（11）：43–45.

柴民伟，2013. 外来种互花米草和黄顶菊对重金属和盐碱胁迫的生态响应[D]. 天津：南开大学.

陈昂，周明兵，汤定钦，2017. ^{137}Cs–γ 辐照及 5–氮杂胞苷处理毛竹种子对其实生苗甲基化水平的影响[J]. 核农学报，31（2）：218–224.

陈冬青，皇甫超河，王楠楠，等，2012. 不同生长环境下黄顶菊的浸提液对多年生黑麦草萌发与生长的影响[J]. 中国生态农业学报，20（5）：586–591.

冯建永，庞民好，张金林，等，2010. 复杂盐碱对黄顶菊种子萌发和幼苗生长的影响及机理初探[J]. 草业学报，19（5）：77–86.

郝凤，刘晓静，张晓磊，齐敏兴，2015. 混合盐碱胁迫对紫花苜蓿苗期氮磷吸收及生理特性的影响[J]. 中国沙漠，35（5）：1268–1274.

黄白飞，辛俊亮，2013. 植物积累重金属的机理研究进展[J]. 草业学报，22（1）：300–307.

黄亚萍，俎丽红，沈广爽，等，2017. 铅胁迫对蜀葵重金属积累及抗氧化酶活性的影响[J]. 农业环境科学学报，36（9）：1746–1752.

黄运湘，廖柏寒，王志坤，2005. 超积累植物的富集特征及耐性机理[J]. 湖南农业大学学报（自然科学版），31（6）：693–697.

简敏菲，张乖乖，史雅甜，等，2017. 土壤镉、铅及其复合污染胁迫对丁香蓼（*Ludwigia prostrata*）生长和光合荧光特性的影响[J]. 应用与环境生物学报，23（5）：837–844.

李红岩，2009. 河北省黄顶菊种群遗传多样性和遗传分化[J]. 中国农学通报，25（10）：29–35.

李铭红，李侠，宋瑞生，等，2006. 受污农田中农作物对重金属 Pb 的富集特征研究[J]. 农业环境科学学报，25（S1）：109–113.

李卫国，陈文波，2010. 喜旱莲子草 MSAP 分析技术反应体系的建立[J]. 生物技术，20（4）：

32-34
李云,张世熔,张少卿,等,2012. 野茼蒿对镉的富集及其镉耐性[J]. 农业环境科学学报,31(7):1296-1302.
刘强,王占武,周晓梅,2017. 苍耳对盐碱胁迫的生理响应[J]. 东北林业大学学报,45(4):23-27.
刘柿良,石新生,潘远智,等,2013. 镉胁迫对长春花生长,生物量及养分积累与分配的影响[J]. 草业学报,22(3):154-161.
刘洋洋,崔恒宓,2015. DNA 甲基化分析中重亚硫酸盐处理 DNA 转化效率的评估方法[J]. 遗传,37(9):939-944
陆光远,伍晓明,陈碧云,等,2005. 油菜种子萌发过程中 DNA 甲基化的 MSAP 分析[J]. 科学通报,50(24):2750-2756
陆霞梅,周长芳,安树青,等,2007. 植物的表型可塑性、异速生长及其入侵能力[J]. 生态学杂志 (9):1438-1444.
全志星,田佳源,张思宇,等,2017. 不同入侵地区黄顶菊 DNA 表观遗传多样性变化特征[J]. 农业环境科学学报,36(4):625-634.
唐晓梅,王艳,马东伟,等,2015. 干旱胁迫下高羊茅基因组甲基化分析[J]. 草业学报,24(4):164-173.
田筱青,孙丹凤,张燕捷,等,2008. 芯片技术与肿瘤中 DNA 甲基化研究[J]. 遗传,30(3):295-303.
王晓娟,王文斌,杨龙,等,2015. 重金属镉(Cd)在植物体内的转运途径及其调控机制[J]. 生态学报,35(23):7921-7929.
闫永庆,刘兴亮,王崑,等,2010. 白刺对不同浓度混合盐碱胁迫的生理响应[J]. 植物生态学报,34(10):1213-1219.
颜宏,赵伟,尹尚军,等,2006. 羊草对不同盐碱胁迫的生理响应[J]. 草业学报,15(6):49-55.
杨金兰,柳李旺,龚义勤,等,2007. 镉胁迫下萝卜基因组 DNA 甲基化敏感扩增多态性分析[J]. 植物生理与分子生物学学报,33(3):219-226.
杨雪艳,蒋代华,史进纳,等,2016. "双耐"细菌-香根草对铅镉复合污染土壤的修复机理[J]. 应用与环境生物学报,22(5):884-890.
殷欣,2016. 镉胁迫下大豆生理生化特性及 DNA 甲基化变异的研究[D]. 哈尔滨:哈尔滨师范大学.
张强,刘宁芳,向佐湘,等,2017. 盐碱胁迫对草地早熟禾生长和生理代谢的影响[J]. 草业学报,26(12):67-76.
张潭,唐达,李思思,等,2017. 盐碱胁迫对枸杞幼苗生物量积累和光合作用的影响[J]. 西北植物学报,37(12):2474-2482.
张晓磊,刘晓静,齐敏兴,等,2013. 混合盐碱胁迫对紫花苜蓿苗期生长特性的影响[J]. 草原与草坪,33(1):16-20.

张耀鸿,张富存,李映雪,等,2010. 外源氮输入对互花米草生长及叶特征的影响. 生态环境学报,19(10):2297-2301.

赵福庚,何龙飞,罗庆云,2004. 植物逆境生理生态学[M]. 北京:化学工业出版社.

郑鑫,马晓岗,迟德钊,等,2009. 高活力水稻种子萌发过程中 DNA 甲基化变化的 MSAP 分析[J]. 青海大学学报,4(2):53-56.

Benavides M P,Gallego S M,Tomaro M L,2005. Cadmium toxicity in plants[J]. Brazilian Journal of Plant Physiology,17(1):21-34.

Delagrange S,Messier C,Lechowicz M J,et al. ,2004. Physiological,morphological and allocational plasticity in understory deciduous trees:importance of plant size and light availability[J]. Tree Physiology,24(7):775-784.

Emidio A,Gianpiero M,2014. Methylation sensitive amplified polymorphism(MSAP)marker to investigate drought-stress response in Montepulciano and Sangiovese grape cultivars[J]. Methods in Molecular Biology,1112:151-164.

Esmaeilzadeh M,Karbassi A R,Bastami K D,2017. Antioxidant response to metal pollution in *Phragmites australis* from Anzali wetland[J]. Marine Pollution Bulletin,119(1):376-380.

Ezio P,Alberto A,Cinzia C,et al. ,2004. Analysis of DNA methylation during germination of pepper (*Capsicumannuum* L.) seeds using methylation - sensitive amplification polymerphism [J]. Plant Science,166:169-178.

Fangfang W,Youfei Z,Rongjun W U,et al. ,2011. Concentration of O3 at the atmospheric surface affects the changes characters of antioxidant enzyme activities in Triticum aestivum[J]. Acta Ecologica Sinica,14(31):4019-4026.

Feng W,Dong Z,He B,et al. ,2012. Analysis method of epigenetic DNA methylation to dynamically investigate the functional activity of transcription factors in gene expression[J]. BMC Genomics,13(1):532-538.

Gilliam F S,2006. Response of the herbaceous layer of forest ecosystems to excess nitrogen deposition. Journal of Ecology,94(6):1176-1191.

Grativol C,HemerlyA S,Ferreira P C,2012. Genetic and epigenetic regulation of stress responses in natural plant populations[J]. Biochimica et Biophysica Acta,1819(2):176-185.

Harrington R A,Fownes J H,Cassidy T M,2004. Japanese barberry(*Berberis thunbergii*) in forest understory:leaf and whole plant responses to nitrogen availability[J]. The American Midland Naturalist Journal,151(2):206-216.

Huey R B,Gilchrist G W,Carlson M L,et al. ,2000. Rapid evolution of a geographic cline in size in an introduced fly[J]. Science,287(5451):308-309.

Jaenisch R,Bird A,2003. Epigenetic regulation of gene expression:how the genome integrates intrinsic and environmental signals[J]. Nature Genetics,33(3):245-254.

Klughammer J,Datlinger P,Printz D,et al. ,2015. Differential DNA methylation analysis without a reference genome[J]. Cell Reports,13(11):2621-2633.

Liu J N, Zho Q X, Sun T, et al. , 2008. Growth responses of three ornamental plants to Cd and Cd-Pb stress and their metal accumulation characteristics[J]. Journal of Hazardous Materials, 151 (1): 261-267.

Maathuis F J M, 2009. Physiological functions of mineral macronutrients[J]. Current Opinion in Plant Biology, 12(3): 250-258.

Martienssen R A, Richards E J, 1995. DNA Methylation in eukaryotes[J]. Current Opinion in Genetics and Development, 5(2): 234-242.

More P, Agarwal P, Mastan S G, et al. , 2016. MSAP markerbased DNA methylation study in *Salicornia brachiata* DREB2A transgenic tobacco[J]. Plant Gene, 6(4): 77-81.

Munns R, Tester M, 2008. Mechanisms of Salinity Tolerance[J]. Annual Review of Plant Biology, 59: 651-681.

Rahoui S, Chaoui A, Ferjani E E, 2010. Membrane damage and solute leakage from germinating pea seed under cadmium stress[J]. Journal of Hazardous Materials, 178(3): 1128-1131.

Shi D C, Sheng Y M, 2005. Effect of various salt-alkaline mixed stress conditions on sunflower seedlings and analysis of their stress factors[J]. Environmental and Experimental Botany, 54 (1): 8-21.

Steward N, Ito M, Yamaguchi Y, et al. , 2002. Periodic DNA methylation in Maize Nucleosomes and Demethylation by Environmental Stress [J]. Journal of BiologicalChemistry, 277 (40): 37741-37746.

Tabatabaei S, Ehsanzadeh P, 2016. Photosynthetic pigments, ionic and antioxidative behaviour of hulled tetraploid wheat in response to NaCl[J]. Photosynthetica, 54(3): 340-350.

Tariq M, Paszkowski J, 2004. DNA and histone methylation in plants[J]. Trends in Genetics, 20 (6): 244-251.

Tyler A C, Lambrinos J G, Grosholz E D, 2007. Nitrogen inputs promote the spread of an invasive marsh grass[J]. Ecological Applications, 17(7): 1886-1898.

Vicente O, Boscaiu M, Naranjo M A, et al. , 2004. Responses to salt stress in the halophyte *Plantago crassifolia* (Plantaginaceae) [J]. Journal of Arid Environments, 58(4): 463-481.

Wang C Y, Zhou J W, Liu J, et al. , 2018. Differences in functional traits and reproductive allocations between native and invasive plants [J]. Journal of Central South University, 25 (3): 516-525.

Wassenegger M, 2000. RNA-directed DNA methylation[J]. Plant Molecular Biology, 43(2): 203-220.

Yang C, Chong J, Li C, et al. , 2007. Osmotic adjustment and ion balance traits of an alkali resistant halophyte *Kochia sieversiana* during adaptation to salt and alkali conditions[J]. Plant and Soil, 294(1): 263-276.

Zurayk R, Sukkariyah B, Baalbaki R, 2001. Common hydrophytes as bioindicators of nickel, chromium and cadmium pollution[J]. Water Air and Soil Pollution, 127(1): 373-388.

第四章　入侵植物黄顶菊的生态调控与资源化利用

外来入侵植物对经济发展产生较大的负面影响，包括对农、林、牧、渔及养殖业发展造成严重的经济损失。而物种的入侵对整个生态系统的稳定性也有影响，会直接或间接地降低入侵区的生物多样性，改变入侵地生态系统的结构和功能，造成本地物种减少，甚至灭绝，并最终导致生态系统的退化与生态系统功能和服务的丧失，威胁到人类健康等（Mckinney et al.，1999；万方浩等，2002）。因此，对外来植物的防控进行研究刻不容缓。对外来入侵植物的防控大致分为物理、化学和生物防控3种类型，化学防控一般采用除草剂方式来抑制植物的代谢活动，影响细胞分裂、叶绿素合成等生理过程，导致植物最终死亡的方法，这种方法虽然见效快，但是多次使用会产生抗药性，与此同时会对空气和土壤产生药害，直接或者间接影响人类的身体健康，通过物理方法及生物学手段对外来入侵植物进行防控可以更全面地解决问题。尤其是生物学方面的研究较多，近年来生物防治多用来对本地种的虫害病害等进行防控，但是对外来植物的防控较为少见。外来植物入侵对本地物种的竞争作用破坏了当地的生态平衡及生物多样性，但是如果能够将外来植物作为一种资源，对其进行资源化利用，既能解决生物入侵问题，又能够增加当地的资源条件，因此也成为国内外学者研究热点之一。黄顶菊体内含有大量的次生代谢物质，已被分离的化合物有黄酮类（Xie et al.，2010）如异槲皮苷和紫云英苷，噻吩类（张凯，2011）如联二噻吩和α-三噻吩，烯类（杜继林，2012）如石竹烯和氧化石竹烯，但是对这些次生代谢物质的研究还有待进一步完善。

第一节　黄顶菊生长、再生能力对模拟天敌危害的响应

黄顶菊入侵性强，且根部能分泌化感物质影响其他植物生长，侵入农田造成作物减产甚至绝产。研究控制黄顶菊发生和蔓延的高效、经济且环境友好的方法是当前国内外学者关注的热点。缺乏专性天敌可能是外来植物扩散蔓延的原因之一。生物防治是环境友好且高效的防除方法，而人工模拟天敌危害对植物的生长、再生指标影响的效果与自然天敌的效果相似。在田间条件下，对入侵植物黄顶菊进行不同程度模拟天敌危害处理，探讨对黄顶菊生长、再生能力影响的效果，为生物防治提供理论基础。轻度天敌危害对黄顶菊无明显抑制作用，重度危害对黄顶菊的生长、开花结实抑制效果最为理想。生产实践中建议结合其他方法以实现对黄顶菊的有效控制。

一、入侵植物黄顶菊对刈割处理生理生态响应

植物在其生活史中常会遇到各种类型环境胁迫。Chapin 认为植物具有一个对所有胁迫发生反应的中心系统，由激素传递并起到平衡植物体内养分、水分、碳营养和激素的功能（Chapin，1991），在胁迫解除之后，植物将逐渐恢复其生长，减少或消除胁迫因素所带来的不利影响（原保忠等，1988）。刈割防除是通过物理切割去除植物地上部分，阻止其地上部分生长以及生物量的积累，减少光合作用面积和光合产物向地下传输来影响根系的生长、越冬或地下芽的萌发，最终达到防控的目的。刈割方法是否能有效地抑制入侵植物的生长蔓延，从而实现有效防控入侵植物，很大程度上取决于对其早期营养生长指标（如株高、生物量等）以及后期生殖生长（如结实数）的控制效果。植株高和分枝数是反映黄顶菊生长特征的重要参数，能够反映不同刈割处理后黄顶菊再生生长的状况（林贻卿，2008）。

在河北省献县陌南村，整地后浇透水，之后做畦，然后播种黄顶菊，发现刈割处理明显地降低了黄顶菊植株各部分的生物量。从表 4.1 中可以看出，对照处理的黄顶菊植株根生物量、茎生物量、叶生物量和总生物量指标都是最大的，且

与刈割 1 次、刈割 2 次和刈割 3 次后黄顶菊各部分生物量相比都具有显著差异（$P<0.05$）。其中，刈割 3 次的茎生物量、叶生物量和总生物量与刈割 1 次的也有显著差异。刈割 1 次、刈割 2 次、刈割 3 次的总生物量较对照分别降低了 39.47%、69.58%、82.57%；根生物量分别降低了 46%、68.55%、44.53%；茎生物量分别降低了 39.75%、70.75%、80.04%；叶生物量分别降低了 41.65%、67.23%、91.76%。

表 4.1　刈割对黄顶菊生物量的影响

处理	根生物量（g/株）	茎生物量（g/株）	叶生物量（g/株）	总生物量（g/株）
对照处理	13.308±2.231a	92.292±12.095a	40.280±6.038a	145.880±19.833a
刈割 1 次	7.186±0.952b	55.610±5.737b	23.502±2.391b	88.298±8.751b
刈割 2 次	4.186±0.643b	27.000±5.611bc	13.198±2.697bc	44.382±8.925bc
刈割 3 次	7.382±0.863b	14.732±1.636c	3.318±0.913c	25.432±3.027c

注：表中值为平均数±标准误，同列不同字母表示差异达显著水平（$P<0.05$）；下同。

同样，处理后黄顶菊的生物量分配有了明显差异。如表 4.2 所示，刈割 3 次的叶生物量比显著低于其它 3 种处理；刈割 3 次的根生物量比和根冠比显著高于其他 3 种处理；而支持结构生物量比 4 种处理间无显著差异。总之，刈割 3 次处理使黄顶菊植株生物量下降的效果最为明显。

表 4.2　刈割对黄顶菊生物量分配的影响

处理	叶生物量比	根生物量比	支持结构生物量比	根冠比
对照处理	0.274±0.009a	0.0902±0.006b	0.636±0.005a	0.0994±0.008b
刈割 1 次	0.273±0.008a	0.0832±0.005b	0.644±0.012a	0.0909±0.006b
刈割 2 次	0.296±0.007a	0.0976±0.006b	0.607±0.006a	0.1083±0.007b
刈割 3 次	0.123±0.023b	0.2938±0.019a	0.584±0.028a	0.4197±0.036a

刈割处理改变了黄顶菊的营养生长和生殖生长特征。刈割 1 次和刈割 2 次处理分别在 6 月 20 日和 7 月 20 日进行，分别经过 80d 和 50d 的恢复生长后，株高与对照比较仍分别下降了 7.78%和 37.04%，均差异显著（$P<0.05$）。而刈割 3 次对黄顶菊株高抑制作用最为明显，与对照相比下降了 76.38%（$P<0.05$，图

4.1 A)。不同处理也显著影响了黄顶菊分枝数。由图 4.1B 可见，刈割 1 次处理黄顶菊分枝数显著高于对照（$P<0.05$），增加了 46.51%；刈割 2 次处理略高于对照但无显著差异；而经过 3 次刈割黄顶菊分枝数下降了 83.82%，达到显著水平。所以适度刈割（1 次和 2 次）有利于黄顶菊的分枝数不同程度的增加，进一步增加刈割次数（3 次）能够有效地遏制黄顶菊的营养生长。

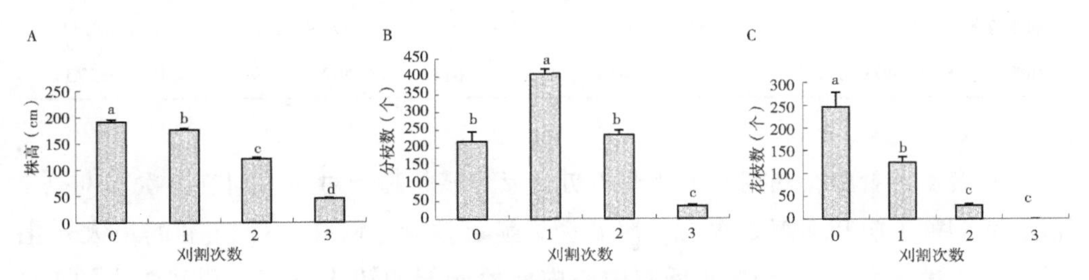

图 4.1　刈割对黄顶菊生长特征的影响

同时，刈割处理也显著影响了黄顶菊的生殖生长。图 4.1C 中，随着刈割次数的增加，各处理植株的花蕾数呈显著降低趋势（$P<0.05$）。刈割 1 次的处理，虽然有一定数量的植株开花，但与对照处理相比下降了 49.90%；刈割 2 次处理的花蕾数又显著的低于刈割 1 次处理，花蕾数仅为 29.8；而刈割 3 次的植株没有开花的植株。说明刈割明显地推迟了黄顶菊的生殖生长，减少了其结实量。

如表 4.3 所示，黄顶菊不同刈割处理叶绿素含量总体变化趋势是随着刈割次数的增加，表现含量逐渐降低的趋势。刈割 3 次的叶绿素含量低于对照，表现显著差异（$P<0.05$）。与之有所不同，净光合速率 *P*n、气孔导度 Cond 和蒸腾速率 *Tr* 指标在不同的刈割处理后变化趋势相似，除刈割 3 次处理外，随刈割次数的增加而逐渐增大：刈割 2 次>刈割 1 次>对照，且差异显著（$P<0.05$，表 4.3），刈割 2 次的 *P*n 值、Cond 值和 *Tr* 值都为最大。说明刈割处理能够在一定程度上增强黄顶菊植株的光合性能。同时，从表 4.3 中可以看出，刈割 2 次处理的水分利用率显著小于其他处理，对照、刈割 1 次和刈割 3 次之间并无显著差异。水分利用效率 WUE 在刈割处理后虽然有下降趋势，但 3 次刈割间无显著变化。

表 4.3　刈割对黄顶菊叶绿素含量和光合性状的影响

处理	叶绿素含量 (mg/dm^2)	净光合速率 [$\mu mol\ CO_2/(m^2 \cdot s)$]	气孔导度 [$mol\ H_2O/(m^2 \cdot s)$]	蒸腾速率 [$mmol\ H_2O/(m^2 \cdot s)$]	水分利用效率 ($\mu mol/mmol$)
对照	5. 444±0. 214ab	23. 091±0. 676c	0. 197±0. 011c	3. 493±0. 164c	6. 813±0. 196a
刈割 1	4. 784±0. 262bc	27. 491±1. 086b	0. 273±0. 015b	4. 314±0. 164b	6. 425±0. 278ab
刈割 2 次	5. 679±0. 139a	31. 345±1. 084a	0. 404±0. 025a	5. 479±0. 206a	5. 770±0. 231b
刈割 3 次	4. 493±0. 125c	27. 782±0. 941a	0. 352±0. 018a	4. 592±0. 199b	6. 139±0. 273ab

从表 4. 4 看出，刈割 3 次处理的初始荧光显著高于对照、刈割 1 次和刈割 2 次。而刈割 1 次和刈割 2 次与对照处理无显著差异。Fv/Fm 是 PSⅡ的最大光化学量子产量，大小反应 PSⅡ反应中心内原始光能的转化效率，刈割 3 次的 Fv/Fm 显著低于对照、刈割 1 次、刈割 2 次的值，说明刈割 3 次处理使黄顶菊能够显著降低黄顶菊光化学效率。而刈割 1 次和 2 次均与对照处理没有显著差异。Fv/F0 是 PSⅡ的潜在活性，它的变化趋势与 Fv/Fm 相似。刈割 3 次的 Fv/F0 显著低于其他处理，而刈割 1 次和 2 次均与对照处理没有显著差异（$P>0.05$）。

表 4.4　刈割对黄顶菊叶绿素荧光参数的影响

处理	初始荧光	最大荧光	可变荧光	PSⅡ最大光化学效率	PSⅡ潜在活性
对照	139. 467±5. 106b	541. 533±17. 606b	402. 067±20. 314bc	0. 736±0. 017a	2. 982±0. 22a
刈割 1 次	131. 800±2. 952b	577. 133±15. 289ab	445. 333±14. 524b	0. 770±0. 007a	3. 397±0. 122a
刈割 2 次	141. 667±3. 067b	606. 667±14. 206a	464. 870±13. 768a	0. 765±0. 007a	3. 302±0. 117a
刈割 3 次	169. 533±10. 28a	522. 133±13. 921b	352. 400±16. 304c	0. 672±0. 021b	2. 219±0. 187b

本研究中，在不同的刈割强度处理下，黄顶菊的生长指标如株高、分枝数、花枝数、生物量及其分配都具有很高的表型可塑性指数，多在 0. 7 以上（表 4. 5），这就意味着黄顶菊的生长指标对刈割具有较强的适应能力。而叶绿素含量、荧光参数和光合生理参数的表型可塑性指数相对较低，说明黄顶菊在受到胁迫时，这些指标所受到的影响较大。

表 4.5　黄顶菊各指标在刈割处理下的表型可塑性指数

指标	可塑性指数	指标	可塑性指数
株高	0.7638	叶绿素含量	0.1737
分枝数	0.9135	初始荧光	0.2224
花蕾数	1	最大荧光	0.1394
根生物量	0.6855	可变荧光	0.2420
茎生物量	0.8404	PSII 最大光化学效率	0.1273
叶生物量	0.9176	PSII 潜在活性	0.3468
总生物量	0.8256	净光合速率	0.2633
叶生物量比	0.5844	气孔导度	0.5113
根生物量比	0.7168	蒸腾速率	0.3625
根冠比	0.7834	水分利用效率	0.1531

本研究中，不同刈割处理都降低了黄顶菊的植株高度，而刈割 3 次对黄顶菊株高抑制作用最为明显，说明刈割能够明显的抑制黄顶菊地上部分的恢复生长，且随着刈割次数的增加，抑制效果更加明显。不同植物种类在不同的胁迫条件下，如刈割处理、放牧干扰、动物啃食、施肥或干旱等，不同的水平（个体、群体）、不同生长阶段会表现出不同的补偿性反应（Doak，1991；Belsky，1986）：不足补偿，等量补偿和超补偿。就分枝数指标而言，与对照相比，刈割 1 次小区的分枝数显著的升高，表现出显著的超补偿反应。这可能由于黄顶菊主茎被刈割后，打破了顶端优势，促进侧芽萌发，使分枝数显著增加。刈割 2 次分枝数表现为等量补偿，处理后的分枝数与对照无显著差异；刈割 3 次分枝数大大降低，表现出显著的不足补偿反应。李贺鹏（2007）及林贻卿（2008）在采用刈割控制互花米草的研究中均发现，株高指标即使在第一个生长季的 3 月和 5 月进行刈割处理后仍高于对照，表现出较强的补偿生长能力。因此，轻度伤害的情况下植物超补偿效应相对较大（周秉荣等，2006），重度伤害时为不足补偿反应（Obeso，1998）。

花蕾数是反映黄顶菊生殖生长的指标，直接影响植株的最终结实量。刈割 1 次、2 次和 3 次均显著降低了花蕾数，是因为刈割直接损伤和去除了黄顶菊的繁殖器官或繁殖器官的生长部位，同时刈割去除了植株的营养器官，减少了植物的光合作用面积，因而导致植物有性繁殖能力减弱（李贺鹏，2007）。表明适当的刈割措施能够推迟黄顶菊的开花，影响黄顶菊的生殖生长。为防止田间试验黄顶菊种子发生扩散，本研究在采样结束后种子成熟前将植株进行了处理，所以本试验未对结实率进行统计。但由刈割对花蕾数的显著影响可推断不同处理间种子的结实数仍会有显著差异。

地上部分生物量实际上是黄顶菊株高与分枝数的综合体现，因此与生长指标变化规律类似，随着刈割次数的增加，黄顶菊地上生物量逐渐降低，其中刈割 3 次地上部分生物量降低程度最大，严重抑制了黄顶菊刈割后植株再生。这与 Gray 等（1990）和 Veitch 等（2002）研究证明重复或高频率刈割能降低大米草的萌芽能力和生物量积累的结果一致。由黄顶菊在不同刈割处理下生长指标分析结果可见，除了轻度刈割（刈割 1 次）能够使分枝数出现超补偿现象，随刈割次数增加，株高、分枝数、花枝数和生物量指标均呈下降趋势。

叶绿素对光能的吸收和利用起着重要作用，所以叶绿素含量可以作为衡量光合性能的指标，叶绿素总含量越大，越有利于吸收更多的太阳辐射（王忠，2000）。刈割 2 次处理的叶绿素含量最大，可能是因为重复刈割促进了营养器官的再生和更新，叶片叶绿素含量最高，而对照和刈割 1 次的黄顶菊都进入生殖生长时期，故叶片功能呈下降趋势，叶绿素含量较 2 次刈割低。刈割 3 次处理的叶绿素含量最低，且与对照和刈割 2 次处理相比具有显著差异，这说明多次刈割处理影响黄顶菊叶绿素含量。植物的不同生育期的净光合速率也不同，一般都以营养生长中期最高，到了生长末期就下降（李欣，2006）。与叶绿素含量变化规律相对应，刈割 2 次处理的净光和速率、气孔导度和蒸腾速率都是最大的。刈割 2 次后的黄顶菊正处于营养生长旺盛期，刈割 1 次后的黄顶菊处于生殖生长初期，刈割 3 次处理的黄顶菊刚刚恢复正常生长，而对照处理的黄顶菊已经进入了生殖生长期，因此，净光合速率大小顺序为刈割 2 次>刈割 3 次>刈割 1 次>对照。此外，光照条件、二氧化碳供给等因素均会影响净光合速率的大小。刈割改善了黄顶菊群落的风光照条件，有利于净光合速率升高。

叶绿素荧光参数对胁迫因子十分敏感，通常被作为判断植物抗逆性强弱的理想指标，用于评价光合机构的功能和环境胁迫对植物的影响（Zhang，1999）。根据初始荧光的变化推断反应中心的状况：PSⅡ天线的热耗散增加导致F0降低；PSⅡ反应中心的破坏或可逆失活引起F0的增加（赵会杰，2000）。在非逆境条件下，Fv/Fm的值一般处于一个较稳定的水平上，多数植物的Fv/Fm在0.832±0.004，而且不受物种和生长条件的影响。但是在逆境或受损伤的条件下Fv/Fm值会明显下降。在本研究中，刈割3次处理的F0最大，显著高于对照、刈割1次和刈割2次处理，说明刈割造成了PSⅡ反应中心的破坏或可逆失活。同时，刈割3次Fv/Fm则最小，也说明黄顶菊植株受到了严重胁迫。由黄顶菊在不同刈割处理下光合及荧光参数变化分析结果可见，适当刈割（如刈割2次）能够增强植株同化器官的生长势和光合能力，但再增加刈割次数（刈割3次及以上）这些参数指标则呈下降趋势。

表型可塑性是相同的基因型在不同的环境条件下表现出不同的表型（Bradshaw，1965），能够反映物种对环境的适应能力。表型可塑性较高的物种，被认为能适应更为多变的环境（Scheiner，1993），而可塑性水平有限的物种可能会被限制在某些特定的环境中（Sultan，1995）。入侵种往往具有较高的表型可塑性，具有更为宽泛的生态位和更强竞争能力（Nicotra et al.，1997）。在本试验中，黄顶菊在受到不同强度的刈割处理后，各生长指标的表型可塑性指数较高，说明在这些胁迫因素作用下，具有较强再生和补偿生长的能力，黄顶菊具有适应环境的能力，与之前研究结果一致（皇甫超河等，2010），这也是其较强入侵性的原因。而叶绿素含量、荧光和光合生理指标的可塑性指数相对较低，说明在研究期内黄顶菊主要通过调节形态和生物量分配来适应刈割胁迫，这也是其重要适应性策略。很明显，较高的生长指标可塑性指数意味着其能够更有效地利用有限资源，达到更高的生长速率，在竞争中获得优势。另一方面，也有研究认为在逆境条件下植物生长指标较高的可塑性水平可能对生理指标可塑性起补偿作用（Delagrange et al.，2004）。尽管如此，在频繁刈割处理的情形下，新叶和嫩枝的不断生出消耗了植物碳水化合物库存（Canham et al.，1999），最终影响植株的生存和进入生殖生长。

综上所述，植物株高、生物量［尤其是地上生物量（Tang，2009）］、花蕾数、叶绿素荧光等参数都能很好地表征刈割对黄顶菊的防除效果。Delabays等

(2008) 和 Bohren 等 (2008) 研究表明，即使在植株的生殖生长期（8 月中下旬），单次刈割通常不能充分的阻止豚草植株的生长和种子的形成。在本试验中，多次刈割处理对黄顶菊的生理特性和生长发育具有很大的影响，使黄顶菊地上部分的再生、发育受到抑制，并导致黄顶菊开花时期推迟，最终降低其结实量，减少当年土壤种子库的输入；刈割 3 次对黄顶菊的控制效果最为明显，黄顶菊株高、分枝数、花蕾数、生物量、叶绿素含量以及 PSⅡ最大光化学效率都显著的降低，具有较好的防控效果。而在李贺鹏（2007）的试验中，单次刈割中 8 月的处理对互花米草生长的影响最大，然后分别是 7 月和 9 月，两次刈割和 3 次刈割的处理对互花米草生长的抑制效果不如单次刈割中 8 月的处理。Patracchini 等 (2010) 从管理的角度上也指出，选择适宜的刈割处理时期比刈割次数重要得多。因此，今后还需要对黄顶菊刈割的最佳方式（如最佳刈割时期和刈割间隔）进行进一步的探索和研究，在降低防控成本的同时，实现最佳的控制效果。此外 Patracchini 建议，刈割处理要在种子成熟和散落之前进行。

此外，由于物理、生物、化学等防治方法均有各自的优缺点，单独采用任何一种方法都难于获得高效、快速、持久的效果。实现各种防治措施的结合有助于实现对入侵植物有效控制，也是外来生物防控实践的发展方向（Patracchini et al.，2010）。皇甫超河、马杰等研究了多种牧草与黄顶菊替代竞争的效果，结果表明高丹草、欧洲菊苣和紫花苜蓿等经济价值很高的耐刈割牧草具有很好的替代控制效果（皇甫超河等，2010；马杰，2010），适宜的刈割能促进牧草的分蘖和再生，从而提高地上部分的生物量和质量（郭正刚等，2004），因此将替代控制方法与牧草管理措施刈割相结合，在适时收获牧草的同时防除黄顶菊，从而实现经济价值和生态效益的双赢，也为其他外来植物综合防控实践提供理论依据和指导。

二、入侵植物黄顶菊对模拟天敌生理生态响应

外来入侵植物在原产地有很多限制因子，其中天敌是控制植物种群密度、维持群落相对平衡的重要因子。当它们入侵到新的地区时，逃脱了这种限制因子，失去天敌控制，则使种群密度迅速增加并蔓延成灾（陆庆光，1997）。天敌逃逸

假说（Enemy release hypothesis，ERH）（Crawley，1989）认为，天敌环境（如昆虫、病原体微生物等）是影响入侵生物进化的重要因子，限制植物个体的适合度和竞争能力，影响植物分布和多度。如人为排除天敌，可以使植株生物量升高（Bigger et al.，1998），增强植株竞争能力（Crawley，1989），甚至会改变生态演替的速度和方向（Fagan et al.，2000）。植物的耐受性是指在受到昆虫取食等外界胁迫后植物的生长和再生能力，即植物的防御能力（Strauss et al.，1999）。不同植物受天敌取食后存活和再生能力各不相同。如艾式胡椒（*Piper arieianum*）叶面积减少 10%，其适应能力就会显著下降（Marquis，1984）；而野萝卜（*Raphanus raphanistrum*）叶面积受损 25%仍不会影响其结实（Lehtilä et al.，1999）。作为重要的生物防治方法，弄清黄顶菊对昆虫取食的耐性，能够为黄顶菊生物防治提供重要理论依据。

模拟天敌危害显著影响了黄顶菊各部分生物量及其分配。黄顶菊各器官生物量和总生物量的变化趋势一致。如表 4.6 所示，轻度处理和摘顶处理各部分生物量均显著高于其他各处理（$P<0.05$），呈现超补偿现象。除根生物量外，中度和重度处理各部分生物量都显著低于对照处理，中度和重度处理的总生物量较对照分别降低了 28.57%、63.69%；根生物量分别降低了 23.08%、62.35%；茎生物量分别降低了 28.61%、63.31%；叶生物量分别降低了 32.83%、64.84%。重度处理各器官生物量也均显著低于中度处理。

表 4.6　模拟天敌危害对黄顶菊生物量的影响

处理	根生物量（g/株）	茎生物量（g/株）	叶生物量（g/株）	总生物量（g/株）
对照	2.47±0.23b	17.58±1.25b	7.31±0.39b	30.87±1.85b
去除 1/4 叶片	3.89±0.25a	24.67±1.15a	9.43±0.54a	43.41±1.66a
去除 1/2 叶片	1.90±0.11b	12.55±0.84c	4.91±0.27c	22.05±1.39c
去除 3/4 叶片	0.93±0.07c	6.45±0.53d	2.57±0.23d	11.21±0.90d
摘顶	3.48±0.09a	22.18±0.92a	9.87±0.72a	42.04±1.83a

注：不同字母表示差异达显著水平（$P<0.05$）。表中值为平均数±标准误。下同。

模拟天敌危害对黄顶菊生物量分配的影响较小。各处理的叶生物量比、根生物量比和根冠比均无显著差异。重度处理的支持结构生物量比显著高于摘顶处理，与对照、轻度和中度处理无差异。对照、轻度和中度处理与摘顶处理也均无差异。模拟天敌危害改变了黄顶菊营养生长和生殖生长的特征。如图 4.2A 和图 4.2B 所示，黄顶菊的株高和分枝数指标变化趋势一致。轻度危害和摘顶处理对黄顶菊的株高和分枝数无影响，与对照处理无显著差异。中度和重度处理显著低于其他处理（$P<0.05$），重度处理显著低于中度处理（$P<0.05$）。中度和重度处理的株高较对照分别降低了 11.67%、20%，分枝数较对照分别降低了 16.67%、69.44%。

同时，模拟天敌危害对黄顶菊的生殖生长有显著影响。如图 4.2C 和图 4.2D 所示，轻度处理和摘顶处理黄顶菊的花蕾数和花生物量都出现超补偿现象，显著高于对照和其他处理，花蕾数较对照分别升高了 21.85%、26.71%，花生物量较对照分别升高了 35.24%、46.08%。中度处理的花蕾数和花生物量较对照均无显著差异。重度处理的花蕾数显著降低（$P<0.05$），较对照下降了 57.63%，而花生物量下降了 64.10%，且差异显著，但与中度处理差异不显著。综上，轻度处理和摘顶处理与对照处理相比，株高和分枝数无显著差异，花蕾数和分枝数都出现超补偿现象。中度和重度处理对黄顶菊生长影响最大，其营养生长和生殖生长指标显著低于对照处理。

不同模拟天敌危害程度下，黄顶菊株高和生物量的相对生长速率（RGR）具有显著差异。如图 4.3 所示，中度和重度处理的黄顶菊株高 RGR 低于其他处理，其中重度处理差异显著（$P<0.05$），而轻度和摘顶处理黄顶菊生物量的 RGR 高于对照处理，但差异并不显著。重度处理的相对生长速率显著低于其他处理。

模拟天敌危害对黄顶菊的光合特性产生了显著的影响。如图 4.4A 所示，中度和重度处理黄顶菊的净光合速率（Pn）显著的低于其他各处理（$P<0.05$），而轻度处理和摘顶处理与对照无差异。图 4.4B 中，4 种不同程度天敌危害的蒸腾速率（Tr）与对照相比，均显著降低（$P<0.05$）。但不同危害之间差异不显著。如图 4.4C 所示，轻度和摘顶处理的水分利用效率（WUE）最大，显著高于对照、中度和重度处理。

在不同模拟天敌危害程度下，黄顶菊的生长指标如分枝数、花蕾数、各器官生物量都具有很高的表型可塑性指数，多在 0.65 以上，这表明黄顶菊的生长指标对

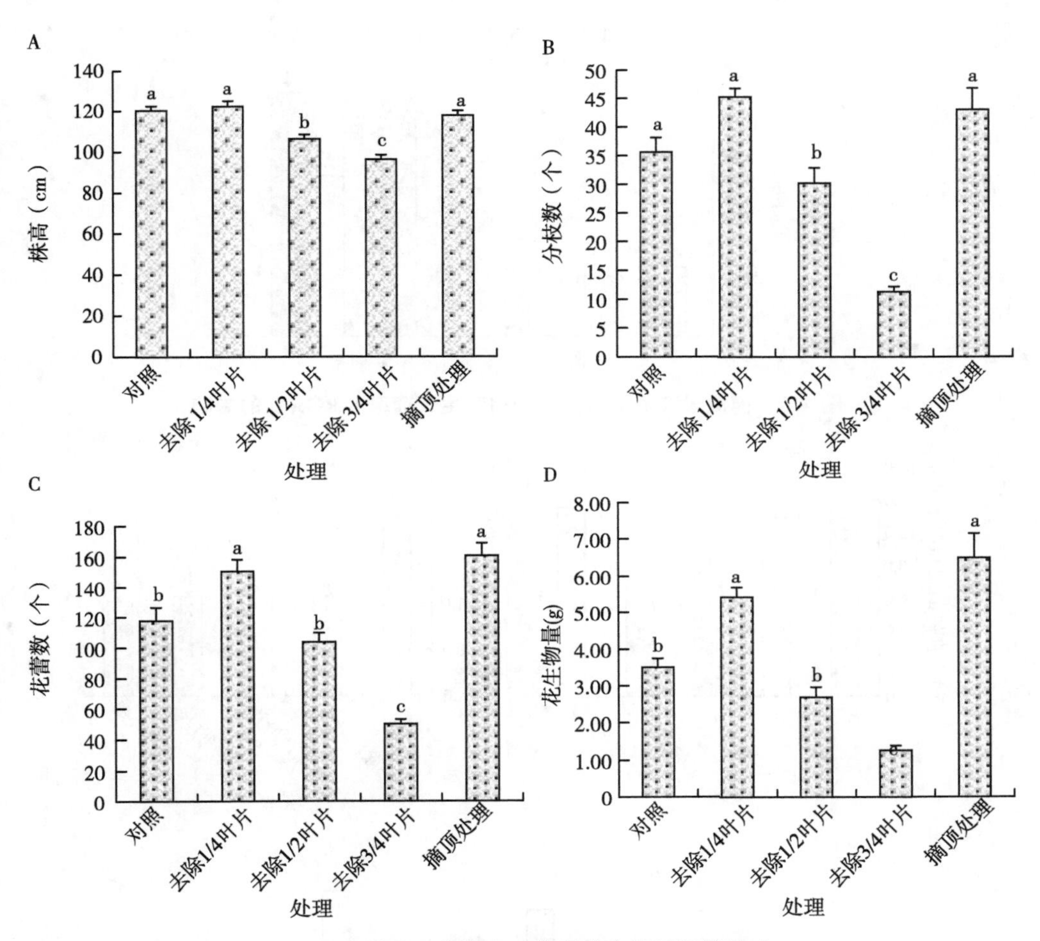

图 4.2　模拟天敌危害对黄顶菊生长特征的影响

模拟天敌危害具有较强的适应能力。而株高、荧光参数和光合生理参数的表型可塑性指数相对较低，说明黄顶菊在受到胁迫时，这些指标所受到的影响较大。

植物受到天敌取食、寄生或侵染后的生长及再生能力是反映植物耐受能力重要指标（Rebek et al.，2005）。植株高和分枝数是反映黄顶菊营养生长能力的主要参数，能够直观地反映模拟天敌危害处理对其再生能力的影响。本研究中，黄顶菊的株高和分枝数在轻度处理和摘顶处理下较对照无显著差异，但分枝数较对照有上升趋势。Milbrath（2008）的研究显示，摘除茎尖增加了植物的分枝数。

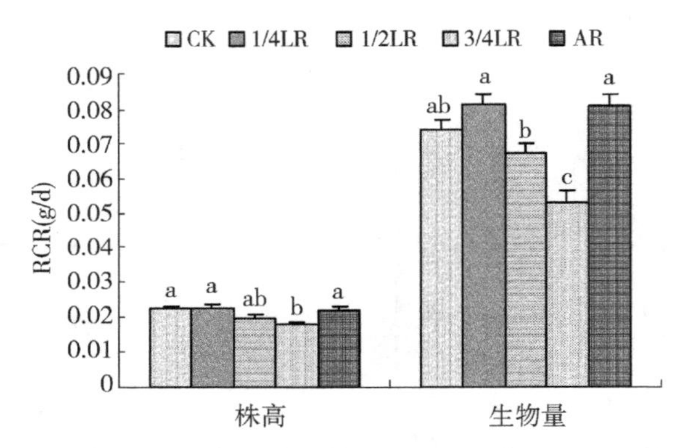

图 4.3 模拟天敌危害对黄顶菊相对生长速率（RGR）的影响

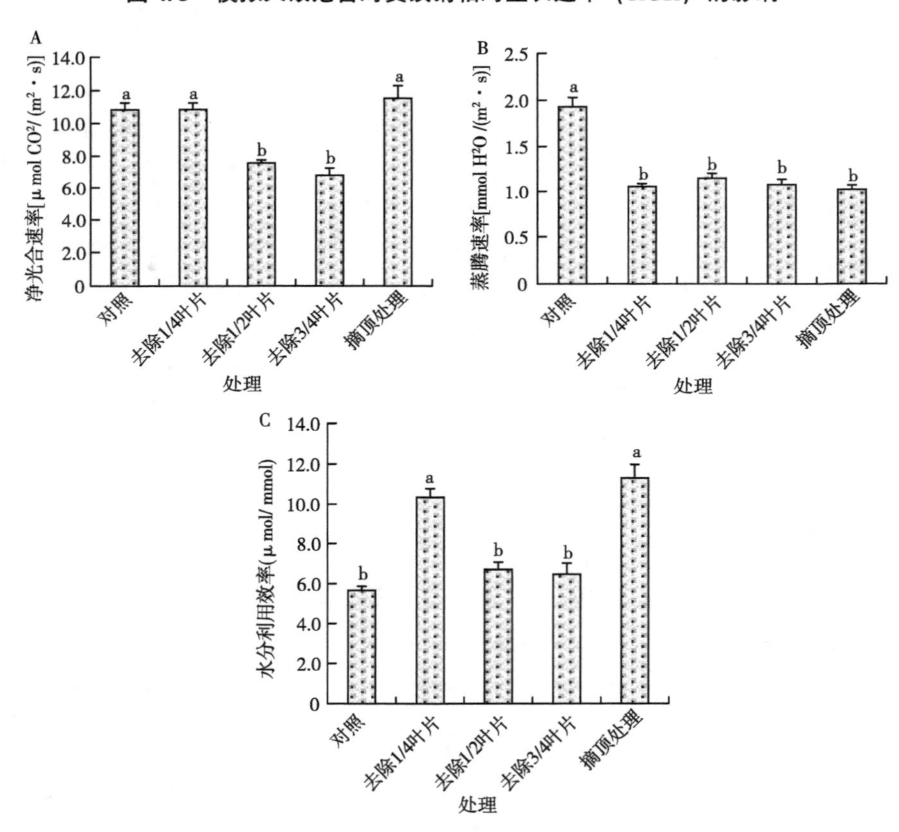

图 4.4 模拟天敌危害对黄顶菊光合特性的影响

Stowe 等（2000）研究也证明植物受到天敌危害后会产生更多的分枝，此外具有较多分枝的植物抵抗天敌危害的能力更强。说明轻度和摘顶处理可能会增加黄顶菊抵抗胁迫的能力。同样，在轻度危害和摘顶处理下黄顶菊花蕾数和花生物量指标也较对照显著升高，出现超补偿效应（Overcompensation effect）。这与 McNaughton（1983），Paige 等（1987）和 Owen（1980）的研究结果一致：在一定条件和取食强度下，天敌取食不仅不会降低而是能够增加植物的生产力，显示出较强的耐受能力。同样，其他指标也表现出类似的结果。在低水平的天敌危害处理（轻度处理和摘顶）下，黄顶菊各器官生物量显著高于对照处理，对天敌危害显示补偿反应。而继续增加危害程度后，植物体则表现为不足补偿（Undercompensation），生长受到抑制。有研究证明，植物应对天敌危害的较高耐受能力是由于生物量可塑性的分配对天敌危害起到缓冲作用（MacDonald et al.，2010）。Mabry 等（1997）研究认为，植物受到胁迫后会使资源由根向茎重新分配，增大支持结构生物量比。在本研究中，模拟天敌危害对黄顶菊生物量分配影响较小，重度处理的支持结构生物量比显著高于摘顶处理。

相对生长速率（RGR）是表示植物生长能力的指标。当植物受到天敌危害时，会通过增加其相对生长速率提高植物的耐受能力（Strauss et al.，1999）。本研究中轻度危害和摘顶处理下黄顶菊 RGR 表现出超补偿现象。表型可塑性能够反映物种对环境的适应能力，黄顶菊在受到不同程度模拟天敌危害后，其生长指标的表型可塑性指数较高，显示出在胁迫条件下黄顶菊具有较强的再生和补偿生长能力。较高的生长指标可塑性指数意味着其能够更有效地利用有限资源，维持较高的生长速率，这也是黄顶菊具有较强入侵能力的原因。

天敌危害能够减少光合面积，降低其光合能力（Crawley，1989）。在本研究中，用剪刀剪去植物部分叶片模拟黄顶菊被天敌取食，不同程度地降低了黄顶菊的叶面积。轻度处理和摘顶处理并未对黄顶菊的光合速率产生影响，且由于蒸腾速率下降，使其具有了较高的水分利用效率，说明一定危害程度下，由于植物自身的耐性，生理指标同样表现出超补偿效应。Strauss 等（1999）和 Marquis（1984）认为一定程度下天敌取食植物部分叶片后减少了叶片间互相遮阴的情况，因而使余下的叶片的光合能力升高。这与本研究的结果一致。叶绿素荧光对环境敏感，常用于评价植物光合机构的功能对环境胁迫的响应，作为判断植物抗逆性强弱的理想指标（Maxwell et al.，2000）。在胁迫条件下，PSⅡ反应中心的破坏或可逆失活将引起 F_0 的增加（赵会杰，2000）。在非胁迫条件下，F_v/F_m 的值一般处于一个较稳定的水平上，而且不受物种和生长条件的影响（Xu et al.，1992），但是在胁迫或受损伤的条件下 F_v/F_m 值会明显下降。在本研究中，各处理的初始荧光较对照都显著增加，说明模拟植食性天敌危害可能造成了PSⅡ反应中心的破坏或可逆失活。而3种不同程度去除叶片处理的 F_v/F_m 和 F_v/F_0 显著的低于对照和摘顶处理，显示黄顶菊植株受到了严重胁迫。

综上所述，轻度天敌危害水平下，黄顶菊表现出较强的耐受能力，对其生长、结实和生物量指标出现超补偿现象，而只有在重度危害水平下对黄顶菊的生长结实和生理特性产生显著的影响，这种耐受性表明一定程度的植食性天敌危害可能会促进（而非抑制）植物的再生生长和繁殖。生物控制黄顶菊要求天敌具有较高危害水平，这也恰是生物防控的局限性所在。对某一入侵种而言，只有证实天敌逃逸是其成功入侵的机制或者证明天敌危害能有效抑制其生长繁殖，采取相应的生物防治措施，才能发挥有效作用（Pearson et al.，2003）。通过生物替代实现物种间竞争能够实现对黄顶菊的防控（皇甫超河等，2010；马杰等，2010），有必要深入研究模拟天敌危害和诸如种间竞争相结合等方法对黄顶菊再生生长的影响规律，指导黄顶菊防控的生产实践。

三、入侵植物黄顶菊对氮肥调控的生理生态响应

氮是影响植物生长、生物量和光合作用的重要环境资源之一。研究表明，氮素资源投入过剩降低了生态系统抵御外来植物入侵的能力，使生态系统功能面临破坏性威胁（Tyler et al.，2007）。现代农业肥料的高投入（尤其是氮肥）、化石燃料燃烧和其他人类活动使得氮元素从大气向海洋和陆地生态系统大量输入并逐步积累（Vitousek et al.，1997），尽管氮素的输入满足了一定的农田生产氮素需求，但其带来的环境影响是严重而长远的。Gilliam（2011）的研究指出，若可利用的氮素含量升高，入侵植物将会进一步扩张。黄顶菊是典型的 C_4 植物，通常 C_4 植物在潮湿阴暗的环境条件下竞争能力较弱，却因其 C_4 结构及其代谢途径使

它能够适应干旱、盐碱恶劣条件及强光条件，且具有很高的氮素利用能力（Ross et al.，2011）。

试验在天津市南开区农业农村部环境保护科研监测所试验网室内进行。试验共设4个氮素水平：CK；固氮处理；低浓度氮素添加（每盆2g）；高浓度氮素添加（每盆4g）。两种氮肥形态处理：铵态氮肥（尿素）；硝态氮肥（硝酸钙）。共6个处理，每处理4个重复。黄顶菊于2011年7月20日播种到花盆中，土壤由园土和草炭灰混合而成，每盆装土10kg。每盆留生长状况良好的植株4株。8月12日进行施肥和固氮处理。2011年9月18日进行取样，测定生物量指标、生长指标、叶绿素含量、光合指标和荧光指标。

氮肥形态、施肥量对黄顶菊株高、分枝数、花蕾数、各器官生物量均有极显著影响（$P<0.01$），且二者存在显著交互作用。其中氮肥形态对根生物量具有显著影响（$P<0.05$）。黄顶菊的各生物量分配指标均没有受到氮肥形态、施肥量和形态浓度交互作用的影响。氮肥形态、施肥量和形态浓度交互作用对黄顶菊叶绿素含量、Pn和Tr均有极显著影响（$P<0.01$）。施肥量对F_0、F_m、F_v/F_m和F_v/F_0有极显著影响，而施肥量和形态浓度交互作用无影响。黄顶菊的Fv和水分利用效率不受氮肥形态、施肥量和形态浓度交互作用的影响。

硝态氮肥不同施肥量显著影响黄顶菊的生物量指标。如图4.5所示，黄顶菊的根生物量和叶生物量变化趋势一致，高浓度硝态氮处理显著高于低浓度硝态氮处理，但这两个处理均与对照无显著差异，固氮处理显著降低了黄顶菊的根生物量和叶生物量，但与低浓度硝态氮处理间无差异。高浓度硝态氮肥处理和低浓度处理间黄顶菊的支持结构生物量无差异，二者均显著高于对照和固氮处理。固氮处理并未对黄顶菊的支持结构生物量起到抑制作用，与对照无显著差异。黄顶菊的总生物量在高浓度硝态氮处理下远远高于其他处理，达到显著水平（$P<0.05$）。在固氮处理下，总生物量小于对照处理，但与低浓度硝态氮处理间无显著差异。

黄顶菊的营养生长和生殖生长指标受到硝态氮肥的4个施肥水平处理显著的影响。如图4.6A所示，高浓度硝态氮肥处理下黄顶菊的株高显著高于低浓度处理，且这两个处理下，株高显著高于对照处理和固氮处理。固氮处理和对照间，株高未有差异。如图4.6B和图4.6D所示，高浓度硝态氮肥处理下，黄顶菊的分

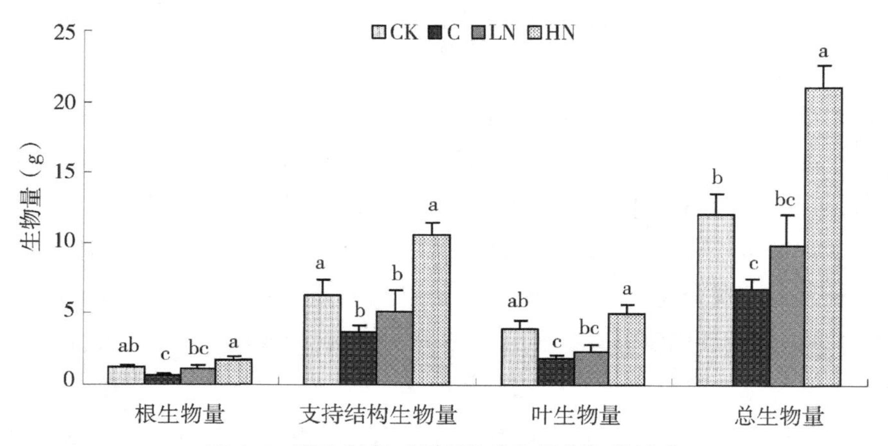

图 4.5　硝态氮肥对黄顶菊生物量指标的影响

枝数和花蕾数均显著高于低浓度、对照和固氮处理，而对照处理显著高于固氮处理和低浓度硝态氮肥处理。如图 4.6C 所示，高浓度硝态氮肥处理黄顶菊的花生物量显著高于其他 3 个处理，而对照、固氮和低浓度处理之间差异不显著。

不同浓度铵态氮肥处理也对黄顶菊的生物量指标产生了不同的影响。如图 4.7 所示，根生物量与叶生物量在铵态氮不同施肥水平下的变化趋势一致，高浓度与低浓度处理间无显著差异。高浓度铵态氮处理下根生物量和叶生物量均显著高于对照处理和固氮处理。支持结构生物量和总生物量对不同浓度铵态氮肥水平的相应趋势是一致的，高浓度条件下，支持结构生物量和总生物量均高于低浓度铵态氮处理，但差异不显著，而高浓度处理和低浓度处理均显著高于对照处理和固氮处理。同样，固氮处理也未影响支持结构生物量和总生物量。

黄顶菊株高随铵态氮肥不同施肥水平的变化趋势与株高对硝态氮肥水平的响应趋势一致，如图 4.8A 和图 4.8D 所示，高浓度铵态氮肥处理下株高和花蕾数显著高于低浓度处理，二者均显著高于对照处理和固氮处理。如图 4.8B 和图 4.8C 所示，黄顶菊的分枝数在低浓度和高浓度铵态氮肥处理下无差异，但均显著高于对照处理和固氮处理。固氮处理显著降低了黄顶菊的分枝数，显著低于对照处理。固氮处理对黄顶菊的株高和花生物量未表现出抑制作用，但显著降低了分枝数和花蕾数。

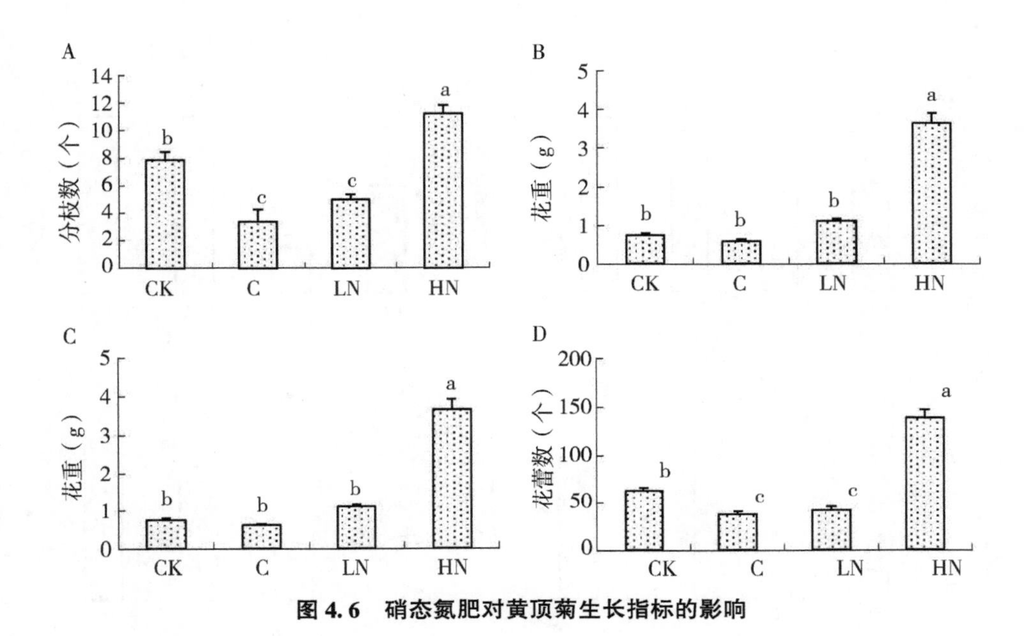

图 4.6　硝态氮肥对黄顶菊生长指标的影响

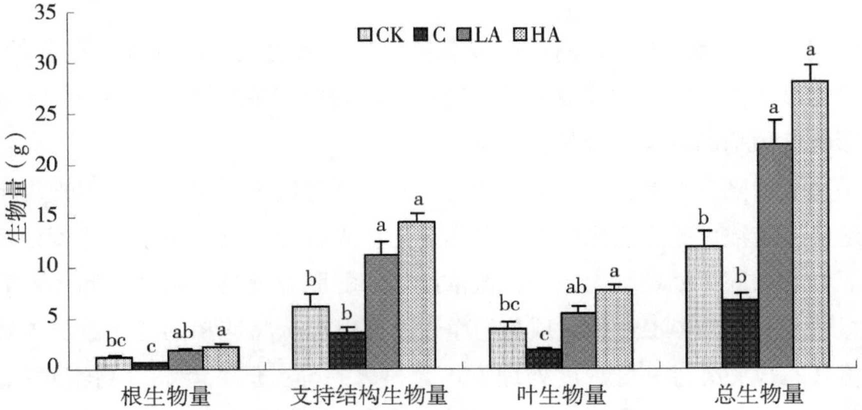

35
30
25
20
15
10
5
0
生物量（g）
CK C LA HA
bc c ab a
b b a a
bc c ab a
b b a a
根生物量
支持结构生物量
叶生物量
总生物量

图 4.7　铵态氮肥对黄顶菊生物量指标的影响

黄顶菊在不同浓度硝态氮肥处理和不同浓度铵态氮肥处理下叶绿素含量总体变化趋势是随着肥料浓度的增加，表现含量逐渐升高的趋势。高浓度硝态氮肥处理下黄顶菊的叶绿素含量显著高于低浓度处理，低浓度处理与对照间、对照与固

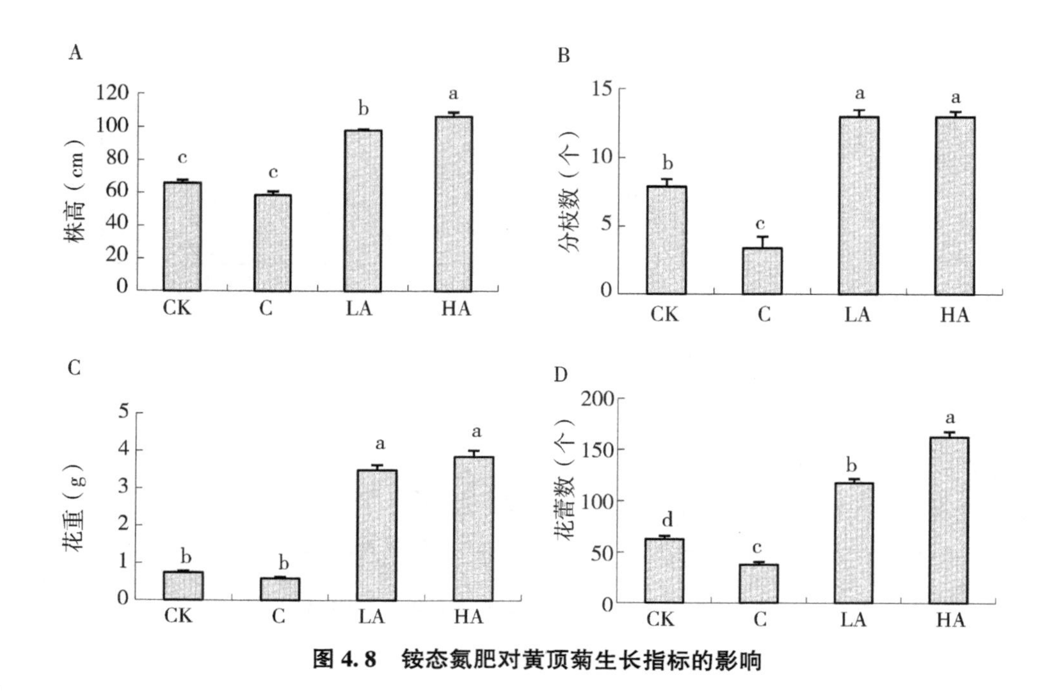

图 4.8　铵态氮肥对黄顶菊生长指标的影响

氮处理间均无显著的差异。高浓度铵态氮肥和低浓度处理间则也无显著的差异，但二者均显著高于对照和固氮处理。同样，不同浓度铵态氮肥水平中，固氮处理没有影响黄顶菊的叶绿素含量。

黄顶菊的光合指标在不同浓度硝态氮肥处理和铵态氮肥处理下表现出不同的响应趋势。高浓度硝态氮肥处理下黄顶菊的净光合速率显著高于低浓度处理，但与对照处理和固氮处理均无差异，低浓度硝态氮肥处理与对照处理和固氮处理也均无显著差异（$P>0.05$）。黄顶菊的净光合速率和蒸腾速率的变化趋势一致，在高浓度铵态氮肥处理和低浓度处理下均无显著差异，但二者显著高于对照处理，而固氮处理与低浓度铵态氮肥处理和对照处理均无显著差异。黄顶菊的蒸腾速率和水分利用效率在不同浓度硝态氮肥处理下均没有差异，此外，水分利用效率在不同浓度铵态氮肥处理下也无差异。

黄顶菊的叶绿素荧光指标在两种形态氮肥处理下的变化趋势一致，固氮处理下初始荧光显著高于对照处理、低浓度处理和高浓度处理。PSⅡ最大光化学效率均在固氮处理下最小，显著低于对照处理、低浓度处理和高浓度处理。除了低浓度铵态氮肥处理与固氮处理无差异外，固氮处理下黄顶菊的PSⅡ潜在活性均显著低于其他处理。

研究表明，氮素的含量和形态都是影响外来种成功定植并扩张蔓延的重要因素。张耀鸿等（2010）研究发现，外源氮输入促进了互花米草的生长、生物量积累；Harrington 等（2004）的研究发现随着可利用氮素含量的升高，入侵植物刺檗（*Berberis thunbergii*）通过增加叶片氮含量和叶生物量提高了产量；Ehrenfeld 等（2001）的研究表明，入侵植物刺檗和柔枝莠竹（*Microstegium vimineum*）利用硝态氮的能力更强，能够将大量的氮储存在叶片中，因此，由于叶片等脱落物中氮的贡献使土壤表层氮素含量较本地群落地氮素含量升高，进而有利于其自身生长；张天瑞等（2010）的研究也发现：黄顶菊入侵后土壤有机质、全氮、速效氮含量均呈上升趋势。弄清黄顶菊对不同形态和不同水平氮素的响应，对入侵地生态系统养分管理和黄顶菊的有效防治具有重要意义。

多年的氮素添加实验研究表明施氮可增加植物的地上和低下生物量（祁瑜等，2011）。在本研究中，两种氮肥形态（硝态氮和铵态氮）、施肥量（对照、固氮处理、低浓度氮肥和高浓度氮肥）及其二者交互作用对入侵植物黄顶菊的各器官生物量和总生物量均有显著或极显著影响。增施硝态氮肥处理条件下，黄顶菊的根生物量、支持结构生物量和叶生物量均与对照无显著差异，只有施用高浓度硝态氮肥处理的总生物量较对照增加了75%，呈现显著升高的变化；而黄顶菊在增施铵态氮肥条件下，高浓度铵态氮肥处理的根生物量、支持结构生物量、叶生物量和总生物量较对照分别升高了86.55%、130.50%、96.90%和133.58%，低浓度铵态氮肥处理下，支持结构生物量和总生物量也较对照显著的升高，分别为78.33%和83.29%。因此，入侵植物黄顶菊对铵态氮肥响应敏感。研究证明，黄顶菊的替代植物高丹草对硝态氮肥的施用不敏感，具有较高的铵态氮肥利用能力。由于黄顶菊和高丹草对氮肥形态的需求一致，对氮素资源具有相同的利用策略，则会产生强烈的资源竞争，难以共存，这可能也是高丹草具有很好的黄顶菊替代效果的原因之一。

黄顶菊繁殖能力极强，种子数量大，单株植株种子可达几十万至上百万之多，这是其造成生态危害的主要原因之一（张风娟等，2009）。本试验硝态氮肥处理下，黄顶菊的花蕾数和花生物量在高浓度硝态氮肥下显著升高，而低浓度硝态氮肥并未促进其生殖生长，与对照无显著差异。铵态氮肥条件下则不同，黄顶菊的花蕾数在低浓度和高浓度铵态氮肥条件下分别是对照的 1.89 倍和 2.60 倍，花生物量分别是对照的 4.65 倍和 5.13 倍。因此，土壤中过量的氮肥输入（尤其是农田生态系统中铵态氮肥的滥用）可能促进黄顶菊的生殖生长，大大地增加了黄顶菊的繁殖和扩散的风险。

氮肥的形态和用量除对黄顶菊生物量及生长指标具有很大影响外，对黄顶菊的光合荧光生理过程也具有一定的影响。在本研究中，高浓度硝态氮肥处理下，黄顶菊的叶绿素含量升高了 11.9%，低浓度处理下均无升高现象；低浓度和高浓度铵态氮处理下，黄顶菊的叶绿素含量分别升高了 21.8%和 39.9%。这与王正瑞等（2009）氮肥用量和形态对玉米苗期叶绿素含量影响的研究结果一致，玉米叶绿素含量随肥料用量升高而升高，且在铵态氮肥处理下叶绿素含量显著高于硝态氮肥处理，可能是因为铵态氮肥易于吸收，施用后效果快。张耀鸿等（2010）的研究也显示，外源氮输入促进了外来入侵植物互花米草叶绿素含量的升高。同时，黄顶菊的净光合速率 *P*n 和蒸腾速率 *Tr* 对铵态氮肥响应敏感，浓度升高时具有显著的增长趋势。

叶绿素荧光常用于评价植物光合机构的功能对环境胁迫的响应，在胁迫条件下，PSⅡ反应中心的破坏或可逆失活将引起 F_0 的增加，且在胁迫或受损伤的条件下 F_v/F_m 和 F_v/F_0 值会明显下降（赵会杰，2000）。固氮处理使黄顶菊受到了严重胁迫，其初始荧光 F_0 显著高于其他各处理，而 PSⅡ最大光化学效率 F_v/F_m 和 PSⅡ潜在活性 F_v/F_0 在固氮条件下显著低于其他处理。这与 Averett 等（2004）的研究结果一致：碳素添加对外来种具有较强的抑制作用。Blumentha 等（2003）研究中表明，在氮素贫瘠的土壤环境中，碳素添加能够抑制外来种的干扰，有助于本地植被的恢复和重建，研究强调，碳素添加的固氮处理实现这一效果的条件是杂草（多指入侵植物）必须是嗜氮的，且在氮素充足的条件下对本地种有显著抑制作用，此外，应添加足量的碳素以致改变杂草与本地种的竞争关系。因此，通过多年的碳素添加试验能够更好地发现固氮对防控入侵植物、恢复本地群落的效果。

由于黄顶菊生活史的特点和它们能够适应各种环境条件的能力，使重度入侵地的土地管理工作十分艰难。黄顶菊入侵的农田生态系统中可以避免大量铵态氮肥的施用而选择其他形态氮肥。同时选择和利用与黄顶菊具有相同的资源利用策略的植物进行替代能够很好地实现入侵植物的控制。此外，针对土壤不同的肥力条件，配合其他管理方法（如刈割、火烧），控制碳素添加的成本并实现较好的防控效果：贫瘠的土地添加较少的碳素即可实现固定氮素恢复本地植被的目的；肥力较高时，可先移除地表残落物和表层土，再添加适量碳素。

第二节 替代牧草对黄顶菊生物量分配及光合作用的影响

外来植物在被入侵地定植和扩散的能力很多得益于其对本土植物的竞争性抑制（Levine et al.，2003），植物之间竞争效应对植物群落种类构成和多样性水平具有决定作用（Howard and Goldberg.，2001）。筛选出具有竞争优势的本土植物，利用不同植物的种间竞争来抑制外来植物入侵，实现对其替代控制是一种有效的管理措施（Corbin and D Antonio，2004），也是一种经济有效，对环境友好的入侵植物防控手段。

替代调控明显影响黄顶菊的生物量积累，与黄顶菊单种对照（简称 CK）相比，沙打旺中的黄顶菊、高丹草中的黄顶菊（以下简称 SH、GH）总生物量下降趋势显著，分别下降了 90.21%、94.18%。替代处理区的各项生物量都远远低于对照区，与对照差异显著（表 4.7）。SH 花生物量下降非常显著，相较对照下降了 98.96%，可能是由于沙打旺的多年替代种植延迟了黄顶菊的花期。高丹草替代区的黄顶菊花生物量也下降了 92.09%，表明替代处理在很大的程度上影响了黄顶菊的营养生长和繁殖生长。由表 1 观察到 SH 与 CK、GH 之间差异显著，CK 与 GH 之间差异不显著，GH 中的花生物量比最高，这可能是黄顶菊在逆境中表现出的一种适应性补偿，也体现了其的强适应性。叶生物量比在替代处理中要高于对照处理，根生物量比、支持结构生物量比、根冠比都呈降低趋势，但各处理之间差异不显著（表 4.7）。

表 4.7　替代处理对黄顶菊生物量及分配的影响

处理	黄顶菊单种对照 CK	沙打旺中的黄顶菊 SH	高丹草中的黄顶菊 GH
花生物量（g/株）	21.24±3.48a	0.22±0.077b	1.68±0.91b
叶生物量（g/株）	54.94±12.42a	8.76±1.37b	4.06±1.28b
茎生物量（g/株）	167.18±32.39a	16.02±1.44b	9.27±3.42b
根生物量（g/株）	30.30±4.70a	1.79±0.41b	0.92±0.34b
总生物量（g/株）	273.67±49.842a	26.79±2.109b	15.94±5.889b
花生物量比	0.082±0.0159a	0.008±0.003b	0.091±0.017a
叶生物量比	0.197±0.0122b	0.322±0.0293ab	0.275±0.024a
根生物量比	0.112±0.008a	0.072±0.023a	0.059±0.002a
茎生物量比	0.609±0.0217a	0.599±0.0316a	0.576±0.028a
根冠比	0.127±0.010a	0.079±0.029a	0.063±0.002a

注：表中数据为 5 次测定的平均值±标准误差，不同小写字母表示同种不同替代处理中差异显著（P=0.05）。下同。

试验结果显示，替代植物达到了很好的遮阴效果，SH、GH 所接受的光合有效辐射分别下降了 58.68%、93.43%。对照区与替代处理之间的差异达到显著水平（P<0.05）。遮阴作用使替代处理中的黄顶菊净光合速率 Pn 显著下降，各处理之间差异显著，GH 下降最为显著，Pn 仅为 2.147μmol CO_2/(m^2·s)。蒸腾速率 Tr 与水分利用效率 WUE 与下降趋势一致，各处理间差异显著。SH 与 CK 之间气孔导度 Cond 差异不显著，两者与 GH 之间差异显著，且与 Pn 下降趋势一致。胞间 CO_2 浓度 Ci 在 SH、GH 之间差异不显著，但都与 CK 之间差异显著。各项光合指数以及叶绿素含量在 CK、SH、GH 中都呈下降趋势，只有 Ci 在 CK、SH、GH 中表现出与 Pn、Cond 相反的趋势（表 4.8），说明在替代条件下，限制光合的主要因素是非气孔限制因素，即因光能供应不足使光合速率降低导致胞间 CO_2 浓度提高，胞间 CO_2 浓度提高又引起气孔导度的降低。与对照相比，替代处理中的黄顶菊叶绿素 a、叶绿素 b 和单位面积叶绿素含量都有所下降，且与对照差异显著（图 4.9）。

表 4.8　替代处理对黄顶菊光合作用的影响

处理	黄顶菊对照 CK	沙打旺中的黄顶菊 SH	高丹草中的黄顶菊 GH
光合有效辐［μmol/（m^2·s）］	1445.828±113.300a	597.478±94.034b	94.974±35.233c
净光合速率［μmol CO_2/（m^2·s）］	30.311±0.51a	13.396±1.67b	2.147±0.60c
气孔导度［mol H_2O/（m^2·s）］	0.435±0.010a	0.381±0.073a	0.111±0.015b
胞间 CO_2 浓度（μmol/mmol）	165.798±3.566b	272.340±6.850a	284.313±18.134a
蒸腾速率［mmol H_2O/（m^2·s）］	8.326±0.131a	6.063±0.715b	2.572±0.314c
水分利用效率（μmol/mmol）	3.641±0.063a	2.324±0.425b	0.805±0.169c

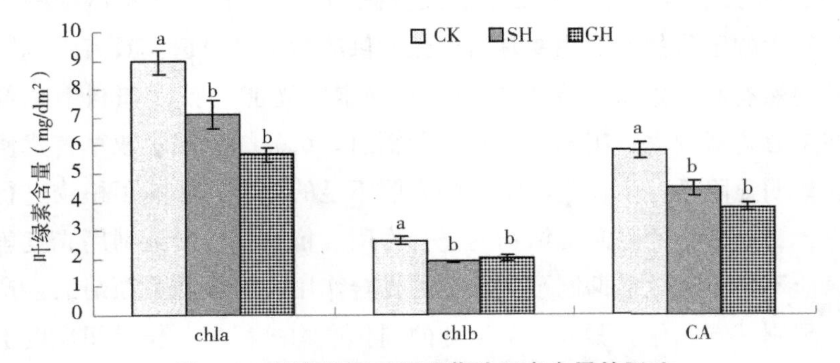

图 4.9　替代处理对黄顶菊叶绿素含量的影响

（Chla：叶绿素 a 含量：叶绿素 b 含量 CA：单位面积的叶绿素含量）

替代防控的方法是利用生态位先占和生态竞争的原理，对入侵植物进行持续的生态治理。近年来，诸多学者开展了对土著植物和牧草与外来入侵植物竞争影响的研究，发现一些本地植物和优良牧草对外来入侵植物具有很强的竞争作用，能够较好地控制外来植物的生长发育和扩散（马杰等，2010）。

入侵植物入侵成功的一种机制就是使光合作用最大化（Baruch and Gold-Stein，1999），光对于植物生长是明显具有先占性的资源（Schwinning and Weiner，1998），有研究者认为在高密度植物群落中，对于光的竞争常常是植株大小分化的首要原因（Weiner，1990）。有研究以不同生育期的黄顶菊及其 4 种伴生杂草为材料，在实验网室条件下比较了它们的基本光合和叶绿素荧光特性，结果显示黄顶菊净光合速率以现蕾期最高，且大于其他 4 种伴生杂草；同时黄顶菊表现出较高的抗旱性及较强的喜光特性。处于现蕾期和开花期的黄顶菊 PSII 实际光化学效率维持在较高的水平；显示出黄顶菊具有较强的光合能力，更适应于在夏季高温干旱的环境下生长（皇甫超河等，2009）。所以黄顶菊的光合特性可能是促进其入侵的重要因素之一。本试验的结果显示替代控制在很大程度上影响了黄顶菊的光合作用，同时表明限制黄顶菊光合作用的主要因素为非气孔限制因素。非气孔限制因素导致的植物光合作用下降是由于植物通过光合色素吸收光能，但光能供应不足，光合活性降低，叶肉细胞光合能力下降，使叶肉细胞利用 CO_2 的羧化能力降低，从而使 Ci 升高，从而表现出由于光强降低引起的 ATP 和 NADPH 供应不足，即同化力不足限制光合碳同化。这说明在本试验中导致黄顶菊光合作用大幅下降的原因主要是由于光能供应的不足，选择具有强遮阴能力的替代牧草显然有利于对黄顶菊的控制。叶绿素对光能的吸收和利用起着重要作用，叶绿素总含量越大，越利于吸收太阳辐射。试验结果显示牧草替代使黄顶菊叶绿素含量明显降低，生长初始阶段即光照不足的情况，影响了植物进行光合器官的发育，又进一步的限制了植物的光合作用。植物替代措施利用光竞争使黄顶菊光能供应不足，有效地抑制了黄顶菊的光合作用，对降低黄顶菊的生产力的作用显著；限制其碳同化，影响了黄顶菊的同化产物的积累。长时间尺度上，光合产物分配格局的变化将改变植物的叶面积指数、根系吸收养分和水分的速率、根系碳周转及群落的物种组成等，进而对植物的生长产生深远影响（Malhi et al.，2004）。

植物的生物量及分配格局是反映植物受到环境条件影响的重要指标，养分供给对于植物生长的有效性受非生物环境限制，进而受植株间竞争的影响。植物对养分在地上地下的分配模式（即根冠比）影响其将来对资源利用的速率（Poorter et al.，1990）。功能平衡假说（Functional equilibrium hypothesis）将植物分为根和冠两部分，根的生长受冠部光合作用碳供应速率的限制，而冠的生长受根系对养分和水分吸收速率的限制（平晓燕等，2010）。最优分配理论认为植物倾向于将生物量分配到能够获取到有限资源的器官，植物受到光照胁迫时会通过增加光合产物向冠部的分配来促进光合作用（Marcelis et al.，1998），向根系的分配比例降低。本试验处理区域养分与水分不作为植物生长的限制因素，光能供应的限制成为主要限制因素，试验结果表现出替代区根生物量比、根冠比减小，黄顶菊将更多的生物量投入到碳同化器官，即增大叶面积和地上生物量。光资源减少使黄顶菊降低根冠比，增加叶生物量而减少地下生物量的分配来尽可能大的获取光能。SH 花生物量下降非常显著，相较对照下降了 98.96%，表明多年生牧草沙打旺替代种植有效降低了黄顶菊的开花和结实，而 GH 花生物量也下降了 92.09%，显示出替代对防控黄顶菊的扩散传播的作用显著。竞争是决定群落性质最主要因素，分摊竞争是竞争力相当的条件下的植物获得相同的资源量，争夺时有些植物资源获取效率高，获得足够资源量从而限制了其他植物对共享资源的获得，植物生态位需求越接近，竞争也就越激烈（杜峰等，2004）。本研究中两种替代牧草都与黄顶菊进行分摊式竞争，在很大的程度上影响了黄顶菊的营养生长和繁殖生长，产生了很好的抑制其生长与扩散的防控效果。

试验结果显示高丹草对黄顶菊的营养生长控制效果极为显著。高丹草出苗时间比黄顶菊早 10d 左右，且其生长速度快，能够迅速实现地覆盖。因先期出苗的高丹草将因此优先获取有限的养分、水分和光照等资源（Abraham et al.，2009），仅仅数天的出苗时间差别可能足以改变植物种间的竞争格局。高丹草具有很强的遮阴能力，随着牧草地上的快速覆盖，能够有效阻止黄顶菊种子的萌发，影响其营养生长，阻碍其新种群的建立。种群密度是影响物种竞争能力的最为重要的因素之一，竞争初期的差别对最终竞争结果产生决定性的影响（Gaudet and Keddy，1988）。高丹草的替代防控在初期抓住先机，最终起到了好的防控效果。

表型可塑性是生物适应环境变化的重要方式，同样也是影响入侵种能否成功入侵的重要因素之一（Pattison et al.，1998）。入侵种与本地种或外来非入侵种相比，对环境因子如营养供给（Durand and Goldstein，2001）和光（Luken et al.，1995）等反应的可塑性更高。本试验中黄顶菊在生物量分配及各方面都表现出较高的表型可塑性（表 4.9）。高丹草中的黄顶菊表现出高的花生物量比，在野外试验的过程中也发现高丹草中的黄顶菊出现提前进入生长繁殖期的现象，表明黄顶菊在逆境胁迫情况下在尽最大可能完成繁殖，表现出一种强的适应性表型可塑性。在田间条件下采用高丹草替代竞争和增施氮肥的方法研究其对黄顶菊的影响也显示除根质量指标外，黄顶菊其余 6 个指标的表型可塑性指数均大于高丹草（皇甫超河等，2010）。适应性表型可塑性指生物表型的变化，尤其是由于资源限制引起的变化，这种变化而体现了生物体对不利环境在生存和繁殖方面的适应（Carolyn and Pigluicci，2000）。入侵植物主要通过调节形态和生物量分配来适应光照环境的变化，显示出入侵植物对环境的强适应性。较高的表型可塑性使得物种具有更宽的生态幅和更好的耐受性，可以占据更加广阔的地理范围和更加多样化的生境，影响着自然选择和种群中物种的分布模式。

表 4.9　黄顶菊各指标在替代处理下的表型可塑性指数

指标	可塑性指数	指标	可塑性指数
净光合速率	0.93	花生物量比	0.91
气孔导度	0.74	叶生物量比	0.39
胞间 CO_2 浓度	0.42	支持结构生物量比	0.06
蒸腾速率	0.69	根生物量比	0.50
水分利用效率	0.78	根冠比	0.50

马杰等也曾以入侵植物黄顶菊和多年生黑麦草、紫花苜蓿、高丹草 3 种牧草为试验材料，采用盆栽取代试验方法观察了不同密度及比例条件下 4 种植物的竞争表现，结果表明在 3 种牧草中，高丹草对黄顶菊株高控制效果最为明显，在低密度比例下对黄顶菊抑制率即可达 60.00 %；在高丹草低密度替代组合中，黄顶菊单株生物量、分枝数比对照均明显减少，抑制率分别可达 91.40 %和 44.87 %；在各个生育时期，除高密度高丹草替代组合外，其他组合中黄顶菊的相对产量值均极显著小于 1.0，生长受明显抑制（马杰等，2010）。皇甫超河等（2010）在田间条件下，通过设置不同替代比例的田间试验区，采用替代试验对比研究了 3 种一年生牧草——高丹草、紫花苜蓿和欧洲菊苣与黄顶菊之间的相对竞争表现。结果表明随着 3 种牧草替代比例的增加，均对黄顶菊表现不同程度的抑制，其中高丹草抑制率接近 100%；紫花苜蓿和欧洲菊苣与黄顶菊的混种种群中，黄顶菊的生物量、株高等均极显著低于对照，在与 3 种牧草竞争的条件下，黄顶菊相对产量均显著<1.0，表明黄顶菊种间竞争显著小于种内竞争，使该外来种生长受到有效抑制。

闫素丽等（2011）通过比较高丹草（*Sorghum bicolor*×S. *sudanense*）、向日葵

(*Helianthus annuus*)、紫花苜蓿(*Medicagosativa*)和多年生黑麦草(*Lolium perenne*)4种替代植物与黄顶菊(*Flaveria bidentis*)混合种植后不同时期的土壤细菌多样性的变化,结果表明,单独种植(以下简称单种)黄顶菊的土壤细菌多样性下降,黄顶菊入侵降低了土壤细菌群落多样性,4种替代植物与黄顶菊混种后,又可提高土壤细菌群落多样性(闫素丽等,2011)。土壤微生物群落与植物的生长发育密切相关,入侵植物改变入侵地土壤微生物类群,使土壤理化性质发生变化,从而影响入侵过程。

结合以上的实验结果与本试验的结论,不难发现替代调控方法不但是一种有效地抑制入侵植物黄顶菊的生长与扩散的防控措施,同时与物理和化学防除相比较,也是一种更为环境友好,具有长期生态效应的防除方法。替代调控在不对当地环境造成破坏的同时还可能是当地土壤微生物多样性的重新提高,改善当地的土壤环境,有助于实现对被入侵生境有效的生态重建。本试验选用牧草对黄顶菊进行替代是因为牧草本身还有其一定的经济价值。王楠楠等(2012)的研究发现刈割对黄顶菊有一定的防除作用,同时适宜的刈割能促进牧草的分蘖和再生,从而提高地上部分的生物量和质量(郭正刚等,2004),增产增效。因此考虑可以将替代调控方法与牧草管理措施刈割相结合,在适时收获牧草的同时防除黄顶菊作为长期可持续的综合防控外来植物的一个参考。入侵植物的防治与可持续生态农业有机结合,希望能够实现经济价值和生态效益的双赢。综上所述,在黄顶菊已入侵和易于入侵的生境建立牧草替代种群是进行生态重建和保持当地生物多样性的有效手段,也能对综合防控外来植物和入侵种的生态治理提供一定的理论与实践依据。

第三节 黄顶菊提取物和光活化毒α-三噻吩对棉铃虫的生物活性

在缺少植食性昆虫取食的入侵地中,黄顶菊将更多的资源用于自身生长和繁殖。同时黄顶菊利用自身生物学特征和化感作用,影响土壤环境和本地植物生长,促进生态环境向着有利于进一步入侵的方向发展。黄顶菊体内的次生代谢物质在入侵和防御中起重要作用，从其体内分离得到的次生代谢物质有抗氧化、抗血栓、杀菌和除草等生物活性。目前黄顶菊的研究主要集中在入侵危害和生物学特征的研究，关于黄顶菊体内次生代谢物质的杀虫活性研究较少。

一、三种不同有机溶剂黄顶菊提取物对棉铃虫幼虫肠道酶活性的影响

入侵植物产生的次生代谢物质对植食性昆虫的取食具有较强的抑制作用（Kim et al.，2011）。昆虫的取食行为分为远距离定位，近距离降落和接触 3 个主要阶段，是一个由多种化学感受器参与，受神经系统控制完成的生理行为。鳞翅目幼虫取食主要是通过化学感受器与寄主植物完成化学信息交流。根据功能分类，化学感受器分为嗅觉感受器和味觉感受器，嗅觉感受器远距离感知植物中挥发性的次生代谢物质，味觉感受器在与植物接触后感知植物中的营养成分和取食抑制剂的种类和数量（杨慧等，2008）。

不同溶剂提取物对棉铃虫 3 龄幼虫的拒食活性见表 4. 10。不同溶剂提取物对 3 龄幼虫均有一定拒食活性，24h 时，干粉乙酸乙酯提取物、鲜样乙酸乙酯提取物和干粉乙醇提取物的拒食活性比较高，其取食叶面积显著低于其他处理，拒食率显著高于其他溶剂提取物，分别为 50. 49%、32. 06%和 41. 63%。48h 各提取物拒食率低于 24h 拒食率，提取物拒食活性降低，其中干粉乙酸乙酯提取物、鲜样乙酸乙酯提取物和干粉乙醇提取物较高，拒食率分别是 29. 67%、14. 58%和 15. 15%。

表 4. 10　不同溶剂提取液对棉铃虫的拒食活性（选择性拒食活性）

提取物	每头取食叶面积（cm^2）		拒食率（%）	每头取食叶面积（cm^2）		拒食率（%）
	CK	处理		CK	处理	
干粉乙酸乙酯提取物	1. 10±0. 06a	0. 56±0. 15bc	32. 06ab	1. 24±0. 04a	0. 92±0. 06b	14. 58ab
鲜样乙酸乙酯提取物	1. 08±0. 06a	0. 44±0. 03c	41. 63a	1. 37±0. 05a	1. 03±0. 16a	15. 15ab
干粉乙醇提取物	1. 15±0. 04a	0. 38±0. 10c	50. 49a	1. 35±0. 07a	0. 74±0. 10b	29. 67a
鲜样乙醇提取物	1. 29±0. 06a	1. 05±0. 10a	9. 09b	1. 30±0. 18a	1. 15±0. 31a	11. 19b
干粉石油醚提取物	1. 12±0. 15a	0. 95±0. 21ab	14. 73b	1. 19±0. 20a	1. 05±0. 22a	13. 03b
鲜样石油醚提取物	1. 14±0. 08a	0. 64±0. 07bc	27. 85ab	1. 34±0. 04a	1. 10±0. 03a	9. 69b

注：数据为平均值±SE。纵列内不同小写字母表示经 LSD 检验相互间差异显著（$P<0.05$）。

黄顶菊干粉乙醇提取物对棉铃虫幼虫体重的影响见表4.11。从表中可以看出，黄顶菊干粉乙醇提取物对幼虫体重增长有抑制作用，处理3龄幼虫1d、3d和5d后，处理组幼虫体重显著低于对照，幼虫体重增长抑制率均大于10%，随着提取物浓度的增加，体重抑制率逐渐增大，抑制作用逐渐增强。处理3d的体重抑制率高于1d和5d，180mg/mL、36mg/mL和7.2mg/mL 3d体重增长抑制率分别为51.44%、41.80%、35.15%。

表4.11　黄顶菊干粉乙醇提取物对棉铃虫体重的影响

浓度（mg/mL）	初始体重（mg）	第1d		第3d		第5d		第7d
		体重（mg）	抑制率（%）	体重（mg）	抑制率（%）	体重（mg）	抑制率（%）	体重（mg）
180	11.9±0.16a	22.24±1.02c	40.97a	61.17±3.12c	51.44a	205.24±13.63c	33.04a	376.17±18.74a
36	11.85±0.54a	23.57±2.89bc	32.3a	70.87±4.66bc	41.80a	224.33±4.64bc	26.45a	343.9±9.70a
7.2	12.04±0.84a	25.93±1.76b	20.6a	77.83±3.55b	35.15b	252.99±13.76b	16.42b	368.43±53.32a
CK	12.28±1.33a	29.81±1.04a		113.74±13.09a		301.23±34.38a		407.00±61.01a

黄顶菊干粉乙醇提取物对棉铃虫生长发育的影响见表4.12，各浓度提取物均抑制了棉铃虫化蛹率和羽化率，提高幼虫死亡率。经各浓度提取物处理后，幼虫化蛹率和蛹羽化率均低于对照，并随提取物浓度的升高而减小，对羽化率的影响最显著，各浓度组的羽化率均显著低于对照，其中180mg/mL和36mg/mL提取物处理后羽化率分别为43.70%和45.49%。提取物处理后蛹重、幼虫历期和蛹历期与对照相比没有显著差异。

表4.12　黄顶菊干粉乙醇提取物对棉铃虫生长发育指标的影响

浓度（mg/mL）	蛹重（mg）	化蛹率（%）	羽化率（%）	幼虫历期（d）	蛹历期（d）	幼虫校正死亡率（%）
180	307.16±11.46a	47.24±9.80c	43.70±5.26b	15.2a	9.21a	42.19
36	308.26±7.14a	56.95±1.39c	45.79±4.12b	15.62a	9.45a	39.06
7.2	320.02±13.59a	70.89±2.63b	50.09±7.95b	15.68a	9.52a	23.44
对照	332.81±21.21a	87.71±3.66a	84.50±4.41a	15.6a	9.98a	

根据生长发育试验结果，选择180mg/mL处理3d时的幼虫进行肠道内消化酶活性测定试验。结果表明（表4.13），提取物对幼虫肠道内3种消化酶有一定的抑制作用，处理后3种消化酶活性均低于对照，其中脂肪酶、淀粉酶和总蛋白酶处理组酶活性与对照组酶活性差异显著，分别为对照的0.53、0.52和0.66倍。

表4.13　180mg/mL黄顶菊干粉乙醇提取对幼虫肠道3种消化酶活性的影响

	淀粉酶（U/mg・prot）	比值	脂肪酶（U/g・prot）	比值	总蛋白酶（U/mg・prot）	比值
处理	27.35±2.08b	0.52	85.06±7.79b	0.53	51.29±5.01b	0.66
对照	52.90±1.61a		159.65±18.12a		77.71±3.24a	

黄顶菊干粉乙酸乙酯提取物对棉铃虫幼虫体重的影响见表4.14。从中可以看出，黄顶菊干粉乙酸乙酯提取物对幼虫体重增长有一定抑制作用，处理3龄幼虫1d、3d和5d后，处理组幼虫体重均低于对照，随着处理提取物浓度的增加，体重抑制率逐渐增大，抑制作用逐渐增强。处理3d的体重抑制率高于1d和5d，180mg/mL、36mg/mL和7.2mg/mL 3d体重增长抑制率分别为44.86%、37.45%和34.46%。

表4.14　黄顶菊干粉乙酸乙酯提取物对棉铃虫体重的影响

浓度（mg/mL）	初始体重（mg）	第1d		第3d		第5d		第7d
		体重（mg）	抑制率（%）	体重（mg）	抑制率（%）	体重（mg）	抑制率（%）	体重（mg）
180	10.03±0.82a	20.88±1.74b	40.03a	60.52±3.49b	44.86a	202.55±14.00b	29.59a	457.23±26.14ab
36	9.97±1.06a	20.88±3.61b	35.95a	64.3±7.68b	37.45a	209.13±16.82b	27.06a	439.98±21.91ab
7.2	10.51±2.01a	23.74±0.76ab	32.51a	67.8±6.99b	34.46a	212.17±22.06b	21.39a	415.43±17.41b
CK	9.41±1.04a	29.07±6.71a		107.04±24.97a		283.12±68.27a		422.41±12.32a

黄顶菊干粉乙醇提取物对棉铃虫生长发育的影响见表4.15。各浓度的提取物均抑制了棉铃虫的化蛹率和羽化率，提高幼虫死亡率。经黄顶菊提取物处理后，幼虫化蛹率和蛹羽化率均显著低于对照，不同浓度组之间差异显著。其中180mg/mL提取物处理后的化蛹率和羽化率分别为46.67%和47.22%，抑制作用

最显著。提取物对棉铃虫的蛹重、幼虫历期和蛹历期的影响较小，与对照无显著差异。

表 4.15 黄顶菊干粉乙酸乙酯提取物对棉铃虫生长发育指标的影响

浓度（mg/mL）	蛹重（mg）	化蛹率（%）	羽化率（%）	幼虫历期（d）	蛹历期（d）	幼虫校正死亡率（%）
180	283.10±16.83a	46.67±0.038d	47.22±0.01d	15.01±0.03a	9.40±0.06a	54.87
36	298.76±16.3a	67.29±0.03c	57.25±0.02c	15.49±0.05a	10.00±0.01a	34.15
7.2	303.37±18.25a	77.78±0.03b	76.50±0.01b	15.15±0.06a	10.00±0.03a	16.59
CK	311.15±24.59a	91.11±0.02a	85.77±0.05a	15.53±0.08a	9.93±0.01a	

180mg/mL 的黄顶菊干粉乙酸乙酯提取物对棉铃虫幼虫肠道内 3 种消化酶活性的影响结果见表 4.16。乙酸乙酯提取物物处理 3d 后，对棉铃虫幼虫肠道内的 3 种消化酶都有抑制作用。淀粉酶和总蛋白酶活性显著低于对照，分别是对照的 0.57 和 0.65 倍，脂肪酶与对照差异不显著，为对照的 0.61 倍。

表 4.16 180mg/mL 黄顶菊干粉乙酸乙酯提取物对幼虫肠道 3 种消化酶活性的影响

	淀粉酶（U/mg · prot）	比值	脂肪酶（U/g · prot）	比值	总蛋白酶（U/mg · prot）	比值
处理	29.97±5.86b	0.57	96.91±2.37b	0.61	50.71±4.85b	0.65
对照	52.90±1.61a		159.65±18.18a		77.71±3.24a	

试验中测定了黄顶菊鲜样乙酸乙酯提取物对棉铃虫幼虫体重的影响（表 4.17）。不同浓度的黄顶菊鲜样乙酸乙酯提取物对幼虫体重增长有一定的抑制作用，幼虫体重均低于对照，其中处理 3d 的幼虫体重显著低于对照，体重抑制率随处理浓度的增大逐渐增大，500mg/mL 的抑制率高于 100mg/mL 和 20mg/mL 的体重抑制率。处理 3d 后的体重抑制率最高，3d 时 500mg/mL、100mg/mL 和 20mg/mL 的体重抑制率分别为 35.36%、30.45%和 26.65%。

表 4.17 黄顶菊鲜样乙酸乙酯提取物对棉铃虫体重的影响

浓度（mg/mL）	初始体重（mg）	第1d		第3d		第5d		第7d
		体重（mg）	抑制率（%）	体重（mg）	抑制率（%）	体重（mg）	抑制率（%）	体重（mg）
500	10.03±0.47a	21.37±0.51b	24.80±0.43a	60.52±2.01b	35.36±0.02a	201.35±11.04a	27.27±0.04a	457.23±15.09a

（续表）

浓度（mg/mL）	初始体重（mg）	第 1d		第 3d		第 5d		第 7d
		体重（mg）	抑制率（%）	体重（mg）	抑制率（%）	体重（mg）	抑制率（%）	体重（mg）
100	9.97±0.61a	21.88±1.09ab	21.03±0.07a	64.30±4.43b	30.45±0.53a	209.13±9.71a	24.29±0.04a	439.98±12.65a
20	10.50±1.16a	23.72±0.44ab	12.21±0.01a	67.80±4.03b	26.65±0.04a	212.17±12.73a	23.34±0.05a	415.43±10.05a
CK	9.41±0.06a	24.94±1.24a		87.52±2.94a		272.46±49.74a		423.40±11.84a

黄顶菊鲜样乙酸乙酯提取物对不同发育指标的影响不同，各个浓度提取物对棉铃虫蛹的羽化的影响较明显，各处理蛹的羽化率显著低于对照；而对蛹重、幼虫历期、蛹历期和化蛹率影响不明显，处理组与对照差异不显著。黄顶菊鲜样乙酸乙酯提取物对幼虫肠道内的 3 种消化酶均有一定的抑制作用，但抑制作用不明显，黄顶菊鲜样乙酸乙酯提取物处理 3 龄幼虫 3d 后，淀粉酶、脂肪酶和总蛋白酶活性均低于对照，但差异性不显著，淀粉酶、脂肪酶和总蛋白酶活性分别是对照的 0.68、0.87 和 0.90 倍。

鳞翅目幼虫的化学感受器对绿原酸、胡皮苷、番木鳖碱（Zhou et al.，2009）和强心苷（van Loon and Schoonhoven，1999）等植物次生代谢物质敏感。棉铃虫幼虫的化学感受器对印楝素、肌醇和黑芥子苷敏感（汤清波等，2011）。化学物质对昆虫的拒食作用可能通过影响昆虫口器上的感受器对营养物质的识别和刺激效应，进而引起昆虫厌食（Valizadeh et al.，2013）。自然条件下棉铃虫幼虫不会取食黄顶菊植株，拒食试验结果表明，黄顶菊乙酸乙酯和乙醇提取物对幼虫的拒食活性较石油醚提取物高，而这 3 种溶剂的极性大小为乙醇>乙酸乙酯>石油醚说明黄顶菊植株中具有拒食活性的物质主要是极性物质，能够被极性溶剂提取出来。植物次生代谢物中对昆虫有拒食作用的物质主要有萜烯类、生物碱和酚类物质（朱玉坤，2012）。黄顶菊叶和花挥发油中烯类物质占总物质的 48.11%，含量最高。对烯类物质种类和含量分析发现，其中石竹烯和氧化石竹烯含量较高（杜继林，2012）。石竹烯对棉蚜有忌避作用（刘雨晴等，2011），β-石竹烯对海灰翅夜蛾（*Spodoptera littorali*）和马铃薯甲虫（*Leptinotarsa decemlineata*）有很强的拒食作用（Rodilla et al.，2008）。从印楝中提取的萜类物质印楝素具有极强的拒食活性，目前已成功商业化，对多种鳞翅目昆虫有强烈的拒食活性（陆宴辉等，2008）。对于黄顶菊植株内具有拒食活性物质的分离和鉴定，有助于寻找植物源拒食剂以及新型农药的开发和资源化利用黄顶菊。

昆虫的非寄主植物可以产生抑制昆虫生长发育的物质，这些物质对昆虫的成活率、蜕皮、化蛹和羽化等有不利影响。昆虫取食一些植物次生代谢物质后会出现体重降低、发育历期延长、蛹重减轻、死亡率增加等生物学指标的变化（巫厚长等，2006）。本研究中，黄顶菊乙醇和乙酸乙酯提取物抑制棉铃虫幼虫体重增长，降低幼虫化蛹率和成虫羽化率，增加幼虫死亡率。这与薇甘菊对二疣犀甲（钟宝珠等，2012）的生物活性，印楝素乳油对斜纹夜蛾（戴建青等，2005）的生物活性，雷公藤对黏虫和棉铃虫幼虫（周琳和张兴，2008）的生物活性一致。试验中我们还测定了幼虫肠道酶活性的变化，结果表明取食含有提取物的人工饲料后，幼虫肠道酶活性受抑制。对幼虫体重的抑制，会影响神经分泌物的分泌，进而影响保幼激素和蜕皮激素的分泌，这导致幼虫化蛹率降低，蛹干枯，羽化率降低，进而导致成虫头部和虫体破碎（Wondafrash et al.，2012）。

昆虫体内的 3 种消化酶，蛋白酶、脂肪酶和淀粉酶，在昆虫的生长发育、繁殖、有毒物质代谢（谭永安等，2011）、防御病原体和信息素产生等生理过程中起基础并且重要的作用。昆虫的发育与体内消化酶呈现正相关，昆虫发育适合度越高，体内消化酶活性也越高（张娜等，2009）。昆虫体内的淀粉酶将淀粉、糖原等物质分解成可以直接吸收的麦芽糖、葡萄糖和果糖等，参与体内的能量代谢。抑制淀粉酶活性会降低昆虫体内糖类的同化作用，从而抑制昆虫的生长发育。昆虫体内的脂肪酶将食物中的脂肪分解为甘油和脂肪酸，供虫体生长发育繁殖。鳞翅目幼虫体内缺少不饱和脂肪酸会导致幼虫化蛹失败，成虫羽化和展翅畸形状（Canavoso et al.，2001），进而降低化蛹率和羽化率。试验中幼虫肠道内的总蛋白酶、脂肪酶和淀粉酶活性受到抑制，这会造成幼虫消化吸收的营养物质不足，进而造成幼虫体重增长受抑制。幼虫期营养物质（氨基酸、甘油酸和糖类等）积累不足造成幼虫化蛹率和成虫羽化率降低。植物次生代谢物质扰乱昆虫的内分泌、生殖系统和酶系平衡等，引起昆虫发育历期延长、蛹畸形、繁殖能力下降，这种作用短期内对害虫的影响不明显，但可影响害虫下一代甚至第二年的发生。

二、黄顶菊提取物α-三噻吩对棉铃虫的作用方式研究

在非选择性拒食试验中（图4.10），24h和48h时α-三噻吩各处理的3龄幼虫取食叶面积显著低于对照。3龄幼虫取食面积随着α-三噻吩浓度的增大而逐渐减小，拒食作用逐渐增强，其中1 000μg/mL α-三噻吩处理的3龄幼虫24h和48h拒食率分别为82.36%、72.68%。

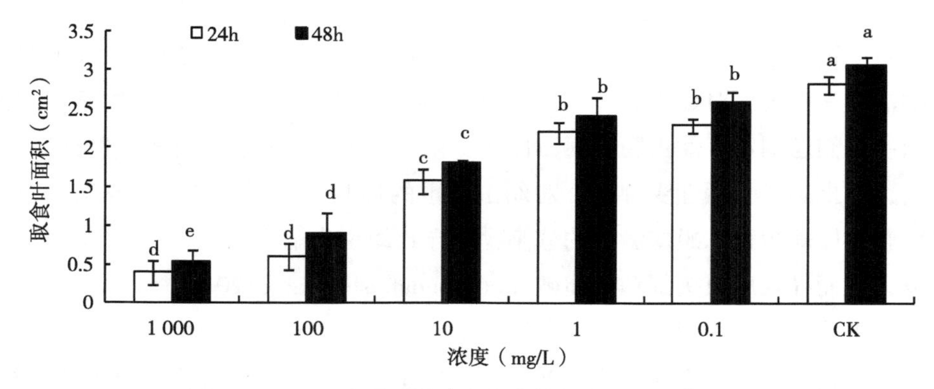

图4.10 α-三噻吩对棉铃虫幼虫的非选择性拒食活性

选择性试验结果表明（图4.11），α-三噻吩各处理组的幼虫取食叶面积均显著小于对照。3龄幼虫取食叶面积随着α-三噻吩浓度增大而逐渐减小，拒食作用逐渐增强，与非选择性拒食试验规律一致。1 000μg/mL α-三噻吩处理的3龄幼虫24h和48h拒食率分别为84.67%和81.00%。

由表4.18可知，选择性拒食活性和非选择性拒食活性的24h AFC_{50}均低于48h AFC_{50}。选择性拒食试验24h和48h时，AFC_{50}分别为11.52和28.63μg/mL，均略低于非选择性拒食活性的对应AFC_{50}值。

试验中处理24h幼虫死亡率比较低，选择48h和72h幼虫死亡率进行回归分析（表4.19）。从表4.19可知，α-三噻吩对3龄幼虫72h杀虫活性高于48h杀虫活性。α-三噻吩对棉铃虫3龄幼虫48h和72h的LC_{50}分别为3 056μg/mL和1 112μg/mL。

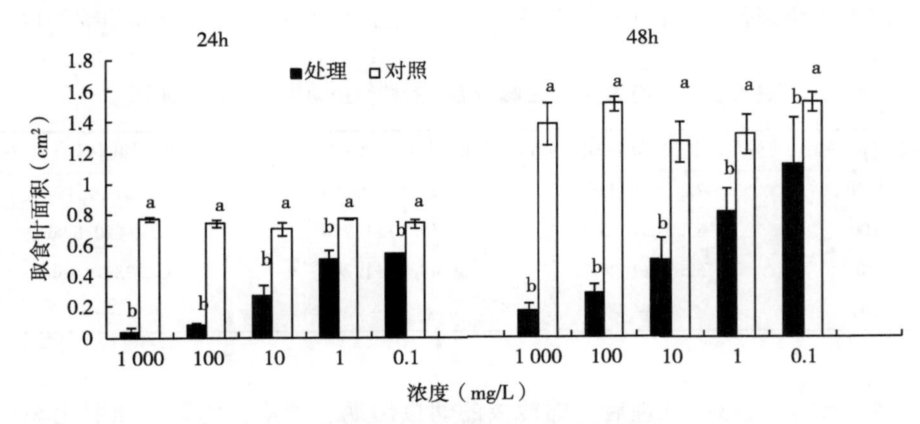

图 4.11 α-三噻吩对棉铃虫幼虫的选择性拒食活性

表 4.18 α-三噻吩对 3 龄幼虫拒食作用回归分析

	处理时	拒食中浓度（μg/mL）	标准误差	95%置信区间（μg/mL）	斜率	相关系数 r
选择性拒食活性	24h	11.52	0.10	5.520~24.03	0.54	0.9873
	48h	28.63	0.08	15.60~52.54	0.39	0.9911
非选择性拒食活性	24h	12.26	0.13	4.696~32.03	0.45	0.9783
	48h	30.30	0.10	14.36~63.95	0.37	0.9864

表 4.19 α-三噻吩对 3 龄幼虫杀虫活性回归分析

时间	拒食中浓度（μg/mL）	标准误差	95%置信区间（μg/mL）	斜率	相关系数 r
48h	3 056	0.08	1 724~5 420	0.26	0.9938
72h	1 112	0.10	532.7~2 322	0.30	0.9980

试验中处理 7d，对照幼虫发育较快并进入预蛹期，体重低于 5d 体重，而处理组幼虫发育较慢未进入预蛹期。幼虫取食添加 α-三噻吩的人工饲料 1d、3d 和 5d 后，其生长发育受到抑制。从表 4.20 中可以看出，10μg/mL、100μg/mL 和 1 000μg/mL α-三噻吩处理后幼虫体重增长受到抑制，随着处理时间延长体重增

长抑制率逐渐降低，1 d 体重抑制率最高，分别为 52. 35%、63. 07%和 72. 14%。

表 4. 20　不同浓度 α-三噻吩溶液对棉铃虫幼虫体重的抑制率

浓度（μg/mL）	体重增长抑制率-1d（%）	体重增长抑制率-3d（%）	体重增长抑制率-5d（%）
1000	72. 14±0. 33a	61. 41±0. 26a	50. 67±0. 45a
100	63. 07±1. 95b	55. 49±1. 95b	43. 94±0. 82ab
10	52. 35±1. 24c	49. 79±1. 24c	32. 78±4. 16b
CK	—	—	—

各浓度 α-三噻吩处理后，棉铃虫的幼虫历期、蛹重、化蛹率和羽化率均受不同程度的影响（表 4. 21）。与对照相比，不同浓度的 α-三噻吩溶液处理后，幼虫发育历期显著延长，蛹重减小，化蛹率和羽化率均降低。其中 1 000μg/mL α-三噻吩对棉铃虫生长发育的影响作用最显著，除蛹重外其他发育指标与对照相比差异不显著，幼虫校正死亡率达 35. 52%。

表 4. 21　不同浓度的 α-三噻吩溶液对棉铃虫发育指标的影响

浓度（μg/mL）	幼虫历期（d）	蛹重（mg）	蛹历期（d）	化蛹率（%）	羽化率（%）	幼虫校正死亡率（%）
1000	14. 67±0. 01a	308. 07±12. 51b	9. 27±0. 02a	53. 35±9. 27c	69. 95±3. 16b	35. 52a
100	14. 81±0. 01a	313. 92±7. 39b	9. 35±0. 00a	67. 79±2. 93bc	70. 67±5. 05b	15. 03ab
10	14. 09±0. 01b	353. 73±3. 21a	9. 29±0. 00a	85. 74±0. 68b	85. 39±5. 06ab	4. 64b
CK	13. 30±0. 02c	361. 14±6. 57a	9. 57±0. 01a	97. 20±1. 89a	90. 26±3. 48a	—

1 000μg/mL α-三噻吩处理 3 龄幼虫 24h 和 72h 后其对幼虫肠道内 3 种消化酶的影响见表 4. 22。1 000μg/mL α-三噻吩处理 1d 和 3d 后，幼虫 3 种肠道消化酶活性受不同程度影响，但与对照相比差异不显著。处理 1d 后，淀粉酶和总蛋白酶活性较对照略有升高，分别是对照的 1. 29 和 1. 07 倍，3d 后淀粉酶和总蛋白酶活力分别是对照的 1. 03 和 1. 07 倍。对脂肪酶活性有抑制作用，处理 1d 和 3d 后处理脂肪酶活力分别是对照的 0. 52 和 0. 80 倍。

表 4.22　α-三噻吩对幼虫三种肠道消化酶的影响

		淀粉酶 (U/mg · prot)	比值	脂肪酶 (U/g · prot)	比值	总蛋白酶 (U/mg · prot)	比值
1d	处理	40.04±6.81a	1.29	82.36±36.90a	0.52	31.07±0.66a	1.07
	对照	30.98±5.95a		159.19±37.74a		28.92±2.25a	
3d	处理	54.60±11.31a	1.03	126.45±47.59a	0.80	83.22±7.90a	1.07
	对照	52.90±1.61a		157.80±64.21a		77.71±3.214a	

在 α-三噻吩的杀虫活性研究中，试验结果表明，α-三噻吩对幼虫的拒食和抑制生长发育的活性较高，胃毒作用较低。棉铃虫幼虫主要通过口器上的化学感受器确定食物中的营养物质和有毒化学物质，根据这些信息完成取食。食物中的化学物质可能通过影响昆虫口器上的感受器，从而抑制葡萄糖、蔗糖和肌糖的刺激效应（Valizadeh et al.，2013），引起昆虫厌食。前人研究发现，α-三噻吩处理红火蚁后，红火蚁触角上的毛状感受器弯曲呈倒伏状态，红火蚁的行走和聚集能力降低（刘娜等，2011），食物识别和探路行走能力降低（严汪汪等，2012）。间接影响幼虫口器上的感受器的功能，降低幼虫取食能力。α-三噻吩通过造成白纹伊蚊（*Aedes albopictus*）中肠和马氏管脂质过氧化作用而引起马氏管细胞脱落、排列紊乱，使管腔变窄，严重影响营养吸收、物质交换和有毒物质代谢，进而影响白纹伊蚊幼虫的生长发育（张玲敏等，2005）。同时，α-三噻吩对淡色库蚊不同血细胞的增殖和破裂作用不同，改变血细胞类型的比例，从而影响其生长发育。α-三噻吩抑制棉铃虫的生长发育但对肠道内的 3 种消化酶的影响不显著，可能 α-三噻吩的作用靶标不是这 3 种酶。而取食 α-三噻吩的棉铃虫结构的变化有待进一步研究。

试验结果表明，α-三噻吩对棉铃虫幼虫的胃毒作用较低，48h 的 LC_{50} 为 3 056μg/mL 这与前人研究结果不一致。前人研究表明 α-三噻吩对松材线虫（*Bursapheleuchus xylophilus*）24h 的 LD_{50} 为 1.892μg/g（张志超和张博光，2013），对斜纹夜蛾离体细胞 48h 的 LC_{50} 为 0.21μg/mL（王玉健等，2007），对蚊类幼虫 LC_{50} 为 5.34×10^{-3}μg/mL（张玲敏等，2005）。棉铃虫体表颜色较深，反光性好（颜增光等，2000），这种形态特征可能会影响 α-三噻吩光激发过程，进而降低对幼虫的杀虫活性。这种与蚊类、线虫不同的形态特征可能是造成两者致死浓度差异大的原因。

参考文献

戴建青,黄志伟,杜家纬,2005. 印楝素乳油对斜纹夜蛾的生物活性及田间防效研究[J]. 应用昆虫学报,16(6):1095-1098.

杜峰,梁宗锁,胡莉娟,2004. 植物竞争研究综述[J]. 生态学杂志,23(4):157-163.

杜继林,2012. 黄顶菊中挥发油成分的研究[D]. 北京:北京化工大学.

郭正刚,刘慧霞,王彦荣,2004. 刈割对紫花苜蓿根系生长影响的初步分析[J]. 西北植物学报,24(2):215-220.

皇甫超河,陈冬青,王楠楠,等,2010. 外来入侵植物黄顶菊与四种牧草间化感互作[J]. 草业学报,19(4):22-32.

皇甫超河,王楠楠,陈冬青,等,2010. 增施氮肥对黄顶菊与高丹草苗期竞争的影响[J]. 生态环境学报,19(3):672-678.

李贺鹏,2007. 外来入侵植物互花米草控制的生态学研究[D]. 上海:华东师范大学.

李欣,2006. 不同砧木嫁接黄瓜光合特性的比较[D]. 保定:河北农业大学.

林贻卿,2008. 刈割对互花米草的防治效果及机理研究[D]. 福州:福建师范大学.

刘娜,程东美,徐汉虹,等,2011. 光活化成分 α-三联噻吩对红火蚁的致死作用及对其行为的影响[J]. 中国农业科学,44(23):4815-4822.

刘雨晴,薛明,张庆臣,等,2010. 黄荆中 β-石竹烯对棉蚜的毒力和作用机理[J]. 昆虫学报,53(4):396-404.

陆庆光,1997. 论生物防治在生物多样性保护中的重要意义[J]. 生物多样性,5(3):224-230.

陆宴辉,张永明,吴孔明,2008. 植食性昆虫的寄主选择机理及行为调控策略[J]. 生态学报,28(10):5113-5119.

马杰,易津,皇甫超河,等,2010. 入侵植物黄顶菊与 3 种牧草竞争效应研究[J]. 西北植物学报,30(5):1020-1028.

马杰,2010. 入侵植物黄顶菊(*Flaveria bidentis*)生态调控研究[D]. 呼和浩特:内蒙古农业大学.

平晓燕,周广胜,孙敬松,2010. 植物光合产物分配及其影响因子研究进展[J]. 植物生态学报,34(1):100-111.

祁瑜,黄永梅,王艳,等,2011. 施氮对几种草地植物生物量及其分配的影响[J]. 生态学报,31(18):5121-5129.

谭永安,柏立新,肖留斌,等,2011. 转 CrylAC 及 CrylAC+CpTI 基因对棉花上绿盲蝽 2 种消化酶活性及海藻糖含量的影响[J]. 棉花学报,23(5):394-400.

汤清波,马英,黄玲巧,等,2011. 昆虫味觉感受机制研究进展[J]. 昆虫学报,54(12):1433-1444.

万方浩,郭建英,王德辉,2002. 中国外来入侵生物的危害与管理对策[J]. 生物多样性,10

(1):119-125.
王楠楠,皇甫超河,陈冬青,等,2012. 刈割对外来入侵植物黄顶菊的生长、气体交换和荧光的影响[J]. 生态学报,32(9):2947-2956.
王玉健,胡林,张志祥,等,2007. α-三联噻吩致斜纹夜蛾 SL 细胞氧化损伤的研究[J]. 中国农业科学,40(7):1403-1409.
王正瑞,芮玉奎,申建波,等,2009. 氮肥施用量和形态对玉米苗期叶绿素含量的影响[J]. 光谱学与光谱分析,29(2):410-412.
王忠,2000. 植物生理学[M]. 北京:中国农业出版社:125-128.
巫厚长,章超,李正珊,等,2008. 寄主植物-害虫-天敌三营养系统相互作用的上行控制[J]. 植物保护科学,22(8):414-418.
闫素丽,皇甫超河,李刚,等,2011. 四种牧草植物替代控制对黄顶菊入侵土壤细菌多样性的影响[J]. 植物生态学报,35(1):45-55.
严汪汪,张铧,董云龙,等,2012. α-三联噻吩对红火蚁 *Solenopsis invicta* 觅食行为和触角功能的影响[J]. 农药学学报,14(3):277-282.
杨慧,严善春,彭璐,2008. 鳞翅目昆虫化学感受器及其感受机理新进展[J]. 昆虫学报,51(2):204-215.
原保忠,王静,赵松岭,1988. 植物补偿作用机制探讨[J]. 生态学杂志,17(5):45-49.
张风娟,李继泉,徐兴友,等,2009. 环境因子对黄顶菊种子萌发的影响[J]. 生态学报,29(4):1947-1953.
张凯,2011. 黄顶菊中噻吩类和酚酸类物质的研究[D]. 北京:北京化工大学.
张玲敏,孙家梅,吕慧芳,等,2005. α-三噻吩对白纹伊蚊抗溴氰菊酯品系幼虫的毒杀作用[J]. 暨南大学学报(医学版),26(6):771-775.
张娜,郭建英,万方浩,等,2009. 寄主植物对甜菜夜蛾生长发育和消化酶活性的影响[J]. 植物保护学报,36(2):146-150.
张天瑞,皇甫超河,白小明,等,2010. 黄顶菊入侵对土壤养分和酶活性的影响[J]. 生态学杂志,29(7):1353-1358.
张耀鸿,张富存,李映雪,等,2010. 外源氮输入对互花米草生长及叶特征的影响[J]. 生态环境学报,19(10):2297-2301.
张志超,赵博光,2013. α-三噻吩对松材线虫的室内毒力测定[J]. 东北林业大学学报,41(11):127-129.
赵会杰,邹琦,于振文,2000. 叶绿素荧光分析技术及其在植物光和机理研究中的应用[J]. 河南农业大学学报,34(3):248-251.
钟宝珠,吕朝军,王东明,等,2012. 薇甘菊甲醇提取物对二疣犀甲生长发育的影响[J]. 昆虫学报,55(9):1062-1068.
周秉荣,马宗泰,李红梅,等,2006. 刈割及放牧对牧草生长的补偿效应[J]. 青海大学学报(自然科学版),24(4):18-20.
周琳,冯俊涛,张锦恬,等,2007. 雷公藤总生物碱对几种昆虫的生物活性[J]. 植物保护,33

(6):60-64.
朱玉坤,2012. 昆虫拒食剂研究进展[J]. 世界农药,34(3):28-30.
Abraham J K,Corbin J D,D'Antonio C M,2009. California native and exotic perennial grasses differ in their response to soil nitrogen, exotic annual grass density, and order of emergence [J]. Plant Ecology (201):445-456.
Averett J M,Klips R A,Nave L E,et al. ,2004. Effects of soil carbon amendment on nitrogen availability and plant growth in an experimental tallgrass prairie restoration[J]. Restoration Ecology, 12(4):568-574.
Baruch Z,Goldstein G,1999. Leaf construction cost,nutrient concentration,and net CO_2 assimilation of native and invasive species in Hawaii[J]. Oecologia,121(2),183-192.
Belsky A J,1986. Does herbivory benefit plants? A review of the evidence[J]. American Naturalist,127(6):870-892.
Blumentha D M,Jordan N R,Russelle M P,2003. Soil carbon addition controls weeds and facilitates prairie restoration[J]. Ecological Applications,13(3):605-615.
Bohren C,Mermillod G,Delabays N,et al. ,2008. Control measures and their effects on its capacity of reproduction[J]. Journal of Plant Diseases and Protection (2):307-312.
Bradshaw A D,1965. Evolutionary significance of phenotypic plasticity in plants[J]. Advances in Genetics,(13):115-155.
Canavoso L E,Jouni Z E,Karnas K J,et al. ,2001. Fat metabolism in insect[J]. Annual Review of Nutrition (21):23-46.
Canham C D, Kobe R K, Latty E F, et al. , 1999. Interspecific and intraspecific variation in tree seedling survival:effects of allocation to roots versus carbohydrate reserves[J]. Oecologia, 121(1):1-11.
Carolyn L W,Pigliucci M,2000. Adaptive phenotypic plasticity:The case of heterophylly in aquatic plants[J]. Perspectives in Plant Ecology,Evolution and Systematics (3):1-18.
Chapin F SⅢ,1991. Integrated responses of plants to stress[J]. Bioscience,41(1):29-36.
Corbin J D,D'Antonio C M,2004. Competition between native perennial and exotic annual grasses: Implications for an historical invasion[J]. Ecology (85),1273-1283.
Crawley M J,1989. Insect herbivores and plant population dynamics[J]. Annual Review of Entomology (34):531-564.
Delabays N,Bohren C,Mermillod G,et al. ,2008. Breaking life cycle of Common Ragweed(*Ambrosia artemisiifolia* L.) to exhaust seed bank. I. Efficiency and optimisation of various mowing schemes[J]. Revue Suisse d'Agriculture,40(3):143-149.
Delagrange S,Messier C,Lechowicz M J,et al. ,2004. Physiological,morphological and allocational plasticity in understory deciduous trees:importance of plant size and light availability[J]. Tree Physiology,24(7):775-784.
Doak D F, 1991. The consequences of herbivory for dwarf fireweed: different time scales differ-

ent morphological scales[J]. Ecology,72(4):1397-1407.

Durand L Z, Goldstein G, 2001. Photosynthesis, photo-inhibition, and nitrogen use efficiency in native and invasive tree ferns in Hawaii[J]. Oecologia (126),345-354.

Ehrenfeld J G,Kourtev P,Huang W,2001. Changes in soil functions following invasions of exotic understory plants in deciduous forests[J]. Ecological Applications,11(5):1287-1300.

Fagan W F, Bishop J G, 2000. Trophic interactions during primary succession: herbivores slow a plant reinvasion at Mount St. Helens[J]. American Naturalist,155(2):238-251.

Gaudent C L, Keddy P A A, 1988. Comparative approach to predicting competitive ability from plant traits[J]. Nature (34):242-243.

Gilliam F S,2006. Response of the herbaceous layer of forest ecosystems to excess nitrogen deposition[J]. Journal of Ecology,94(6):1176-1191.

Gray A J,Benham P E M,1990. *Spartina anglica*: a research review[J]. London: Institute of Terrestrial Ecology:48-51.

Harrington R A,Fownes J H,Cassidy T M,2004. Japanese barberry(*Berberis thunbergii*) in forest understory: leaf and whole plant responses to nitrogen availability[J]. The American Midland Naturalist Journal,151(2):206-216.

Howard T G, Goldberg D E, 2001. Competitive response hierarchies for germination, growth, and survival survival and their influence on abundance[J]. Ecology (82),979-990.

Kim Y, Lee E J, 2011. Comparison of phenolic compounds and the effects of invasive and native species in East Asia: support for the novel weapons hypothesis[J]. Ecological Research, 26(1):87-94.

Levine J M, Vila M D Antonio C M, et al. , 2003. Mechanisms underlying the impacts of exotic plant invasions[J]. Proceedings of the Royal Society of London Series B (270):775-781.

Lehtilä K P,Strauss S Y,1999. Effects of foliar herbivory on male and female reproductive traits of wild radish,*Raphanus raphanistrum*[J]. Ecology,80(1):116-124.

Luken J O, Tholemeier T C, Kuddes L M, et al. , 1995. Performance, plasticity and acclimation of the non-indigenous shrub *Lonicera maackii*(*Caprifoliaceae*) in contrasting lightenvironments [J]. Canadian Journal of Botany (73):1953-1961.

Mabry C M, Wayne P W, 1997. Defoliation of the annual herb *Abutilon theophrasti*: mechanisms underlying reproductive compensation[J]. Oecologia,111(2):225-232.

MacDonald A A M, Kotanen P M, 2010. Leaf damage has weak effects on growth and fecundity of common ragweed(*Ambrosia artemisiifolia*)[J]. Botany,88(2):158-164.

Malhi Y,Baker T R,Phillips O L,et al. ,2004. The above-ground coarse wood productivity of 104 Neotropicalforest plots[J]. Global Change Biology (10):563-591.

Marcelis L F M,Heuvelink E,Goudriaan J,1998. Modellingbiomass production and yield of horticultural crops: a review[J]. Scientia Horticulturae (74):83-111.

Marquis R J,1984. Leaf herbivores decrease fitness of a tropical plant[J]. Science,226(4674):

537-539.

Mckinney M L, Lockwood J L, 1999. Biotic homogenization: A few winllers replacing many Losers in the next mass extinction[J]. Trends in Ecology and Evolution, 14(11): 451-453.

McNaughton S J, 1983. Compensatory plantgrowth as a response to herbivory[J]. Oikos, 40(3): 329-336.

Milbrath L R, 2008. Growth and reproduction of invasive *Vincetoxicum rossicum* and *V. nigrum* under artificial defoliation and different light environments[J]. Botany, 86(11): 1279-1290.

Nicotra A B, Chazdon R L, Schlichting C D, 1997. Patterns of genotypic variation and phenotypic plasticity of light response in two tropical Piper(*Piperaceae*) species[J]. American Journal of Botany, 84(11): 1542-1552.

Obeso J R, 1998. Effect of the defoliation and girdling on fruitproduction inllex aquiafolium [J]. Functional Ecology (12): 486-491.

Owen D F, 1980. How plants benefit fromthe animals that eat them[J]. Oikos, 35(2): 230-235.

Paige K N, Whitham T G, 1987. Overcompensationin response to mammalian herbivory: the advantage of being eaten[J]. The American Naturalist, 129(2): 407-416.

Patracchini C, Vidotto F, Ferrero A, 2010. Common ragweed(*Ambrosia artemisiifolia L.*) growth as affected by plant density and clipping[J]. Weed Technology, 25(2): 268-276.

Pattison R R, Goldstein G, Ares A, 1998. Growth, Biomass allocation and photosynthesis of invasive and native Hawaiian rainforest species[J]. Oecologia (117): 449-459.

Pearson D E, Callaway R M, 2003. Indirect effects of hostspecific biological control agents[J]. Trends in Ecology and Evolution, 18(9): 456-461.

Poorter H, Remkes C, Lamber S, 1990. Carbon and nitrogen economy of twenty-four wild species differing in relative growth rate[J]. Plant Physiology (94), 621-627.

Rebek K A, O'Neil R J, 2005. Impact of simulated herbivory on *Alliaria petiolata* survival, growth, and reproduction[J]. Biological Control, 34(3): 283-289.

Ross K A, Ehrenfeld J G, Patel M V, 2011. The effects of nitrogen addition on the growth of two exotic and two native forest understory plants[J]. Biological Invasions, 13(10): 2203-2216.

Scheiner S M, 1993. Genetics and evolution of phenotypic plasticity[J]. Annual Review of Ecology and Systematics (24): 35-68.

Schwinning S, Weiner J, 1998. Mechanisms determining the degree of size asymmetry in competition among plants[J]. Oecologia (113): 447-455.

Stowe K A, Marquis R J, Hochwender C G, et al., 2000. The evolutionary ecology of tolerance to consumer damage[J]. Annual Review of Ecology and Systematics (31): 565-595.

Strauss S Y, Agrawal A A, 1999. The ecology and evolution of plant tolerance to herbivory[J]. Trend in ecology and Evolution, 14(5): 179-185.

Sultan S E, 1995. Phenotypic plasticity and plant adaptation[J]. Acta Botanica Neerlandica, 44

(4):363-383.

Tang L, Gao Y, Wang J P, et al., 2009. Designing an effective clipping regime for controlling the invasive plant *Spartina alterniflora* in an estuarine salt marsh[J]. Ecological Engineering, 35(5):874-881.

Tyler A C, Lambrinos J G, Grosholz E D, 2007. Nitrogen inputs promote the spread of an invasive marsh grass[J]. Ecological Applications, 17(7):1886-1898.

Valizadeh B, Jalali J, Zibaee A, et al., 2013. Effect of Neem based insecticide Achook© on mortality, biological and biochemical parameters of elm leaf beetle *Xanthogaleruca luteola Mull* (Col.: Chrysomelidae)[J]. Journal of Crop Protection, 2(3):319-330.

Van Antwerpen R, Salvador K, Tolman K, et al., 1998. Uptake of lipids by developing oocytes of the hawkmoth *Manduca sexta*: the possible role of lipoprotein lipase[J]. Insect Biochemistry and Molecular Biology, 28(5):399-408.

Vitousek P M, Aber J D, Howarth R W, et al., 1997. Human alteration of the global nitrogen cycle: sources and consequences[J]. Ecological Applications, 7(3):737-750.

Weiner J, 1990. Asymmetric competition in plant populations[J]. Trends in Ecology and Evolution (5):360-364.

Wondafrash M, Getu E, Terefe G, 2012. Neem, *Azadirachta indica* (A. Juss) extracts negatively influenced growth and development of african bollworm, *Helicoverpa armigera* (Hubner) (Lepidoptera: Noctuidae)[J]. Academic Journal of Entomology, 5(1):22-27.

Xie Q, Wei Y, Zhang G, 2010. Separation of flavonol glycosides from *Flaveria bidentis* (L.) Kuntze by high speed counter current chromatography[J]. Separation and Purification Technology, 72(2):229-233.

Zhang S R, 1999. A discussion on Chloroghyll fluorescence kinetics parameters and their significance. Chinese Bulletin of Botany, 16(4):444-448.

Zhou D S, Wang C Z, van Loon J J A, 2009. Chemosensory basis of behavioural plasticity in response to deterrent plant chemicals in the larva of the Small Cabbage White butterfly *Pieris rapae*[J]. Journal of Insect Physiology, 55(9):788-792.